쉬운 설명, 다양한 예제

집합론의 이해

이병무 지음

KM 경문사

머리말

수학은 인간으로 하여금 창조적 사고능력을 배양시키고, 끊임없는 자기변화와 자기개량을 도와줌으로써 여유 있고 성실한 삶을 영위하도록 한다.

논리와 집합에 대한 이해는 추론에서 뿐만 아니라 일상적으로 생각하고 판단하는 데 있어서 필요한, 즉 정보를 처리하고 관리하는 데 반드시 필요한 내용으로써, 현대 사회를 살아가는 모든 사람들의 생활 도구이다.

현대와 미래의 고도 정보 사회를 이끌어 나갈 우리들은 정보 사회에서 필수적인 생활 도구인 논리와 집합에 대하여 충분히 이해함으로써, 생활 주변의 문제를 좀더 효율적으로 처리할 수 있는 능력을 길러야 할 것이다.

이 책은 정보 사회의 주역이 될 우리들이 반드시 갖추어야 할 논리와 집합에 대한 활용도를 높이는 길잡이가 되도록 꾸며졌다.

이 책은 오랜 강의 경험을 바탕으로, 한 학기에 이수해야 할 부분을 체계적으로 담아내는 데 초점을 두었다. 그러나 강의 수준에 따라 내용이나 증명을 취사선택하여, 강의 내용의 직관성이나 엄밀성을 조절하여야 할 것이다.

제1장에서는 '기초논리'에 관하여 서술하고, 제2장에서는 '불대수와 그 응용'을 설명한다. 제3장과 제4장에서는 '집합의 개념'과 '관계와 함수'에 대하여 각각 설명한다. 제5장에서는 '가부번집합과 비가부번집합'을 소개한다. 제6장에서는 '집합의 기수와 연산'에 대하여 서술한다. 또한 제7장에서는 '순서집합과 속'에 대하여 소개하고, 제8장에서는 '선택공리와 그 동치'에 대하여 설명한다. 끝으로 제9장에서는 '집합의 순서수와 연산'에 관한 내용을 기술한다.

이 책에서는 기본개념과 정리에 대한 이해를 돕고, 논리와 집합에 대한 내용을 광범위한 영역에 활용하기 위하여 반드시 갖추어야 할 기본 기능을 익히도록 하였다. 강의에 의존하지 않고서도 많은 보기를 이용하여 혼자서도 쉽게 새로운 개념과 정리를 이해하고 활용할 수 있도록 서술하였다. 간단하고 응용될 수 있는 정리는 명쾌하게 증명했고, 응용과는 다소 무관한 이론은 생략해도 무방하도록 서술하였다. 증명의 일부분은 독자에게 맡겨 스스로 해결점을 찾도록 하고, 많은 예제를 이용하여 본문의 내용을 충분히 이해하고, 우리 생활 주변에서 논리와 집합에 대한 수학적 사고 능력을 배양할 수 있도록 하였다. 다만 간단한 보기를 '예'로, 증명이나 풀이가 뒤따른 것은 '예제'로 구분하였다. 또한 각 절마다 연습문제를 넣어서 효과적으로 활용할 수 있도록 하였다. 여기에 실린 문제들은 학생들이 충분히 생각하고, 정리와 증명의 필요성을 인식하는데 도움이 되도록 만들었다.

알기 쉽고 이해하기 쉽도록 기술하였으니, 아무쪼록 이 책을 통하여 수학에 흥미를 느끼고, 논리와 집합의 기본 개념을 생활의 벗으로 삼아 현재의 생활을 개선함은 물론, 미래의 고도 정보 사회를 능동적으로 이끌어 갈 수 있는 능력을 길러 주기 바란다.

이 책이 수학을 배우고 응용하고자 하는 여러분에게 다소나마 도움이 되기를 기원하며, 내용에서 미비한 부분이나 시정을 요하는 점이 있을 때는 앞으로 더욱 수정, 보완해 나갈 것을 다짐한다. 아울러 독자 여러분의 따뜻한 조언이 있기를 바란다.

끝으로 본 교재를 펴내는 데 혼신의 노력을 다해 주신 도서출판 경문사 여러분과 모든 분들에게 진심으로 감사를 드리며, 행운이 깃들기를 기원한다.

2009년 8월

지은이

차 례

제6장 집합의 기수와 연산

제7장 순서집합과 속

제8장 선택공리와 그 동치

제9장 집합의 순서수와 연산

제 1 장

기초논리

어떤 이론이나 법칙이 주장될 때 이를 위해서는 고유의 대상언어(object language)가 필요한데, 제1장에서 우리는 대상언어에 관심을 두고 논리적 주장을 분석하는 방법을 배우게 될 것이다.

1.1 논리연산

고대 그리스 시대 아리스토텔레스(Aristoteles), 디오도루스(Diodorus) 등의 학자가 논리학을 최초로 체계화하였다. 당시의 논리학은 수학적으로 엄밀하게 논증하고 체계화하기에는 매우 미흡한 것이었지만 연구의 범위로는 다양했다.

이 책에서는 명제논리학과 술어논리학으로 구분하여 서술하되, 주로 아리스토텔레스의 고전논리학을 중심으로 논리학에 있어서 기본이 되는 내용들을 기술하려고 한다.

1. 명제와 논리연산

논리학은 명제라는 대상의 집합에 관한 연구라고 말할 수 있다. **명제**(statement)란 '참'(true) 또는 '거짓'(false) 중 단지 한 개의 값만을 갖는 어떤 주장 또는 판단을 말하는 문장 또는 식을 의미한다. 그러나 구체적인 값을 지정하지 않는 한 그 진위성을 알 수 없는 경우는 하나의 문장 또는 식 안에 어떤 내용을 지정하여 줄 수 있는 변수들을 가지고 있는 데, 이러한 문장을 **술어논리식**이라고 하며 명제와는 구별한다.

논리학에서는 보통 임의의 단순명제를 알파벳 소문자로 표시하는 데, 어느 일정한 명제를 나타내는 **명제정수**(propositional constant)와 임의의 명제를 대입할 수 있는 **명제변수**(propositional variable)로 구분된다. 명제는 논리학의 대상이므로 내용에 따라서 '참'과 '거짓' 중 어느 하나로 표시되어야 하는데, 주어진 명제가 참일 때는 T나 1의 값을 주고 거짓일 때는 F나 0의 값을 주기로 한다. 우리는 이 값을 주어진 명제의 **진리값**(truth value)이라 하고, 진리값의 변화를 표로 알기 쉽게 나타내는데 그것을 **진리표**(truth table)라 한다.

예 "우주에는 지구 외에도 생물이 살고 있는 혹성이 있다."로 주어진 문장은 지금 우리가 알 수 없지만 분명히 참이거나 거짓 중 하나이므로 명제가 된다. ■

참고 명령문, 의문문, 감탄문 등은 명제가 될 수 없으며, "저 사람은 키가 크다."와 같이 주관적인 판단을 포함하는 문장도 명제가 될 수 없다.

먼저 고전논리에서 명제라는 대상에 대하여 진위를 생각하는 세 가지 기본 성질을 언급한다.

첫째로, 모든 명제는 참과 거짓 중 어느 하나로 결정되며, 이 명제와 같은 대상의 것은 진위가 언제나 똑같아야 한다는 소위 **동일률** (identity law)을 지키고 있음을 말한다.

둘째로, 명제는 '참'이나 '거짓' 중 반드시 어느 하나만을 선택하여야 하는 소위 **배중률** (exclude middle law)을 지키고 있다.

셋째로, '참'과 '거짓'이 한 명제에 있을 수 없다는 소위 **무모순률** (consistent)을 지키고 있다. 즉 참과 거짓의 두 진리값이 동시에 만족되는 명제는 존재하지 않는다는 것이다.

의사 표현에 있어서는 기본적으로 진위를 구분할 수 있는 몇 개의 문장으로 구성되는 데, 우리는 이러한 문장에 대하여 그 진위를 구별해야 한다. 하나 또는 몇 개의 여러 명제가 **연결사** (**결합자**; connective)에 의하여 만들어진 새로운 명제를 **합성명제** (compound statement)라 하고, 보통 알파벳 대문자로 나타내며, 또한 새롭게 만들어지는 과정을 **논리연산** (logical operation)이라고 한다. 합성명제를 이루는 각 명제를 **성분** (component)이라 하며, 합성명제의 성분은 단순명제이거나 합성명제이고, 이 책에서는 특별한 경우를 제외하고는 명제를 보통 알파벳 소문자로 표시하기로 한다.

논리연산을 하나도 시행하지 않은 명제를 **단순명제** (simple statement)라고 하는데, 단순명제로부터 합성명제를 만드는 방법을 우리의 일상 언어의 문장으로부터 찾아 몇 가지로 간추려 보는 일은 쉽지 않다. 그러나 17세기의 철학자 라이프니츠 (Leibniz)가 학문의 연구를 위해서는 과학적 언어의 작성이 필요하다고 생각하여 명제간의 기본 결합을 생성하는 기호로 네 가지 ∧, ∨, →, ↔를 지적한 후로, 그리스시대부터 문장을 결합시켜 주는 요소로 생각된 다음 다섯 개의 방법, 즉

(1) "… 아니다" (2) "… 이고 …" (3) "… 또는 …"
(4) "… 이면 … 이다." (5) "… 이면, 그리고 그때만 …"

등의 논리연산을 각각 논리기호인 연결사

(1) $\sim$ (2) $\wedge$ (3) $\vee$

(4) $\rightarrow$ (5) $\leftrightarrow$

로 나타내어 오늘날 주로 사용되고 있다.

예제 p를 "강한 바람이 분다."로, q는 "비가 온다."라는 명제라고 하자. 다음의 논리기호가 의미하는 명제를 문장으로 쓰시오.

(1) $p \wedge q$ (2) $p \rightarrow q$ (3) $\sim p \wedge q$ (4) $\sim(p \vee q)$

풀이 (1) 강한 바람이 불고, 비가 온다.

(2) 강한 바람이 불면, 비가 온다.

(3) 강한 바람이 불지 않았지만, 비가 온다.

(4) 강한 바람이 불거나, 비가 오는 일은 없다. ■

2. 진리표

임의의 명제변수에 대해 기본 논리연산 $\sim$, $\wedge$, $\vee$, $\rightarrow$, $\leftrightarrow$에 의하여 새로운 명제가 형성되는데, 이를 **논리식** (formula)이라고 한다.

명제변수를 포함하는 논리식에 있어서 참, 거짓의 어느 쪽인가 정해지는 함수를 **진리함수** (truth function) 또는 **명제함수** (propositional function)라 한다. 진리함수의 개념은 프레게 (Frege)에 의해 정의되었다. 기호로는 명제변수 p, q, r, $\cdots$에 대하여 $A(p, q, r, \cdots)$와 같이 표시한다. 논리식 $A(p, q, r, \cdots)$의 명제변수 p, q, r, $\cdots$에 어떤 특정한 명제 p', q', r', $\cdots$을 대입하면 하나의 구체적인 명제가 되므로 하나의 진리값을 갖게 된다.

참고 n개의 서로 다른 성분으로 이루어진 합성명제에 있어서, 논리가능성은 모두 2^n가지 있다.

예 두 개의 성분을 가진 하나의 합성명제

$$A(p, q) = p \wedge q$$

에 있어서, 두 개의 성분에 대한 가능한 진리값의 조합은 모두 $2^2 = 4$개가 있다 (정의 2 참조). 네 개의 진리값 할당 (truth assignment), 즉 **논리가능성** (logical possibility)이 존재한다. 이것은 표 1.1과 같은 **수형도** (tree diagram)를 만들어 보면 쉽게 알 수 있다. ■

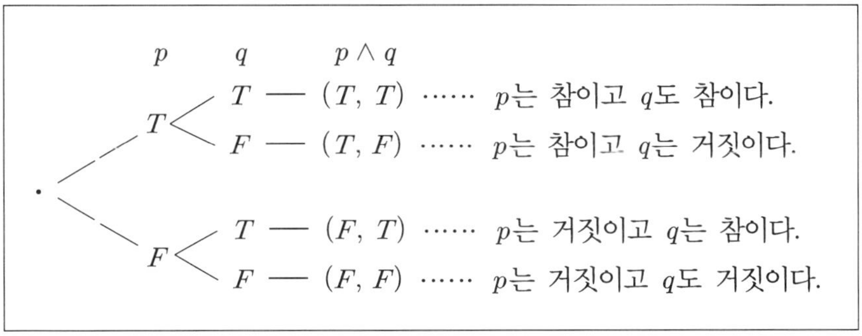

표 1.1

정의 1　부정 (negation): $\sim p$

명제 p의 부정을 나타내는 논리기호에는 $\sim p$, $\bar{p}$ 등이 있으나 이 책에서는 주로 $\sim$의 기호를 쓰기로 하고 'p가 아니다 (not p)' 또는 'p의 **부정**'이라 부른다. 이것을 진리표로 나타내면 다음과 같다.

p	$\sim p$
T	F
F	T

예 "서울은 한국의 수도이다."의 부정은 "서울은 한국의 수도가 아니다."로 주어진다. ■

참고 "해는 서쪽으로 진다."의 논리적 부정은 "해가 동쪽으로 진다."가 아니라 "해는 서쪽으로 지지 않는다."이다. 따라서 모든 명제는 논리적 부정을 갖지만 우리 일상 언어에서 "… 아니다."라는 표현만이 부정을 형성하지는 아니한다.

정의 2 합접(conjunction): $p \wedge q$

임의의 두 명제 p, q에 대하여

"p이며 q이다."

인 형태의 명제를 **합접** $p \wedge q$로 나타내고, 'p와 q'라든가 'p 그리고 q(p and q)' 또는 'p와 q의 **논리곱**(logical product)'이라고 부르며, $p \wedge q$에 대한 진리표는 아래와 같이 정의한다.

p	q	$p \wedge q$
T	T	T
T	F	F
F	T	F
F	F	F

일상 언어에서 합접에 해당하는 어휘로는 '한편, 및, 다만, 더불어, 그러나, 불구하고, 와, 이고' 등이 있다.

참고 논리식을 일상용어로 예시하면 그 용어의 의미가 상실되는 경우가 있음을 알아야 한다. 시차를 두고 일어난 경우나, 어떤 행위의 전후 동작을 표현하는 경우 합접에서는 교환법칙이 성립하지 않는다.

예 합접에 있어서, '두 경우가 필히 함께 작용하는 경우'와 '함께 같이 있지만 작용은 어느 한쪽만 일어나는 경우'로 나눈다. "그는 방문을 열고 들어갔다."와 "그는 들어가서 방문을 열었다."라는 두 문장은 일어난 행위가 매우 다르므로 더 구체적인 표현을 위하여 합접 외에 다른 논리적 표현의 보강이 요구되고 있다. ■

정의 3 이접 (disjunction): $p \vee q$

임의의 두 명제 p, q에 대하여

"p 또는 q(p or q)이다."

인 형태의 합성명제를 **이접** $p \vee q$로 나타내고 'p 이거나 q', 'p와 q의 선언' 또는 'p와 q의 **논리합** (logical sum)'이라고 부르며, $p \vee q$에 대한 진리표는 아래와 같이 정의한다.

p	q	$p \vee q$
T	T	T
T	F	T
F	T	T
F	F	F

일상 언어에서 이접에 해당하는 어휘로는 '또는, (이거)나, 혹은, 그렇지 않으면, (라)든지' 등이 있다.

참고 진리표로부터 4개의 논리 가능성에 대하여 명제변수 p나 q 중에서 적어도 하나가 참일 때에만 $p \vee q$는 참임을 확인할 수 있다.

예 다음의 두 명제를 생각해 보자. p를 "오늘은 토요일이다."로, q를 "등산을 한다."로 하면, 합접 $p \wedge q$는 "오늘은 토요일이고 등산을 한다."로, 이접 $p \vee q$는 "오늘은 토요일이거나 등산을 한다."로 표시된다. 진리표로부터 $p \wedge q$는 등산을 하는 토요일에만 참인 명제이고, $p \vee q$는 등산을 하는 것과 관계없이 토요일마다 참이고 또한 등산을 하는 날이면 항상 참인 명제가 된다. ■

일상 언어에서 이접은 두 명제 p, q가 모두 참인 경우 $p \vee q$가 거짓이 됨을 주장하는, 즉 '또는' 대신에 '이거나, 그렇지 않으면'으로 해석하는 경우가 있다. 이와 같이 p와 q 중에서 어느 한쪽만이 참일 때 그 합성명제가 참임을 주장하는 명제를 **배타적**

이접(exclusive disjunction)이라 하고. 기호 $\veebar$를 사용하여

$$p \veebar q$$

로 나타낸다. 이러한 배타적 이접의 경우는, p, q의 진리값이 모두 참인 경우에 거짓이 되는 점만이 $\vee$의 경우와 다르다. $\vee$은 배타적 이접과 구별할 때 **양립적 이접**(inclusive disjunction)이라고 말하고, 논리에 있어서는 보통 이접이라 하면 양립적 이접을 말한다.

예 "나는 3일 후 오전 10시에 일본에 있거나, 중국에 있을 것이다." 라는 명제에 있어서 "3일 후 오전 10시에 일본에도 있고 중국에도 있을 것이다." 라는 경우는 성립할 수 없고, 어느 한 쪽 명제만이 참임을 주장하고 있으므로 이 합성명제는 배타적 이접이 되는 것이다. ■

참고 이접에 대한 해석으로 전기회로에서 병렬회로를 생각할 수 있다. 상하 두 회로 중 적어도 어느 한 회로가 닫혀 있으면 회로에는 전류가 흐르게 되며, 두 회로 모두 열려 있으면 회로에는 전류가 흐르지 않는다.

이제 진리표를 만드는 방법을 설명해 보기로 한다. 예를 들어 '$p \vee \sim q$'에 대한 진리표를 만들어 보자.

표 1

p	q	$\sim q$	$p \vee \sim q$
T	T	F	T
T	F	T	T
F	T	F	F
F	F	T	T

표 2

p	q	p	$\vee$	$\sim$	q
T	T	T	T	F	T
T	F	T	T	T	F
F	T	F	F	F	T
F	F	F	T	T	F
실행순서		1	3	2	1

[방법 1] 표 1과 같이 p와 q에 대하여 가능한 진리값을 처음 두 열에 표시하고 세 번째 열에 $\sim q$를 구하여 마지막 열에는 첫 번째 열 p와 세 번째 열 $\sim q$와 논리합을 계산하여 마지막 열에 표시하여 진리표를 만든다.

[방법 2] 표 2처럼 각 열이 논리식뿐만 아니라 연결사에 관하여 실행 순서대로 진리값을 표시하는 방법이다.

정의 4 논리적 동치 (logically equivalent)

두 명제 p, q가 모든 논리가능성에 대하여 진리값이 같을 때, 'p는 q와 **논리적 동치**' 또는 간단히 '**동치** (equivalent)'라 하고

$$p \equiv q$$

로 표시한다.

기호 $\equiv$는 논리기호가 아니고, **초논리** (metalogic)에 속하는 기호이다. 우리가 주어진 문제를 풀 때, 문제를 변형하여 쓰는 것은 주어진 문제와 논리적으로 동치이면서 쉽게 이해할 수 있는 명제로 바꾸는 것을 의미한다. 동치명제로의 변환 과정이 **문제풀이 과정**이다.

예 $p \vee q$와 $\sim[(\sim p) \wedge (\sim q)]$는 진리표가 같으므로 두 명제는 동치이다. 즉

$$p \vee q \equiv \sim[(\sim p) \wedge (\sim q)]$$

이다. ■

그러나 보통 동치명제는 같은 것으로 생각하지만, 논리에서는 복잡한 것보다는 간단한 것을 사용한다.

예 "비가 오는 날에는 우산을 쓴다."와 "어느 날 우산을 쓰지 않는다면, 그 날은 비가 오지 않는 날이다."라는 두 명제는 동치이나, 전자가 더 간편한 표현이다. ■

정의 5 항진명제와 모순명제

모든 논리적 가능성에 대하여 항상 참인 명제를 **항진명제**(**토톨로지**; tautology)라 하고

$$I \text{ 또는 } t$$

로 표시하며, 모든 논리가능성에 대하여 항상 거짓인 명제를 **항위명제**(**모순명제**; contradiction)라 하고

$$O \text{ 또는 } c$$

로 나타낸다. 논리식이라는 점에서 항진명제를 항진식, 모순명제를 항위식이라 표현하기도 한다.

예 명제 $p \vee \sim p$는 항진명제이므로 $p \vee \sim p \equiv t$이고, $p \wedge \sim p$는 모순명제이므로 $p \wedge \sim p \equiv c$가 된다. ■

정리 6

임의의 명제 p, q, r에 대하여, 다음이 성립한다.

(1) **이중부정법**(law of double negation):

$$p \equiv \sim(\sim p)$$

(2) **멱등법칙**(idempotent law):

$$p \wedge p \equiv p, \ p \vee p \equiv p$$

(3) **교환법칙**(commutative law):

$$p \wedge q \equiv q \wedge p, \ p \vee q \equiv q \vee p$$

(4) **결합법칙**(associative law):

$$(p \wedge q) \wedge r \equiv p \wedge (q \wedge r)$$
$$(p \vee q) \vee r \equiv p \vee (q \vee r)$$

(5) **분배법칙** (distributive law):

$$p \wedge (q \vee r) \equiv (p \wedge q) \vee (p \wedge r) \qquad \text{(합접의 이접에 관한 분배법칙)}$$
$$p \vee (q \wedge r) \equiv (p \vee q) \wedge (p \vee r) \qquad \text{(이접의 합접에 관한 분배법칙)}$$

(6) **흡수법칙** (absorption):

$$p \wedge (p \vee q) \equiv p, \ p \vee (p \wedge q) \equiv p$$

(7) **드모르간 법칙** (De Morgan's law):

$$\sim (p \wedge q) \equiv (\sim p) \vee (\sim q), \ \sim (p \vee q) \equiv (\sim p) \wedge (\sim q)$$

일반적으로 명제변수의 종류가 n개일 경우 진리표는 2^n개의 행을 필요로 한다.

논리적 동치와 뒤에 기술할 함의에 대한 정당성을 주장하는 데 있어서, 진리표에 의한 증명은 많은 시간과 노력이 든다. 그러므로 다른 정리와 추론규칙, 전제로 세운 공리, 그와 관련된 정의들에 의하여 연역적으로 증명하는 것이 매우 유용하다. 이러한 증명법을 **연역적 추론** (deductive reasoning) 또는 **연역적 방법** (deductive method)이라고 한다.

예 연역적 방법을 이용하여, $p \vee q \equiv \sim [(\sim p) \wedge (\sim q)]$를 증명해 보자. $\sim (\sim p) \equiv p$와 드모르간 법칙을 이용하여

$$\sim [(\sim p) \wedge (\sim q)] \equiv [\sim (\sim p)] \vee [\sim (\sim q)] \equiv p \vee q$$

즉 $p \vee q \equiv \sim [(\sim p) \wedge (\sim q)]$이다. ■

정의 7 **조건문** (conditional): $p \rightarrow q$

조건문이란 두 명제 p, q에 대하여

"p이면, q이다 (if p, then q)."

인 형태의 합성명제를 의미한다. 결합자 '$\rightarrow$'를 붙여서 '$p \rightarrow q$'로 주어지는 명제로써 'p와 q의 **조건문**'이라고 부르며

$$p \rightarrow q \equiv \sim(p \wedge \sim q)$$

로 정의한다. 이때 p를 **가정**(hypothesis), q는 **결론**(conclusion)이라 하고, $p \rightarrow q$에 대한 진리표를 작성하면 다음과 같다.

p	q	$p \rightarrow q$
T	T	T
T	F	F
F	T	T
F	F	T

참고 위 진리표에서 아래 두 경우는 '가정이 거짓이면 결론에 상관없이 조건문은 항상 참'임을 뜻하고 '가정에 상관없이 결론이 참이면 조건문은 항상 참'임을 의미한다.

일상 언어에서 조건명제를 이루는 어휘로는 '(이)므로, 여, (여)서, (로)인하여, (일) 때, 따라서, 경우, 그러므로, 왜냐하면' 등이 있다.

예 "취직을 해서 매우 기쁘다." 라든지 "제트스키를 탈 경우 기분이 너무 좋다." 라는 명제는 조건문에 해당한다. ■

조건문은 참에 대하여 세 경우를 허락한다. 이러한 실질적 해석의 허용은 일상 언어에 바로 적용하여 무조건 법칙으로 사용할 것을 권하는 것은 아니며, 폭넓은 연구의 관심 영역을 제공하는 것뿐이다. 일상생활에서는 가정이 거짓인 경우에 합성명제 $p \rightarrow q$가 참인지는 묻지 않는다. 그러나 논리학자는 모든 논리적 가능성의 각 경우마다 진리값을 주고자 한다. 즉 조건문 $p \rightarrow q$에 대한 진리표는 우리의 약속이다.

예제 조건문 $p \rightarrow q$와 $\sim p \vee q$는 동치이다.

증명

p	q	$p \to q$	$\sim p \ \vee \ q$
T	T	T	$F \ \ T \ \ T$
T	F	F	$F \ \ F \ \ F$
F	T	T	$T \ \ T \ \ T$
F	F	T	$T \ \ T \ \ F$

따라서 $p \to q \equiv \sim p \vee q$이다. ■

합성명제에 포함된 소괄호나 대괄호를 생략하여 주어진 명제를 간단한 꼴로 나타낼 수 있다. 일반적으로 연결사의 결합에 있어, $\sim$가 가장 강하고 다음에 $\wedge$, $\vee$, 그리고 다음에 $\to$의 순위로 결합한다. 예를 들면 $p \to \ \sim q \wedge \sim r$은

$$p \to [(\sim q) \wedge (\sim r)]$$

과 같은 표현이다.

정리 8

임의의 명제 p, q, r에 대하여, 다음이 성립한다.

(1) **대우법칙** (contrapositive law): $p \to q \equiv \ \sim q \to \ \sim p$

(2) **배리법** (reductio ad absurdum): $p \to q \equiv (p \wedge \sim q \to c)$

증명 여기서는 (1)만을 증명하고, (2)는 독자에게 남긴다.

p	q	$p \to q$	$\sim q \to \ \sim p$
T	T	T	T
T	F	F	F
F	T	T	T
F	F	T	T

위 진리표에서 $p \to q$와 $\sim q \to \ \sim p$의 진리표가 같으므로, 두 명제는 동치이다. 따라서

$$p \to q \equiv [(\sim q) \to (\sim p)]$$

이다. ■

참고 대우법칙과 배리법은 수학적인 증명에서 많이 사용하는 추론방법이다. 조건문 형태의 명제 $p \to q$를 직접 증명하기 어려울 경우에는 $\sim q \to \sim p$를 증명하거나, $p \wedge \sim q$를 가정하면 모순이 생긴다는 것, 즉

$$p \wedge \sim q \to c$$

를 보이면 된다.

조건문 $p \to q$와 관련하여 다음 세 가지의 조건문이 정의된다.

정의 9 역, 이, 대우

조건문 $p \to q$에 대하여, $q \to p$를 **역**(converse), $\sim p \to \sim q$를 **이**(inverse), $\sim q \to \sim p$를 **대우**(contraposition)라고 한다.

수학에서는 조건문이 참일 때 대우는 항상 참이지만, 일상생활에서는 통용되지 않는 경우가 있다.

보기를 들면

"배가 고프면 식사를 한다."

라는 문장은 참이다. 그러나 대우를 사용하여 "식사를 하지 않으면 배가 고프지 않다."고 말할 수 없다. 그러므로 대우 '$\sim q \to \sim p$' 자체가 조건문 '$p \to q$'의 표현을 일반적으로 대신하지는 못한다.

정의 10 쌍조건문(biconditional): $p \leftrightarrow q$

두 명제 p, q에 대하여 $(p \to q) \wedge (q \to p)$를 p와 q의 **쌍조건문**이라 하고, 결합자 $\leftrightarrow$를 사용하여

$$p \leftrightarrow q$$

로 나타낸다. $p \leftrightarrow q$에 대한 진리표는 다음과 같이 정의한다.

p	q	$p \leftrightarrow q$
T	T	T
T	F	F
F	T	F
F	F	T

일상언어에서 쌍조건문에 해당하는 어휘로는 '~일 때, 그때에 한하여' 또는 '~이면, 그리고 그때만' 등이 있다.

정의 11 함의와 동치

조건문 $p \rightarrow q$가 항진명제일 때 'p는 q를 **함의한다**(imply)'라 하고

$$p \Rightarrow q$$

로 표시한다. 또한 쌍조건문 $p \leftrightarrow q$가 항진명제일 때 'p와 q는 **동치**'라 하고

$$p \Leftrightarrow q$$

로 나타낸다.

'$\rightarrow$'와 '$\leftrightarrow$'는 논리기호이지만 '$\Rightarrow$'와 '$\Leftrightarrow$'는 각각 '$\rightarrow$가 항진'이라는 사실과 '$\leftrightarrow$가 항진'이라는 사실을 나타내는 초논리기호일 뿐, 논리기호가 아니다.

예제 논리식 $\{p \wedge (p \rightarrow q)\} \rightarrow q$는 항진명제이다.

증명

p	q	$\{p \wedge (p \rightarrow q)\} \rightarrow q$		
T	T	T	T	T
T	F	F	F	T
F	T	F	T	T
F	F	F	T	T

위 진리표에서 $\{p \wedge (p \rightarrow q)\} \rightarrow q$는 항진명제이다. ■

예제 연역적 방법으로, 다음을 증명하시오.

$$(p \rightarrow q) \vee (p \rightarrow r) \Leftrightarrow (p \rightarrow q \vee r)$$

증명

$$\begin{aligned}(p \rightarrow q) \vee (p \rightarrow r) &\Leftrightarrow (\sim p \vee q) \vee (\sim p \vee r)\\ &\Leftrightarrow (\sim p \vee \sim p) \vee (q \vee r)\\ &\Leftrightarrow \sim p \vee (q \vee r)\\ &\Leftrightarrow p \rightarrow q \vee r\end{aligned}$$

이므로, $(p \rightarrow q) \vee (p \rightarrow r) \Leftrightarrow (p \rightarrow q \vee r)$가 성립한다. ■

참고 명제 p, q에 대하여 다음 세 가지 사실은 동치이다.

(1) $p \Rightarrow q$

(2) $p \rightarrow q$가 항진명제이다.

(3) $\sim p \vee q$가 항진명제이다.

정의 12 필요충분조건

정리의 증명에서 'p이면, q'가 참, 즉

$$p \Rightarrow q$$

일 때, p를 q가 되기 위한 **충분조건**(sufficient condition)이라 하고, q를 p가 되기 위한 **필요조건**(necessary condition)이라 한다. 필요조건과 충분조건이 동시에 성립할 때 **필요충분조건**(necessary and sufficient condition)이라 한다. 즉

$$p \Leftrightarrow q$$

일 때, p는 q가 되기 위한 필요충분조건이다.

참고 $p \Leftrightarrow q$에서 필요성(sufficiency)과 충분성(necessity)의 증명은 다음 방법에 따른다.

(1) 충분성($\Leftarrow$): q가 참이라고 가정하고, p가 참임을 밝힌다.
(2) 필요성($\Rightarrow$): p가 참이라고 가정하고, q가 참임을 밝힌다.

쌍조건문 $p \leftrightarrow q$이 항진명제가 되려면, 모든 경우에 대해 p와 q의 진리값이 일치해야 하므로 $p \Leftrightarrow q$와 $p \equiv q$는 같은 의미가 된다. 두 명제 p와 q가 함께 항진이든지, 함께 모순이라면 $p \equiv q$가 성립한다. '$p \Leftrightarrow q$'를 대신하여 'p if and only if q' 또는 간략하게 'p iff q'로 표시하기도 한다.

예 'x, y가 유리수'인 것은 '$x + y$가 유리수'이기 위한 충분조건이지만, 필요조건은 아니다. ■

예 α, β가 실수일 때, '$\alpha\beta = 0$'은 '$|\alpha - \beta| = |\alpha + \beta|$'가 되기 위한 필요충분조건이다. ■

참고 "A 학점을 받는다면, 장학금을 받는다."라고 말할 때, "A 학점을 받는다."는 사실은 장학금을 받을 충분조건은 되지만 필요조건이 되지는 않는다. A 학점을 받지 않았어도 장학금을 받을 수 있기 때문이다. "내가 아니고서는 논리를 가르칠 수 없다."고 할 때, '나'라는 존재는 논리를 가르치기 위한 필요조건이다. 왜냐하면 논리를 가르치려면 내가 있어야 하기 때문이다.

정리 13

임의의 명제 p, q, r에 대하여, 다음이 성립한다.

(1) 합의 법칙(law of addition): $p \Rightarrow p \vee q$

(2) 단순화 법칙(law of simplification):

$$p \wedge q \Rightarrow p,\ p \wedge q \Rightarrow q$$

(3) 추이법칙(transitive law):

$$(p \to q) \wedge (q \to r) \Rightarrow p \to r$$

(4) 선언삼단논법(disjunctive syllogism):

$$(p \vee q) \wedge \sim p \Rightarrow q,\ (p \vee q) \wedge \sim q \Rightarrow p$$

(5) 삼단논법의 긍정식(modus ponens):

$$(p \to q) \wedge p \Rightarrow q$$

(6) 삼단논법의 부정식(modus tollens):

$$(p \to q) \wedge \sim q \Rightarrow \sim p$$

증명 여기서는 (4)의 경우만 증명하고, 나머지는 독자에게 남긴다.

p	q	$(p \vee q)$ $\wedge$ $\sim p$ $\to$ q
T	T	T F F T T
T	F	T F F T F
F	T	T T T T T
F	F	F F T T F

위 진리표에서 $(p \vee q) \wedge \sim p \to q$가 항진명제이므로

$$(p \vee q) \wedge \sim p \Rightarrow q$$

이다. ■

예 참인 두 명제 "암 환자는 급격한 체중 변화가 나타난다."와 "이 환자는 급격한 체중 변화가 없다."로부터 "이 환자는 암 환자가 아니다."라는 참인 결론을 얻을 수 있다. ■

정리 14

명제 t를 항진명제, c를 모순명제, p를 임의의 명제라 할 때, 다음이 성립한다.

(1) $p \wedge t \Leftrightarrow p$, $p \vee t \Leftrightarrow t$

(2) $p \vee c \Leftrightarrow p$, $p \wedge c \Leftrightarrow c$

(3) $c \Rightarrow p$, $p \Rightarrow t$

증명 여기서는 (1)의 앞부분만 증명하고, 나머지는 독자에게 남긴다.

p	t	p	$\wedge$	t	$\leftrightarrow$	p
T	T	T	T	T	T	T
F	T	F	F	T	T	F

위 진리표에서, $p \wedge t \leftrightarrow p$가 항진이므로 $p \wedge t \Leftrightarrow p$가 된다. ■

예 명제 t를 항진, c를 모순명제라 할 때

$$\sim t \Leftrightarrow c, \ \sim c \Leftrightarrow t$$

가 성립한다. ■

3. 연역적 추론

앞에서 다룬 규칙(정리)들은 논리적 동치나 함의를 보이는데 매우 유용하다. 이 규칙(정리)들을 **추론규칙**이라 한다. 진리표를 사용하지 않고 추론규칙을 사용하여 **연역적 방법**으로 추론하는 것을 **연역적 추론**이라 한다(1.3절 참조).

진리표를 사용할 경우 많은 시간과 노력이 들지만, 추론 규칙을 이용하면 간단히 증명할 수 있음에 유의한다.

예 추론규칙을 이용하여, 대우명제의 법칙

$$\begin{aligned} p \to q &\equiv \sim p \vee q \equiv \sim p \vee \sim(\sim q) \\ &\equiv \sim(\sim q) \vee (\sim p) \equiv \sim q \to \sim p \end{aligned}$$

를 얻는다. ■

예제 연역적 방법으로, 다음을 증명하시오.

$$p \leftrightarrow q \equiv (\sim p \vee q) \wedge (p \vee \sim q)$$

증명 $p \leftrightarrow q \equiv (p \rightarrow q) \wedge (q \rightarrow p)$이고, $p \rightarrow q \equiv \sim p \vee q$, $q \rightarrow p \equiv p \vee \sim q$ 이므로

$$p \leftrightarrow q \equiv (\sim p \vee q) \wedge (p \vee \sim q)$$

가 성립한다. ■

예제 연역적 방법으로, 선언삼단논법

$$(p \vee q) \wedge \sim p \Rightarrow q$$

를 증명하시오.

증명

$$\begin{aligned}(p \vee q) \wedge \sim p &\equiv \sim p \wedge (p \vee q) \\ &\equiv (\sim p \wedge p) \vee (\sim p \wedge q) \equiv c \vee (\sim p \wedge q) \\ &\equiv \sim p \wedge q \Rightarrow q\end{aligned}$$

■

예제 연역적 방법으로

$$(p \rightarrow r) \vee (q \rightarrow s) \equiv p \wedge q \rightarrow r \vee s$$

임을 보이시오. (이 증명에서 진리표를 사용하면, $2^4 = 16$가지의 경우가 나타난다.)

증명

$$\begin{aligned}(p \rightarrow r) \vee (q \rightarrow s) &\equiv (\sim p \vee r) \vee (\sim q \vee s) \\ &\equiv (\sim p \vee \sim q) \vee (r \vee s) \\ &\equiv \sim (p \wedge q) \vee (r \vee s) \\ &\equiv p \wedge q \rightarrow r \vee s\end{aligned}$$

■

1.1 연습문제

01 다음 문장의 명제 여부를 판정하시오.

(1) 사다리꼴은 한 쌍의 대변이 평행하다.

(2) 운전 중에는 안전띠를 매세요.

(3) $x^2 > 8$ 이면, $x > 2$ 이다.

02 네 명이 모인 어떤 모임에서 사람들끼리 임의로 악수를 나누었다. 이때 다음 명제의 참 여부를 결정하시오. (단, 0은 짝수로 생각한다.)

"홀수번 악수한 사람의 수는 항상 짝수이다."

03 진리표를 이용하여, 다음이 성립함을 보이시오.

(1) $\sim p \vee q \equiv (\sim q) \rightarrow (\sim p)$

(2) $p \veebar q \equiv (p \vee q) \wedge (\sim p \vee \sim q)$

04 연역적 방법으로, 다음을 증명하시오.

(1) $(p \rightarrow r) \vee (q \rightarrow s) \equiv (p \wedge q \rightarrow r \vee s)$

(2) $(p \rightarrow r) \wedge (q \rightarrow r) \equiv (p \vee q \rightarrow r)$

(3) $(p \wedge q \rightarrow r) \equiv \{p \rightarrow (q \rightarrow r)\}$

05 연역적 방법으로, 다음을 증명하시오.

(1) $(p \vee q \rightarrow q) \equiv (p \rightarrow q)$

(2) $p \wedge (p \rightarrow q) \wedge (p \rightarrow \sim q) \equiv c$

(3) $(p \rightarrow q) \wedge (p \rightarrow \sim q) \equiv \sim p$

06 x, y가 실수일 때, A는 B이기 위한 필요충분조건임을 보이시오.

A: $xy+1 > x+y > 2$ $\quad$ B: $x > 1$이고 $y > 1$

07 x, y가 실수일 때, '$|x|+|y| \leq 2$'가 '$x^2+(y-b)^2 \leq 1$'이기 위한 필요충분조건이 될 b의 범위는

$$-2+\sqrt{2} \leq b \leq 2-\sqrt{2}$$

임을 보이시오.

08 주말 프로 축구 경기가 매주 토요일마다 프로 축구팀 A, B, C, D, E, F, G, H의 여덟 개 팀 중에서 두 팀이 겨루어 모두 네 번 치러지게 된다. 이번 주말에 있을 경기에 대해 갑, 을, 병 세 명의 야구 전문가가 승리하리라고 예상한 팀은 각각 다음과 같다. 이때 B팀과 경기하는 팀은 G팀임을 보이시오.

갑				을				병			
A	B	C	E	A	B	D	F	A	C	D	G

09 한 변의 길이가 1인 정사각형 $OABC$에서 동점 P는 정사각형의 둘레를 시계방향으로 회전하고 동점 Q는 대각선 OB 위를 왕복한다. P, Q가 동시에 O를 출발하여 같은 속력으로 움직일 때, P와 Q가 만날 수 있을까?

10 어느 정보통신 회사는 회원을 대상으로 전자메일 서비스를 제공하고 있다. 전자메일 계정은 여섯 개의 문자로 구성되며, 관리상 다음과 같이 운영되고 있다.

"계정을 만드는 데 사용되는 문자는 알파벳의 대 · 소문자와 열 개의 숫자 0, 1, 2, 3, ⋯, 9이어야 한다. 그런데 앞의 네 문자는 알파벳으로 구성하되 맨 처음 문자는 알파벳의 대문자를 사용해야 하고, 뒤의 두 문자는 숫자를 사용해야 한다."

이때 이 회사가 제공할 수 있는 전자메일 계정의 최대수는

$$2^3 \times 26^4 \times 10^2$$

으로 주어짐을 보이시오.

1.2 논리식의 형성과 표준화

1. 논리식의 형성

프레게는 내용의 차이는 구별하지 않고 진리값에만 착안하여 명제의 논리학을 외연의 논리학으로 확립하였다. 모든 명제는 내용과 형식이 다른 명제라도 진리값이 같으면 동일시하는 것이다. 그러므로 논리식 A의 진리값 $\varphi(A)$를 자신으로 나타낼 수 있다.

예 $\varphi(p) = T$이면 $p = T$이고, $\varphi(p \vee q) = F$이면 $p \vee q = F$ ■

이제 n개의 명제변수의 논리식

$$A(p_1, p_2, \cdots, p_n)$$

으로 표시되는 진리함수가 몇 개나 있는지 조사하여 보자.

$n = 1$일 때는 변수 p_1뿐이고 그 진리함수는 다음과 같이 네 종류이다. 단, 동치인 논리식은 진리함수로써는 동일하게 생각한다.

변수	진리함수			
p_1	p_1	$\sim p_1$	t	c
T	T	F	T	F
F	F	T	T	F

다음에 $n = 2$의 경우, 즉 독립변수가 p_1, p_2인 경우의 진리함수의 가능성에 대하여 생각하여 보자. 이 경우에 p_1, p_2의 변역은 어느 것이나 $\{T, F\}$이므로 이변수 $\{p_1, p_2\}$의 변역은 집합 $\{T, F\}$의 카테시안곱 $\{T, F\} \times \{T, F\}$이며

$$\{\{T, T\} \{T, F\} \{F, T\} \{F, F\}\}$$

의 2^2개의 요소로 구성된다. 카테시안곱에 관해서는 집합 부분에서 설명하기로 한다.

일반적으로 n변수의 진리함수에 대하여 생각하면 변역은 T, F를 임의로 취하여 n개 나열한 벡터

$$(F, F, T, \cdots, F), (F, F, T, \cdots, T), \cdots$$

등의 집합, 예컨대 S라 생각할 수 있으므로 S는 2^n개의 나열 방법을 갖는다. 이 경우의 진리함수는 이 집합 S로부터 집합 $\{T, F\}$에의 함수이므로 진리함수의 종류는 전부 2^{2^n}개가 된다.

예 $n=2$일 때, 그 진리함수의 종류는

$$2^{2^2}=2^4=16$$

이므로 16가지이다. ■

(1) 논리연산의 완전성

$p_1, p_2, p_3, \cdots$가 명제변수일 때, 진리함수

$$A(p_1, p_2, p_3, \cdots)$$

를 구하는 방법을 알아보자. 예를 들어 다음 진리표에 나타나 있는 진리함수를 구해보자.

p_1	p_2	p_3	$A(p_1, p_2, p_3)$
T	T	T	F
T	T	F	T
T	F	T	F
T	F	F	F
F	T	T	F
F	T	F	T
F	F	T	F
F	F	F	F

우선 진리표의 진리값을 나타내는 제2행으로부터 $p_1=T$, $p_2=T$, $p_3=F$일 때에만 T이고 그 이외의 경우에는 F가 되는 논리식을 구하면 $p_1 \wedge p_2 \wedge \sim p_3$이다.

다음에 제6행으로부터 $p_1=F$, $p_2=T$, $p_3=F$일 때, 그때에 한하여 T이고 그 이외의 경우에는 F가 되는 논리식은 $\sim p_1 \wedge p_2 \wedge \sim p_3$이다. 여기서 위의 두 경우에

만 T이고 그 이외의 경우에는 F가 되는 논리식은

$$A(p_1, p_2, p_3) \equiv (p_1 \wedge p_2 \wedge \sim p_3) \vee (\sim p_1 \wedge p_2 \wedge \sim p_3)$$

가 된다. 이것이 구하고자 하는 논리식이다.

일반적으로 $A(p_1, p_2, p_3)$의 진리값이 위로부터 아래로 향하여 차례로 T, F를 임의로 취한 진리함수가 존재한다. 이 방법은 n변수의 경우에도 성립하는 데 이를 **논리 연산의 완전성**(completeness of logical operation)이라 한다.

예제 다음 진리표를 만족하는 논리식 $A(p, q)$는 $p \to q$로 주어진다.

p	q	$A(p, q)$
T	T	T
T	F	F
F	T	T
F	F	T

증명 먼저 앞에서 설명한 방법에 의하여

$$A(p, q) \equiv (p \wedge q) \vee (\sim p \wedge q) \vee (\sim p \wedge \sim q)$$

를 얻는다. 그런데 분배법칙에 의하여

$$(p \wedge q) \vee (\sim p \wedge q) \equiv (p \vee \sim p) \wedge q \equiv I \wedge q$$

이므로

$$A(p, q) \equiv q \vee (\sim p \wedge \sim q) \equiv (q \vee \sim p) \wedge (q \vee \sim q)$$

이 된다. 따라서

$$A(p, q) \equiv (q \vee \sim p) \wedge I \equiv \sim p \vee q \equiv p \to q. \qquad \blacksquare$$

(2) 동시논리식

논리식에 대하여 참으로 결정하는 해석을 논리식에 대한 **모델**(model)이라고 한다. 이때 모든 해석에 대하여 항상 참이 되는 논리식을 **항진식**이라 하고, 반대로 항상 거짓이 되는 논리식을 **모순식**이라고 한다. 또한 명제변수의 진리값에 따라 논리식의 진리값이

참이나 거짓으로 결정되는 논리식을 **충족가능식**(satisfiable formula)이라고 한다.

주어진 논리식의 항진식 여부를 판별하는 방법으로는 진리표에 근거하는 것이 우선 이해하기 쉽고 단순하다는 장점이 있으나, 명제변수의 종류가 많고 논리연산의 횟수가 많은 논리식이라면 진리표를 만든다는 것은 매우 번거롭고 방대하다. 이때 항진식에 관한 성질을 이용하면 매우 편리하다.

예제 다음 **이출법칙**(exportation law)을 연역적 방법으로 증명하시오.

$$[p \to (q \to r)] \equiv (p \wedge q \to r)$$

증명

$$[p \to (q \to r)] \equiv [p \to \sim(q \wedge \sim r)] \equiv \sim[p \wedge (q \wedge \sim r)]$$
$$\equiv \sim[(p \wedge q) \wedge \sim r] \equiv (p \wedge q \to r).$$

따라서 $[p \to (q \to r)] \equiv (p \wedge q \to r)$. ■

항진식은 다음과 같은 중요한 성질을 갖는다.

첫째, 임의의 두 항진식에 대하여 네 가지 연결사 $\wedge$, $\vee$, $\to$, $\leftrightarrow$의 논리연산으로 얻어진 새로운 논리식은 항진식이다.

둘째, 주어진 논리식의 어떤 명제변수 대신에 다른 논리식을 대입하여 얻어진 새로운 논리식을 **대치식**(substitution instance)이라 한다. 이때 임의의 항진식에 대하여 임의의 논리식으로 만들어진 대치식은 또한 항진식이다.

셋째, 항진식에 있는 일부 논리식에 이와 동치인 논리식을 항진식에 대입하여 새로 얻어진 논리식도 항진식이다.

예 $[(p \to q) \wedge p] \to q$가 항진식이므로, 다음 대치식

$$[(p \wedge q \to r) \wedge (p \wedge q)] \to r$$

은 항진식이다. ■

정리 1
두 논리식 $A(p, q, r, \cdots)$와 $B(p, q, r, \cdots)$에 대하여

$$A(p, q, r, \cdots) \equiv B(p, q, r, \cdots)$$

이면, 명제변수 p, q, r, $\cdots$에 임의의 논리식 P, Q, R, $\cdots$을 대입할 때

$$A(P, Q, R, \cdots) \equiv B(P, Q, R, \cdots)$$

가 된다.

이미 알고 있는 항진식이나 모순식을 논리식에 추가하거나 줄여서 새로운 동치논리식을 얻을 수도 있고, 쌍대개념을 이용하여 새로운 형태의 동치논리식을 얻을 수도 있다.

두 논리식이 서로 **쌍대**(dual)란 한 논리식에서 논리기호 $\wedge$는 $\vee$로, $\vee$는 $\wedge$로, 항진식은 모순식으로 또한 모순식은 항진식으로 바꾸어 얻은 새로운 논리식을 비교할 때 일컫는 말이다.

많이 사용되는 동치논리식을 열거하면 다음과 같다. 여기에서 명제변수 p, q, r, $\cdots$은 임의의 명제나 논리식을 의미한다.

(1) 멱등법칙: $p \vee p \Leftrightarrow p$, $p \wedge p \Leftrightarrow p$

(2) 이중부정법: $\sim(\sim p) \Leftrightarrow p$

(3) $p \vee c \Leftrightarrow p$, $p \wedge t \Leftrightarrow p$

(4) $p \vee t \Leftrightarrow t$, $p \wedge c \Leftrightarrow c$

(5) 배중률: $p \vee \sim p \Leftrightarrow t$, **모순률**: $p \wedge \sim p \Leftrightarrow c$

(6) $p \rightarrow q \Leftrightarrow \sim p \vee q$

(7) 교환법칙: $p \vee q \Leftrightarrow q \vee p$, $p \wedge q \Leftrightarrow q \wedge p$

(8) 결합법칙: $(p \vee q) \vee r \Leftrightarrow p \vee (q \vee r)$
$(p \wedge q) \wedge r \Leftrightarrow p \wedge (q \wedge r)$

(9) 분배법칙: $p \vee (q \wedge r) \Leftrightarrow (p \vee q) \wedge (p \vee r)$
$p \wedge (q \vee r) \Leftrightarrow (p \wedge q) \vee (p \wedge r)$

(10) 드모르간 법칙: $\sim(p \vee q) \Leftrightarrow \sim p \wedge \sim q$
$\sim(p \wedge q) \Leftrightarrow \sim p \vee \sim q$

(11) **부정의 흡수**: $p \vee (\sim p \wedge q) \Leftrightarrow p \vee q$

(12) 대우법칙: $p \rightarrow q \Leftrightarrow \sim q \rightarrow \sim p$

(13) **전제의 대칭성**: $p \rightarrow (q \rightarrow r) \Leftrightarrow q \rightarrow (p \rightarrow r) \Leftrightarrow (p \wedge q) \rightarrow r$

(14) 함의의 통합: $(p \to q) \wedge (p \to r) \Leftrightarrow p \to (q \wedge r)$

$(p \to r) \wedge (q \to r) \Leftrightarrow (p \vee q) \to r$

$(p \to q) \vee (p \to r) \Leftrightarrow p \to (q \vee r)$

$(p \to r) \vee (q \to r) \Leftrightarrow (p \wedge q) \to r$

(15) 동치의 소거: $p \leftrightarrow q \Leftrightarrow (p \wedge q) \vee (\sim p \wedge \sim q)$

(16) 동치의 부정: $\sim (p \leftrightarrow q) \Leftrightarrow p \leftrightarrow \sim q$

(3) 논리기호와 완전함수적집합

하나의 논리식이 가지고 있는 논리기호와 같지 않은 새로운 논리기호를 사용하여 논리식을 만들 수 있다.

예 부정 $\sim$과 이접 $\vee$를 사용하여 다른 연산 $\wedge$, $\to$, $\leftrightarrow$을 다음과 같이 표시할 수 있다.

$$(p \wedge q) \Leftrightarrow \sim(\sim p \vee \sim q)$$
$$(p \to q) \Leftrightarrow (\sim p \vee q)$$
$$(p \leftrightarrow q) \Leftrightarrow \sim\{\sim(\sim p \vee q) \vee \sim(\sim q \vee p)\}$$ ■

논리기호 $\sim$, $\vee$, $\wedge$, $\to$, $\leftrightarrow$를 힐베르트(Hilbert)와 애커만(Ackermann)은

$$-,\ \&,\ \vee,\ \to,\ \sim$$

로, 러셀은

$$\sim,\ *,\ \vee,\ \supset,\ \equiv$$

등으로 사용하였고, 현재에도 학자에 따라 기호나 용어를 다르게 표현하고 있다. 그러나 논리식에 관한 법칙을 나타내든지 논리식을 변형하는 경우에는 보통 다섯 개의 기호 $\sim$, $\vee$, $\wedge$, $\to$, $\leftrightarrow$를 사용한다. 처음부터 논리식을 $\sim$, $\vee$, $\wedge$의 세 개의 기호만을 가지고 표시하기도 하는데, 이 세 개의 연산으로 만들어지는 명제의 집합은 불대수의 구조를 가진다(제2장 참조).

일반적으로 우리는 다섯 개의 결합자 $\sim$, $\vee$, $\wedge$, $\to$, $\leftrightarrow$를 사용하였지만, 연결사가 모두 필요한 것은 아니다. 위의 동치식으로부터 적어도 두 개의 연산 기호로도 논리식을 충분히 표현할 수 있다는 결론을 얻는다. 이처럼 한 논리식에 대하여 동치인 다른 논리식으로 표현하는 데 충분한 어떤 연결사의 집합을 찾을 수 있을 때, 이 연결

사의 집합을 연결사의 **완전함수적집합**(functionally complete sets of connectives)이라 한다.

참고 논리기호의 집합

$$\{\sim,\ \wedge\},\ \{\sim,\ \vee\},\ \{\sim,\ \rightarrow\}$$

등은 완전함수적집합이다. 그러므로 처음부터 논리기호의 사용을 두 개로 제한하여 논리학의 연구를 시작할 수도 있다.

예제 논리식 $p \rightarrow (q \leftrightarrow r)$을 $\sim$과 $\vee$으로 나타내시오.

풀이

$$\begin{aligned} p \rightarrow (q \leftrightarrow r) &\equiv \sim p \vee \{(q \rightarrow r) \wedge (r \rightarrow q)\} \\ &\equiv \sim p \vee \sim \{\sim (q \rightarrow r) \vee \sim (r \rightarrow q)\} \\ &\equiv \sim p \vee \sim \{\sim (\sim q \vee r) \vee \sim (\sim r \vee q)\}. \end{aligned}$$ ■

연결사의 완전함수적집합을 논하는 것은 컴퓨터를 설계할 때 단지 몇 개의 장치만으로 모든 연결사를 표시하면 경제적이고 효율적이기 때문이다.

이제 논리식을 좀더 간단히 하기 위하여 몇 개의 다른 연결사를 소개한다. 셰퍼(Sheffer)는 한 개의 논리기호만을 사용하여 위의 다섯 종류의 연산을 나타내는 방법을 1913년에 개척하였다.

정의 2 양립부정(alternative denial)

임의의 명제변수 p, q에 대하여 "p와 q는 양립하지 않는다."인 형태의 명제를

$$`p \mid q'$$

로 나타내고 'p와 q의 **양립부정**'이라 부르며, 양립부정에 관한 진리표는 다음과 같이 정의한다.

p	q	$p\,|\,q$
T	T	F
T	F	T
F	T	T
F	F	T

기호 '|'를 **셰퍼기호**(Sheffer stroke) 또는 **종봉기호**라고 부르며 양립부정은

$$\begin{aligned} p\,|\,q &\equiv \sim(p \wedge q) \\ &\equiv \sim p \vee \sim q \end{aligned}$$

로 표시된다. '|'는 교환법칙이 성립하지만, 결합법칙이 성립되지 않는다.

예제 다음을 종봉기호로 나타내시오.

(1) $\sim p$　　(2) $p \vee q$　　(3) $p \wedge q$

풀이 (1) $\sim p \equiv \sim p \vee \sim p \equiv p\,|\,p$

(2) $p \vee q \equiv \sim(\sim p) \vee \sim(\sim q) \equiv (\sim p)\,|\,(\sim q)$

$\equiv (p\,|\,p)\,|\,(q\,|\,q)$

(3) $p \wedge q \equiv \sim(p\,|\,q) \equiv (p\,|\,q)\,|\,(p\,|\,q)$ ■

따라서 $\rightarrow$, $\leftrightarrow$는 $\sim$와 $\vee$로 나타낼 수 있으므로, 이들을 종봉기호에 의하여 표시하는 것은 어렵지 않다.

정의 3　동시부정(joint denial)

두 논리식 p, q에 대하여

$$p \downarrow q \equiv \sim(p \vee q)$$

로 정의된 명제 '$p \downarrow q$'를 'p와 q의 **동시부정**'이라 하고 'p nor q'로 읽는다.

예 ~, ∨, ∧를 동시부정 연결사 '↓'로 나타낼 수 있다. 즉

$$\sim p \equiv p \downarrow p$$
$$p \vee q \equiv (p \downarrow q) \downarrow (p \downarrow q)$$
$$p \wedge q \equiv (p \downarrow p) \downarrow (q \downarrow q)$$

로 주어진다. ■

참고 {|}와 {↓}는 완전함수적집합이다.

2. 논리식의 표준화

우리는 어떤 주어진 논리식이 항진식인가, 모순식인가 또는 충족가능식인가를 결정하여야 한다. 이때 앞에서 설명한 대로 진리표를 사용하면 좋지만 많은 수고를 해야 하며 변수가 많으면 거의 불가능하다. 따라서 표준형이라는 논리식으로 바꾸어 어떠한 명제인가를 결정하는 방법을 생각해 봐야 한다. 표준형으로는 합접표준형과 이접표준형이 있다.

논리식 $A(p_1, p_2, \cdots, p_n)$에서 긍정

$$p_1,\ p_2,\ \cdots,\ p_n$$

과 부정

$$\sim p_1,\ \sim p_2,\ \cdots,\ \sim p_n$$

을 **원자**(atom)라고 부른다.

(1) **합접표준형**(conjunctive normal form):

논리식 A가 이접으로 이룬 논리식 B_i들의 합접으로 표현된 경우를 말한다. 다시 말하면 먼저 원자 b_{ij} (단, $1 \leq j \leq m$)로

$$B_i = b_{i1} \vee b_{i2} \vee \cdots \vee b_{im}$$

인 질(clause)을 구성하여

$$A = B_1 \wedge B_2 \wedge \cdots \wedge B_n$$

인 형태로 표현됨을 말한다.

(2) **이접표준형** (disjunctive normal form)

합접표준형의 경우와 반대로, 논리식 A가 합접으로 이룬 논리식 C_i들의 이접으로 표현된 경우를 말한다.

논리식은 $\vee$와 $\wedge$에 대하여 쌍대가 되므로, $\vee$와 $\wedge$를 교환함으로써 합접표준형에서 이접표준형을 얻을 수 있다.

예 논리식 $p \wedge (p \to q)$는 다음과 같이 두 표준형으로 표시할 수 있다.

$$p \wedge (p \to q) \Leftrightarrow (p \wedge \sim p) \vee (p \wedge q) \qquad \text{(이접표준형)}$$
$$\Leftrightarrow (p \vee p) \wedge (\sim p \vee q) \qquad \text{(합접표준형)}$$ ■

논리식을 표준형으로 바꾸는 방법은 다음과 같다.

[**단계** 1] 다음 동치식을 이용하여, 논리기호 $\to$, $\leftrightarrow$를 제거한다.

$$p \leftrightarrow q \Leftrightarrow (p \to q) \wedge (q \to p)$$
$$p \to q \Leftrightarrow \sim p \vee q$$

[**단계** 2] 부정논리기호에는 다음 동치식을 이용한다.

$$\sim(\sim p) \Leftrightarrow p$$
$$\sim(p \vee q) \Leftrightarrow \sim p \wedge \sim q$$
$$\sim(p \wedge q) \Leftrightarrow \sim p \vee \sim q$$

[**단계** 3] 다음 분배법칙을 이용하여, 원하는 표준형을 만든다.

$$p \vee (q \wedge r) \Leftrightarrow (p \vee q) \wedge (p \vee r)$$
$$p \wedge (q \vee r) \Leftrightarrow (p \wedge q) \vee (p \wedge r)$$

예제 논리식 $A(p, q, r) \equiv \sim\{(p \to q) \wedge (q \to r)\}$을 이접표준형으로 표시하시오.

풀이

$$\begin{aligned} A(p, q, r) &\equiv \sim\{(\sim p \vee q) \wedge (\sim q \vee r)\} \\ &\equiv \sim(\sim p \vee q) \vee \sim(\sim q \vee r) \\ &\equiv \{\sim(\sim p) \wedge \sim q\} \vee \{\sim(\sim q) \wedge \sim r\} \\ &\equiv (p \wedge \sim q) \vee (q \wedge \sim r) \end{aligned}$$

로 표시된다. ■

역으로 표준형으로 표시된 논리식을 간단히 할 수 있다. **콰인의 방법**(Quine's method)으로 알려진 이 방법에 대해서는 제2장에서 좀더 자세히 설명하기로 한다.

예제 이접표준형 $A(p, q) \equiv (p \wedge \sim q) \vee (\sim p \wedge q) \vee (p \wedge q)$를 간단히 하시오.

풀이

$$\begin{aligned} A(p, q) &\equiv \{(p \wedge \sim q) \vee (p \wedge q)\} \vee \{(\sim p \wedge q) \vee (p \wedge q)\} \\ &\equiv \{p \wedge (q \vee \sim q)\} \vee \{(p \vee \sim p) \wedge q\} \\ &\equiv (p \wedge t) \vee (t \wedge q) \\ &\equiv p \vee q \end{aligned}$$

■

어떤 연결사도 $\sim$, $\vee$, $\wedge$로 표현할 수 있으므로, 논리식은 항상 표준형으로 바꿀 수 있다. 그러나 표준형은 유일하지 않으므로, 유일한 다른 형태의 표준형이 필요하게 된다. 표준형으로 만들 때 모든 절이 모든 종류의 명제변수를 갖추어 표준형을 표현할 경우, **주합접표준형**(principal conjunctive normal form) 또는 **주이접표준형**(principal disjunctive normal form)이라 한다. 이때 각 절은 명제변수와 그것의 부정명제변수를 함께 가질 수 없도록 해야 한다. 명제변수의 개수가 n이라면 절의 개수는 2^n개까지 존재할 수 있다.

예 명제변수가 a, b라면 합접표준형의 경우 절이

$$a \vee b, \ \sim a \vee b, \ a \vee \sim b, \ \sim a \vee \sim b$$

들이 있으므로, 이 네 개의 절 중에서 몇 개를 선택하여 합접을 이루게 된다. ■

두 논리식이 동치인가를 알려고 할 때, 두 논리식이 하나의 주합접표준형이나 주이접표준형으로 되면 원래 주어진 두 동치식은 동치가 되어 같은 내용의 의미를 갖는 동치논리식이 됨을 알 수 있다.

주합접(또는 주이접)표준형을 구하고자 한다면, 합접(또는 이접)표준형을 구한 마지막 순서 [단계 3]의 결과에서 각 절에서 명제변수 중 나타나지 않은 변수로써 적절한 부분논리식을 만들어 이접(또는 합접)을 추가하여 [단계 3]의 분배법칙을 시행하

면 얻는다. 만일, 주합접표준형이라면 어떤 절에 나타나지 않은 변수가 a라면 부분논리식 $a \wedge \sim a$를 그 절에 이접으로 추가하게 된다. 만일 주이접표준형이라면 $a \vee \sim a$를 해당하는 절에 합접으로 추가한다. 이때 유의할 점은, 추가할 때 나타나지 않는 명제변수에 대하여 하나도 빠짐없이 해당되는 부분논리식을 추가하여야 한다는 것이다.

예 (1) 주이접표준형:

$$\begin{aligned} \sim p \vee q &\Leftrightarrow \{\sim p \wedge (q \vee \sim q)\} \vee \{q \wedge (p \vee \sim p)\} \\ &\Leftrightarrow (\sim p \wedge q) \vee (\sim p \wedge \sim q) \vee (q \wedge p) \vee (q \wedge \sim p) \\ &\Leftrightarrow (\sim p \wedge q) \vee (\sim p \wedge \sim q) \vee (p \wedge q) \end{aligned}$$

(2) 주합접표준형:

$$\begin{aligned} &(p \vee r) \wedge (\sim q \vee p) \wedge (\sim p \vee q) \\ &\quad \Leftrightarrow \{p \vee r \vee (q \wedge \sim q)\} \wedge \{\sim q \vee p \vee (r \wedge \sim r)\} \\ &\qquad \wedge (\sim p \vee q \vee (r \wedge \sim r)) \\ &\quad \Leftrightarrow (p \vee q \vee r) \wedge (p \vee \sim q \vee r) \wedge (p \vee \sim q \vee r) \\ &\qquad \wedge (p \vee \sim q \vee \sim r) \wedge (\sim p \vee q \vee \sim r) \wedge (\sim p \vee q \vee r) \end{aligned}$$ ■

1.2 연습문제

01 n개의 명제 $p_1, p_2, \cdots, p_n$에 대하여, 동치가 아닌 상이한 명제는 모두 몇 가지 있는가?

02 다음의 성립 여부를 판정하시오.

(1) $(p \wedge q \to r) \equiv [p \to (q \to r)]$ (2) $(p \to q) \equiv \sim (q \to p)$

(3) $(p \to r) \vee (q \to s) \equiv (p \wedge q \to r \vee s)$

03 다음 명제가 항진임을 보이시오.

(1) $(p \land q) \rightarrow (\sim p \lor q)$ (2) $p \rightarrow (p \lor q)$

04 임의의 명제 r에 대하여

$$(p \rightarrow q) \Rightarrow (p \lor r \rightarrow q \lor r)$$

임을 보이시오.

05 논리식 $\{(p \lor q) \land (\sim p \lor q)\}$이 q와 동치임을 증명하시오.

06 다음 진리표를 만족시키는 논리식 $A(p, q)$와 $B(p, q)$가 각각

$$A(p, q) \equiv p \lor q, \ B(p, q) \equiv \sim (p \leftrightarrow q)$$

임을 보이시오.

p	q	$A(p, q)$	$B(p, q)$
T	T	T	F
T	F	T	T
F	T	T	T
F	F	F	F

07 다음 논리식을 $\sim$와 $\lor$, 그리고 $\sim$와 $\land$으로 나타내시오.

(1) $p \rightarrow (q \leftrightarrow r)$ (2) $p \land (q \leftrightarrow r)$

(3) $(p \lor q) \rightarrow r$

08 다음 각 논리식을 중봉기호로 나타내시오.

(1) $p \rightarrow q$ (2) $p \leftrightarrow q$

(3) $\sim (p \lor q) \land p$ (4) $p \leftrightarrow (q \land r)$

09 '$\downarrow$'이 동시부정 연결사일 때, 다음 동치관계가 성립함을 보이시오.

(1) $\sim(p \mid q) \equiv \sim p \downarrow \sim q$ (2) $\sim(p \downarrow q) \equiv \sim p \mid \sim q$

10 다음 논리식을 합접표준형과 이접표준형으로 고치시오. 또한 주합접표준형과 주이접표준형으로 고치시오.

(1) $\sim\{(p \rightarrow q) \wedge (q \rightarrow r)\}$ (2) $(p \rightarrow q) \wedge (q \rightarrow r) \rightarrow (p \rightarrow r)$

11 이접표준형을 이용하여

$$(p \rightarrow q) \vee (q \rightarrow p)$$

가 항진임을 밝히시오.

12 봉사활동 확인서를 제출했다고 주장하는 A, B, C 세 학생에게 교수님은 다음과 같이 말씀하셨다.

(1) 너희 셋 중 적어도 한 사람이 봉사활동 확인서를 가지고 온 걸 본적이 있는데…

(2) C가 봉사활동 확인서를 제출하지 않았다면 A가 제출하지 않았거나 B가 제출했겠지.

(3) B와 C 너희는 항상 같이 행동한다지?

(4) B가 봉사활동을 했다면 A도 했어! 그렇지?

위의 말씀에서 교수님의 말씀이 사실일 때, 실제로 봉사활동 확인서를 제출한 학생은 누구인가?

1.3 논리적 추론

지금까지는 각 명제의 진리값과 명제의 동치 여부에 대하여 알아보았다. 이 절에서는 추론에 대하여 서술하고, 추론의 타당 여부에 관심을 가질 것이다.

참고 논리식에 대한 추론의 **타당성**(validity)을 밝히는 효율적인 방법을 찾는다는 것은 항상 과제로 남는다. 우리는 항진식이나 모순식 중 어느 하나를 증명하여야 하는 데 지금까지의 지식으로는 진리표를 작성하여 결과의 진리값을 비교하든지, 아니면 표준형으로 논리식을 변형하여 항진성과 모순성을 확인하는 방법이 있었다. 그러나 이러한 방법들은 명제변수의 개수가 많고 논리식의 형성 과정이 복잡하면 매우 번거로운 일이다.

1. 추론의 타당성

추론의 타당성을 공부함으로써 논리적 사고에서 오류를 범하지 않도록 조심할 수 있게 되고, 잘못된 논리에 현혹되는 일을 줄일 수 있는 것이다.

정의 1 추론(inference)

몇 개의 논리식 $A_1,\ A_2,\ \cdots,\ A_n$으로부터 새로운 논리식 B를 유도하는 과정을 **추론** 또는 **논증**(argument)이라 한다. 실제로는

$$A_1,\ A_2,\ \cdots,\ A_n \vdash B$$

또는

$$A_1,\ A_2,\ \cdots,\ A_n\ /\ \therefore\ B$$

로 나타내고, 이것을 **추론식**(inference formula)이라 한다.

추론식에서 $A_1,\ A_2,\ \cdots,\ A_n$을 추론의 **전제**(premise) 또는 가정, B를 추론의 결론 또는 **논리적 결론**(logical consequence)이라 하고, 전제로부터 결론을 논리적 법칙에 따라 유도하는 과정을 **연역**(deduction)이라 한다. 또한 가정으로부터 새로운 결론을 유도하는 것을 **추론규칙**(inference rule)이라 하고, 추론규칙을 도식으로 나타낸

것을 **추론도** (inference schemata)라고 한다.

추론식에 대한 추론도는 다음과 같은 형식으로 표시한다.

$$\begin{array}{c} A_1 \\ A_2 \\ \vdots \\ A_n \\ \hline B \end{array}$$

또는

$$\frac{A_1,\ A_2,\ \cdots,\ A_n}{B}$$

추론도에서 사용한 횡선은 '그러므로' 또는 '따라서' 등의 용어 대신에 사용한 기호로 생각하면 된다.

추론의 타당성을 말할 때는 전제가 실제로 참인지 거짓인지에 상관없이 추론에 대한 형식의 타당성에만 관심을 갖는다. 즉 추론의 타당성은 주어진 추론의 형식이 가지고 있는 타당성이다. 타당성을 밝히는 데는 다음 두 가지가 이용된다.

(1) 진리표를 이용하는 경우

추론의 타당성을 증명하기 위한 한 방법으로 진리표를 활용한다. 이때 추론이 **타당하다** (**유효하다**; valid)는 것은 모든 전제가 참일 때 결론도 참이어야 함을 의미한다.

예제 다음 추론에서 처음 두 개의 명제는 전제이고 마지막 명제는 결론일 때 타당함을 보이시오.

> B가 A대학에 입학하면, B는 장학금을 받는다.
> B는 A대학에 입학했다.
> 따라서 B는 장학금을 받았다.

증명 "p : B는 A대학에 입학한다.", "q : B는 장학금을 받는다."로 놓고 진리표를 만들면 다음과 같다.

		전제		결론
p	q	$p \rightarrow q$	p	q
T	T	T	T	T
T	F	F	T	F
F	T	T	F	T
F	F	T	F	F

진리표에서 첫 번째 행에서 두 전제가 모두 참이고 결론 또한 참이므로 이 추론은 타당하다. 이 예제에서 전제가 참인지 알 수 없으나 전제가 참이면 결론은 참이다. 따라서 이 추론은 타당하다. 이러한 추론법을 **삼단논법의 긍정식**이라고 한다. ■

예제 다음 추론에서 처음 두 개의 명제는 전제이고 마지막 명제는 결론일 때 타당함을 보이시오.

> A가 범인이라면, A는 사건 현장에 있었을 것이다.
> A는 사건 현장에 없었다.
> 따라서 A는 범인이 아니다.

증명 "p : A가 범인이다.", "q : A는 사건 현장에 있었다."로 놓고 진리표를 만들면, 첫 번째 행에서 두 전제가 모두 참이고 결론 또한 참이므로 이 추론은 타당하다.

		전제		결론
p	q	$p \rightarrow q$	$\sim q$	$\sim p$
T	T	T	F	F
T	F	F	T	F
F	T	T	F	T
F	F	T	T	T

이러한 추론법을 **삼단논법의 부정식**이라 한다. ■

(2) 연역정리를 이용하는 경우

추론식

$$A_1,\ A_2,\ \cdots,\ A_n\ /\ \therefore B \qquad (*)$$

가 명제변수 $p_2,\ p_1,\ \cdots,\ p_m$에 관한 논리식일 경우, $p_1,\ p_2,\ \cdots,\ p_m$에 명제를 대입하면 (*)는 어느 추론이 된다. 이때 추론식 (*)가 타당하다는 것은 조건문

$$A_1 \wedge A_2 \wedge \cdots \wedge A_n \rightarrow B$$

가 항진, 즉

$$A_1 \wedge A_2 \wedge \cdots \wedge A_n \Rightarrow B$$

를 의미하는 것이다.

참고 추론식 (*)가 수학적 정리를 나타내고 있을 때는

$$A_1,\ A_2,\ \cdots,\ A_n\ /\ \therefore B$$

는 전제가 수학적으로 참이라고 인정되는 내용을 갖는 명제이며, 참인 결론이 나오는 것임을 나타낸다. 이때 B가 전제 $A_1,\ A_2,\ \cdots,\ A_n$으로부터 타당한 추론에 의한 결론일 때

$$A_1 \wedge A_2 \wedge \cdots \wedge A_n \Rightarrow B$$

를 **정리**(theorem)라 하고, B는 정리의 결론이라고 한다.

타당한 추론은 수학뿐만 아니라 모든 분야에서 **정리증명**(theorem proving)의 기초를 이루고 있다. 추론의 목적은 정리에서 정리로의 '변형의 타당성'에 논리적 근거를 준다는 점이다.

정리 2 연역정리(deduction theorem)

추론

$$\frac{A_1,\ A_2,\ \cdots,\ A_n}{B}$$

가 타당한 것은 'A_1, A_2, ⋯, A_n이 모두 참이면 B가 참'일 때, 그리고 그때만

$$A_1 \wedge A_2 \wedge \cdots \wedge A_n \to B$$

가 항진식일 경우로 이를 **연역정리**라고 한다.

참고 지금까지 기술된 타당한 추론법칙을 요약하면 다음과 같다.

(1) 단순화 법칙: $p \wedge q \Rightarrow p$, $p \wedge q \Rightarrow q$
(2) 함의 법칙: $p \Rightarrow p \vee q$, $q \Rightarrow p \vee q$
(3) $\sim p \Rightarrow p \to q$, $q \Rightarrow p \to q$
(4) $\sim (p \to q) \Rightarrow p$, $\sim (p \to q) \Rightarrow \sim q$
(5) 대우법칙: $(p \to q) \Rightarrow (\sim q \to \sim p)$
(6) 삼단논법의 긍정식: $p \wedge (p \to q) \Rightarrow q$
(7) 삼단논법의 부정식: $\sim q \wedge (p \to q) \Rightarrow \sim p$
(8) **가언삼단논법** (hypothetical syllogism): $(p \to q) \wedge (q \to r) \Rightarrow (p \to q)$
(9) 선언삼단논법: $(p \vee q) \wedge \sim p \Rightarrow q$
(10) **단순양도논법** (딜레마; Dilemma): $(p \vee q) \wedge (p \to r) \wedge (q \to r) \Rightarrow r$
(11) **분석적 양도논법**: $(p \vee \sim p) \wedge (p \to r) \wedge (\sim p \to r) \Rightarrow r$
(12) **일반양도논법**: $(p \vee q) \wedge (p \to r) \wedge (q \to s) \Rightarrow (r \vee s)$

이제 좀더 복잡한 경우를 생각해 보자.

예제 다음의 추론이 타당함을 밝히시오.

A는 B사건의 목격자이거나, 범인이다.
A가 B사건의 범인이라면, A의 옷에 혈흔이 남아 있을 것이다.
A의 옷에는 혈흔이 남아 있지 않았다.
따라서 A는 B사건의 범인이 아니고, 목격자이다.

증명 우선 각 명제를 p를 "A는 B사건의 목격자이다.", q를 "A는 B사건의 범인이다."와 r을 "A의 옷에는 혈흔이 남아 있다."로 바꾸어 표현한다. 이 논증을 다음과 같이 기호로 표시하고

$$\begin{array}{c} p \vee q \\ q \rightarrow r \\ \sim r \\ \hline p \end{array}$$

에 대한 진리표를 만든다.

p	q	r	$p \vee q$	$q \rightarrow r$	$\sim r$	$(p \vee q) \wedge (q \rightarrow r) \wedge \sim r$	$(p \vee q) \wedge (q \rightarrow r) \wedge \sim r \rightarrow p$
T	T	T	T	T	F	F	T
T	T	F	T	F	T	F	T
T	F	T	T	T	F	F	T
T	F	F	T	T	T	T	T
F	T	T	T	T	F	F	T
F	T	F	T	F	T	F	T
F	F	T	F	T	F	F	T
F	F	F	F	T	T	F	T

진리표로부터

$$(p \vee q) \wedge (q \rightarrow r) \wedge \sim r \Rightarrow p$$

이므로, 타당한 추론이다. ■

참고 네 개의 전제

$$p \rightarrow q,\ r \rightarrow s,\ (q \vee s) \rightarrow \sim t,\ t$$

로부터 얻어진 결론 $\sim p \wedge \sim r$의 타당성을 보이기 위해서 연역적 방법을 이용하면 몇 단계 만에 증명이 끝난다.

(1) 삼단논법의 부정식을 이용하여, $(q \vee s) \rightarrow \sim t$와 t로부터 $\sim (q \vee s)$

(2) 드모르간 법칙을 적용하여, $\sim q \wedge \sim s$

(3) 단순화 법칙에 의하여, $\sim q$와 $\sim s$

(4) $\sim q$와 가정 $p \rightarrow q$로부터, $\sim p$

(5) $\sim s$와 가정 $r \rightarrow s$로부터, $\sim r$

을 얻는다. 따라서 결론 $(\sim p \wedge \sim r)$은 타당하다.

예제 구성적 양도논법(constructive dilemmas)은 다음과 같은 추론이다. 이 추론이 타당함을 밝히시오.

(1) $\dfrac{(p \to q) \wedge (r \to s),\ (p \vee r)}{q \vee s}$ (2) $\dfrac{(p \to q) \wedge (r \to s),\ (p \wedge r)}{q \wedge s}$

증명 여기서는 (1)만 증명하고, (2)는 독자에게 남긴다.

$$(p \to q) \wedge (r \to s) \equiv T,\ p \vee r \equiv T$$

의 경우, $q \vee s \equiv T$가 됨을 밝히면 된다.

$$p \vee r \equiv T\text{이므로, } p \equiv T \text{ 또는 } r \equiv T \qquad ①$$

이다. 그런데 $(p \to q) \wedge (r \to s) \equiv T$이므로

$$p \to q \equiv T \qquad ②$$

이고

$$r \to s \equiv T \qquad ③$$

가 된다. 따라서

①에서 $p \equiv T$라 하면, ②에서 $q \equiv T$
①에서 $r \equiv T$라 하면, ③에서 $s \equiv T$

가 성립한다. 그러므로 $q \vee s \equiv T$이다. ■

논리식에 관한 추론

$$A_1(p, q, \cdots),\ A_2(p, q, \cdots),\ \cdots,\ A_n(p, q, \cdots) \vdash A(p, q, r, \cdots)$$

에 대하여, 명제변수 p, q, $\cdots$에 어떤 특정한 명제 p_s, q_s, $\cdots$를 대입한 추론의 경우는 원래의 추론이 타당할 경우에만 타당하다. 이를 **추론의 기본 원리**라 한다.

예 "p_1 : 사람은 계속적으로 스트레스를 받으면, 스트레스 호르몬을 분비한다.", "p_2 : 사람이 스트레스 호르몬을 분비하면, 심혈관계 질환을 일으킨다.", "p : 사람은 계속적으로 스트레스를 받으면, 심혈관계 질환을 일으킨다."와 같은 추론 p_1, $p_2 \vdash p$을 생각해 보자. 지금 p를 "사람이 계속적으로 스트레스를 받는다.", q를 "사람이 스트레

스 호르몬을 분비한다.", r을 "사람이 심혈관계 질환을 일으킨다."라고 표시한다면 위의 추론은

$$p \to q,\ q \to r \vdash p \to r$$

과 같이 분해하여 나타낼 수 있는 데, 삼단논법의 추론이 타당하므로 추론의 기본원리에 의하여 이 추론은 타당하다. ■

타당성의 증명을 위해서는 형식적으로 왼쪽에 가정과 거기에서 유도되는 명제들을 나열하고 오른쪽에 각 단계에 대한 **정당성**(justification)을 적는 경우가 있다. 정당성이란 바로 그 단계에 주어져 있는 명제에 앞서 있는 명제이거나 추론규칙을 일컫는다. 이와 같은 증명을 **형식적 증명**(formal proof)이라 하고 그렇지 않을 경우 **비형식적 증명**(innormal proof)이라 하는 데, 복잡한 논리학의 증명을 제외한 대부분의 수학에서는 비형식적 증명을 사용한다.

참고 **삼단논법**(syllogism)은 두 추론의 전제가 주어지고 이로부터 제 3의 명제로 결론을 얻는 간접추론의 형태이다. 삼단논법의 기원은 고대 그리스의 아리스토텔레스로부터 찾을 수 있다. 그러나 당시 삼단논법은 고대 그리스의 찬란한 기하학에서 정리를 증명하는 데는 별로 쓰이지 않았고 지금도 역시 그러하다. 그 이유로는 수학적인 사실들이 여러 변수들로 이룬 함수인 데 반하여 삼단논법은 주로 하나의 변수를 갖는 추론이었기 때문이다. 삼단논법에는 정언삼단논법, 가언삼단논법, 선언삼단논법, 양도논법 등이 있다.

연역정리는 부정의 개념으로 논리적 추론의 타당성을 확인하는 데 매우 편리할 경우가 많다. 논리적 결론을 부정함으로써 전제들의 가정과 더불어 모순식을 유도하는 것이다. 추론식

$$\frac{A_1,\ A_2,\ \cdots,\ A_n}{B}$$

가 타당한 것은 '$A_1 \wedge A_2 \wedge \cdots \wedge A_n \wedge \sim B$가 항위식'일 경우이다.

예제 두 전제 $p \to q$, p로부터 타당한 추론에 의해 결론 q가 얻어짐을 보이시오.

증명 모순식으로 증명하면 간단하다.

$$\begin{aligned}(p \to q) \wedge p \wedge \sim q &\Leftrightarrow (\sim p \vee q) \wedge p \wedge \sim q \\ &\Leftrightarrow (\sim p \wedge p \wedge \sim q) \vee (q \wedge p \wedge \sim q) \\ &\Leftrightarrow O\end{aligned}$$

■

명제에서는 참이냐 거짓이냐의 판단이 기본이 되지만, 추론에서는 타당 여부가 기본이 된다.

추론은 전제가 참인 상황에서 결론이 늘 참이 될 때 타당하다고 하고, 타당하지 않은 추론을 **오류** (fallacy)라 한다.

일상생활에서 흔히 범하는 오류는 고의적인 것과 착오로 인한 것일 수 있다. 어찌 되었던 오류는 논리에 대한 추론의 규칙이나 형식을 어겼음을 말하며, 오류를 범한 추론들은 우리의 생각과 행동의 기준을 흔들리게 하고 삶의 질서까지 무너지게 한다.

참고 타당하지 않은 추론의 대표적인 것을 소개하면 다음과 같다.

(1) **전건부정의 오류** (fallacy of the inverse):

$$\begin{array}{c} p \to q \\ \sim p \\ \hline \sim q \end{array}$$

(2) **후건긍정의 오류** (fallacy of the converse):

$$\begin{array}{c} p \to q \\ q \\ \hline p \end{array}$$

(3) **선언불완전의 오류** (fallacy of imperfect disjunction).

$$\begin{array}{c} p \vee q \\ p \\ \hline \sim q \end{array}$$

예 다음 추론은 전건부정의 오류임을 보이고 있다.

A 대학에 입학하면, B는 장학금을 받는다.
B는 A 대학에 입학하지 않았다.
따라서 B는 장학금을 받지 못했다. ■

예 다음 추론은 후건긍정의 오류임을 보이고 있다.

A 대학에 입학하면, B는 장학금을 받는다.
B는 장학금을 받았다.
따라서 B는 A 대학에 입학했다. ■

참고 논리에 대한 추론의 타당성을 확인하는 과정이란 바로 논리식의 정리를 증명하는 일이다. 정리증명은 논리학의 핵심 과제이다. 현재 정리증명의 계산 분야는 '**자동정리증명**'이라는 학문 분야를 이루고 있으며, '**도출정리**'라는 추론 법칙을 이루고 있다.

2. 공리계와 연역법칙

지금까지 논리연산 $\sim$, $\wedge$, $\vee$, $\rightarrow$, $\leftrightarrow$에 의하여 논리식의 진위를 규정하고, 명제논리의 기본적인 항진을 유도하였다. 그러나 이 정리들은 기본적인 명제를 항진이라고 가정하여 공리계를 설정하고, 거기에 **연역법칙** (추론법칙)을 적용시킴으로써 유도할 수 있는 것이다.

참고 힐베르트와 애커만은 다음 네 개의 공리와 두 개의 연역법칙으로부터 모든 명제논리의 정리를 유도할 수 있음을 밝혔다. 이 공리계는 러셀 (Russel)과 화이트헤드 (Whitehead)의 공저 《Principia Mathematica》의 제1권에 있는 공리와 같다.

공리계 (axiom system)

(1) $p \vee p \rightarrow p$
(2) $p \rightarrow p \vee q$
(3) $p \vee q \rightarrow q \vee p$
(4) $(p \rightarrow q) \rightarrow (r \vee p \rightarrow r \vee q)$

연역법칙 (law of deduction)

(1) **대입규칙** (substitution rule): 공리 또는 정리 가운데 포함되어 있는 명제변수에 임의의 논리식을 대입하여도 역시 정리가 얻어진다.

(2) **추론규칙**: 두 개의 정리 A와 $A \to B$로부터 정리 B가 얻어진다.

위의 공리계는 진리표로 확인할 수 있으나, **공리주의적 방법** (axiomatic method)에서는 참이 되는 정리가 모두 증명가능이 된다는 **공리계의 완전성**을 밝히는 것이다.

대입규칙도 추론에서는 없어서는 안 될 법칙이다. 항진은 명제변수의 진리값에는 관계없이 성립하는 것이므로, 명제변수에 임의의 논리식을 대입하여도 항진이 얻어진다.

추론규칙은 정리와 정리를 연결하는 고리와 같은 것이고 **귀결의 법칙** (law of consequent)이라고도 불린다.

참고 힐베르트와 애커만의 공저 《Grundzüge der Theorischen Logik》에서는 이 공리계를 사용하여 기호논리를 전개하고 이 공리계의 무모순성 (consistency), 독립성 (independency), 완전성 (completeness)을 증명하였다.

1.3 연습문제

01 "전류가 흐르면 전선 근처에 자장이 형성된다."는 과학적 지식을 알고 있다. "여기 이 전선에는 지금 자장이 형성되지 않았다."는 검사 결과를 얻었다면 "이 전선에는 전류가 흐르고 있지 않다."고 우리는 결론지을 수 있을까?

02 다음 추론의 타당 여부를 조사하시오.

(1) $\dfrac{p \to q,\ q \lor r,\ \sim r}{p}$

(2) $\dfrac{p \to (q \to r)}{(p \land q) \to r}$

03 파괴적 양도논법(destructive dilemmas)은 다음과 같은 추론이다. 이 추론의 타당함을 밝히시오.

(1) $\dfrac{(p \to q) \wedge (r \to s),\ \sim q \vee \sim s}{\sim p \vee \sim r}$ (2) $\dfrac{(p \to q) \wedge (r \to s),\ \sim q \wedge \sim s}{\sim p \wedge \sim r}$

04 양도논법은 상대를 설득할 때 고대로부터 주로 사용해 오던 논법이다. 그런데 구성적 양도논법의 논점을 공박하기 위하여 **논박**(rebutting)이라 불리는 논법

$$\frac{(p \to \sim q) \wedge (r \to \sim s),\ p \vee r}{\sim q \vee \sim s}$$

이 있다. 이 추론이 타당함을 밝히시오.

05 다음 추론이 타당함을 보이시오.

(1) $p \to (q \to r)$ / $\therefore\ p \wedge q \to r$

(2) $\sim p,\ p \vee q$ / $\therefore\ q$

(3) $\sim q,\ p \to q$ / $\therefore \sim p$

(4) $p \vee q,\ p \to r,\ q \to r$ / $\therefore\ r$

(5) $(p \to q) \wedge (r \to s),\ (p \vee r)$ / $\therefore\ q \vee s$

06 다음 추론의 타당성을 조사하시오.

(1) 6이 짝수이면, 2는 7의 약수가 아니다.
5는 소수가 아니거나, 2는 7의 약수가 아니다.
그러나 5는 소수이다.
그러므로 6은 홀수이다

(2) 일을 하면 나는 공부할 수 없다.
나는 공부를 하거나, 논리 시험에 합격했다.
그런데 나는 일을 했다.
그러므로 나는 논리 시험에 합격했다.

07 $A \Rightarrow Q$, $C \Rightarrow \sim Q$, $R \Rightarrow A$, $\sim R \Rightarrow \sim B$가 타당한 추론이면 A, B, C 중 두 개가 참일 때 그것은 어느 것인가?

(1) A, B (2) A, C (3) B, C (4) A, B, C

08 공리계와 연역법칙(1.3절 2)으로부터 다음 정리를 유도하시오.

(1) $p \rightarrow p$
(2) $p \vee \sim p$
(3) $p \rightarrow \sim(\sim p)$
(4) $\sim(\sim p) \rightarrow p$

1.4 수학적 증명

수학이나 논리에서의 정리의 타당성을 밝히는 일을 **증명**(proof)이라 한다.

1. 귀납법과 연역법

귀납법이란 많은 구체적인 사실로부터 어떤 공통적인 성질을 추측하는 것이다. 귀납법은 수학적 증명에는 사용될 수 없다. 만약 법칙이 성립하지 않는 한 경우라도 발견하게 되면 그 법칙을 버리거나 수정해야만 한다. 이 추측을 증명하기 위해 연역법을 사용해야 하지만, 귀납법을 통해 추측에 이르게 되므로 귀납법은 매우 중요하다.

연역법이란 공리나 공준으로부터 출발하여 논리적 단계를 거쳐 결론에 이르는 방법이다. 즉 참인 전제로부터 타당한 추론을 사용하여 결론을 유도하는 증명법이다. 이때 연역법으로 추론하는 것을 **연역적 추론**이라고 한다.

참고 올바른 증명은 전제가 참이며 증명 도중에 타당한 추론을 사용하여 순차적으로 연역되는 과정이다. 이 경우 도중의 명제들은 그 앞의 명제를 전제로 하는 결론인 동시에 그에 잇따른 명제를 결론으로 하는 전제이다.

각 명제가 전제와 그것에 뒤따르는 명제로부터 타당한 추론을 사용하여 연역하는 증명법을 **직접증명법**(direct method of proof)이라 하고, 결론의 부정을 전제에 추가하여 모순을 유도하는 증명법, 즉 배중률을 이용하여 간접으로 결론을 유도하는 증명법을 **간접증명법**(indirect method of proof)이라 한다.

예제 처음 n개의 홀수의 합을 구하시오.

풀이 처음 몇 개의 홀수의 합은 다음과 같다.

$$1+3=4=2^2$$
$$1+3+5=9=3^2$$
$$1+3+5+7=16=4^2$$

이로부터 처음 n개의 홀수의 합 S는 n^2임을 추측할 수 있다. 이것을 증명하기 위하

여 T를 처음 $2n$개의 자연수의 합, E를 처음 n개의 짝수의 합이라고 하자. 그러면

$$\begin{aligned} T &= 1+2+3+\cdots+2n \\ &= 1+3+5+\cdots+(2n-1)+2+4+6+\cdots+2n \\ &= S+E \end{aligned}$$

이므로

$$\begin{aligned} S = T-E &= \frac{2n(2n+1)}{2} - n(n+1) \\ &= 2n^2+n-n^2-n = n^2 \end{aligned}$$

이다. ■

논리는 사고 성립의 근본인데, 우리들은 논리적 과오를 무의식적으로, 또는 의식적으로 범하고 있다는 사실 자체도 모르고 있는 수가 많다. 일상용어 중에 존재하는 논리가 의외로 복잡해서 어느 주장의 옳고 그름을 정확하게 판단하여 증명하는 일이 그리 쉬운 일은 아니다.

예 다음과 같은 주장을 생각하여 보자.

> A가 B대학을 방문하면, 반드시 C와 D를 만난다.
> A가 C를 만나면, C와 함께 식사를 한다.
> A는 C와 함께 식사를 하지 않았다.
> 따라서 A는 B대학을 방문하지 않았다.

의 추론을 기호로 나타내어, p를 "A가 B대학을 방문한다.", q를 "A는 C를 만난다.", r을 "A는 D를 만난다.", s를 "A는 C와 함께 식사를 한다."라고 하면 위의 주장은 다음과 같은 추론으로 변형된다.

$$\frac{p \rightarrow (q \wedge r),\ q \rightarrow s,\ \sim s}{\sim p} \qquad (*)$$

전제의 각 명제가 참이 된다고 가정하고 결론이 참이 됨을 타당한 추론으로 이끌어 내는 것이 올바른 증명이다. 이 증명을 하기 위한 준비로써

$$p \rightarrow (q \wedge r) \equiv (p \rightarrow q) \wedge (p \rightarrow r)$$

를 증명한다. 즉

$$\begin{aligned} p \to (q \wedge r) &\equiv (\sim p) \vee (q \wedge r) \\ &\equiv (\sim p \vee q) \wedge (\sim p \vee r) \\ &\equiv (p \to q) \vee (p \to r) \end{aligned}$$

따라서 추론 (*)는 다음과 같이 된다.

전제 1. $(p \to q) \wedge (p \to r)$

2. $q \to s$

3. $\sim s$

결론 $\sim p$

여기서 전제의 각 명제를 참이라고 할 때, 결론이 참이 됨을 증명한다.

4. 2, 3으로부터

$$\begin{array}{c} q \to s \\ \sim s \\ \hline \sim q \end{array} \qquad \text{(삼단논법의 부정식)}$$

5. 1에서

$$\begin{array}{c} (p \to q) \wedge (p \to r) \\ \hline p \to q \end{array} \qquad \text{(단순화 법칙)}$$

6.

$$\begin{array}{c} p \to q \\ \sim q \\ \hline \sim p \end{array} \qquad \text{(삼단논법의 부정식)}$$

즉 $\sim p$가 유도된다. 따라서 추론 (*)가 증명되었다. ■

예제 직접증명법으로, 다음을 증명하시오.

전제 1. $p \vee (q \wedge r)$

2. $q \to s$

3. $r \to t$

4. $s \wedge t \to p \vee r$

5. $\sim p$

결론 6. r

증명 7. $q \wedge r$ (1, 5, 선언삼단논법)

8. $q \wedge r \rightarrow s \wedge t$ (2, 3, 구성적 양도논법)

9. $s \wedge t$ (6, 7, 삼단논법의 긍정식)

10. $p \vee r$ (4, 8, 삼단논법의 긍정식)

11. r (5, 9, 선언삼단논법) ■

2. 배리법

간접증명법의 중요한 방법으로 배리법(귀류법)이 있다.

$$A_1 \wedge A_2 \wedge \cdots \wedge A_n \Rightarrow B$$

를 증명하고자 함에 있어서, 전제를 집약하여 P로 표시할 때, $P \rightarrow B$가 항진임을 보이면 된다. 그것을 밝히기 위해서는

$$\sim (P \rightarrow B) = P \wedge \sim B$$

에서 $P \wedge \sim B \Rightarrow O$를 증명하면 된다. 이러한 증명법이 곧 **배리법**이다.

예제 다음 추론의 타당성을 배리법으로 증명하되, 형식적 증명 방법을 이용하시오.

전제 1. $p \vee (q \wedge r)$

2. $q \rightarrow s$

3. $r \rightarrow t$

4. $s \wedge t \rightarrow p \vee r$

5. $\sim p$

결론 6. r

증명 7. $\sim r$ (배리법을 위한 가정)

8. $q \wedge r$ (1, 5, 선언삼단논법)

9. r (8, 단순화 법칙)

10. $r \wedge \sim r \equiv O$ (7, 9, 논리곱)

11. r ■

예제 다음 추론의 타당성을 배리법으로 증명하되, 형식적 증명 방법을 이용하시오.

$$p \rightarrow q,\ r \rightarrow s,\ p \vee r \ /\ \therefore\ q \vee s$$

증명 1. $p \to q$

2. $r \to s$

3. $p \lor r$ / $\therefore$ $q \lor s$

4. $\sim(q \lor s)$ (간접증명)

5. $\sim q \land \sim s$ (4, 드모르간 법칙)

6. $\sim q$ (5, 단순화 법칙)

7. $\sim s$ (5, 단순화 법칙)

8. $\sim p$ (1, 6, 삼단논법의 부정식)

9. $\sim r$ (2, 7, 삼단논법의 부정식)

10. r (3, 8, 선언삼단논법)

11. $r \land \sim r$ (10, 9, 논리곱)

12. c (11)

모순을 이끌어 냈으므로, 주어진 추론은 타당하다. ■

예제 a, b, c, d는 실수이고 $ac = 2(b+d)$이면 방정식

$$x^2 + ax + b = 0,\ x^2 + cx + d = 0$$

중 적어도 한 방정식은 실근을 갖는다.

증명 A: (a, b, c, d는 실수) $\land$ $(ac = 2(b+d))$

B: ($x^2 + ax + b = 0$은 실근을 가짐) $\lor$ ($x^2 + cx + d = 0$은 실근을 가짐)

이라 놓고 $A \Rightarrow B$를 증명하면 되므로 $A \land \sim B$를 생각한다.

$\sim B$: ($x^2 + ax + b = 0$은 허근을 가짐) $\land$ ($x^2 + cx + d = 0$은 허근을 가짐)

에서, $a^2 - 4b < 0$, $c^2 - 4d < 0$이 성립하므로

$$a^2 + c^2 - 4(b+d) < 0$$

이 된다. A에서 a, b, c, d는 실수이고, $ac = 2(b+d)$이므로

$$a^2 + c^2 - 2ac = (a-c)^2 < 0$$

이다. 이것은 모순이다. 즉 $A \land \sim B \equiv O$이므로, $A \Rightarrow B$가 성립한다. ■

간접증명법의 일종에 **전환법**이 있는데, 그것을 소개하면 다음과 같다.

정리 1 전환법(conversion)

(1) $A \Rightarrow P$, $B \Rightarrow Q$, $C \Rightarrow R$이다.

(2) 가정 A, B, C는 중복됨도 빠짐도 없는 경우 나눔이다. 즉

$$A \vee B \vee C, \ \sim(A \wedge B), \ \sim(A \wedge C), \ \sim(B \wedge C)$$

(3) 결론 P, Q, R은 모순한다. 즉

$$\sim(P \wedge Q), \ \sim(Q \wedge R), \ \sim(R \wedge P)$$

를 만족할 때, $P \Rightarrow A$, $Q \Rightarrow B$, $R \Rightarrow C$가 성립한다.

예 $\triangle ABC$에서 a, b, c를 세변의 길이라 하고 a, b, c에 대응되는 각을 각각 A, B, C라 할 때

$$a < b \Rightarrow A < B, \ a = b \Rightarrow A = B, \ a > b \Rightarrow A > B$$

는 기하학상의 정리이다. 전환법에 의하여 그들의 역

$$A < B \Rightarrow a < b, \ A = B \Rightarrow a = b, \ A > B \Rightarrow a > b$$

가 성립한다. ■

3. 대우증명법(contrapositive method of proof)

A_1, A_2, $\cdots$, $A_n \Rightarrow B$를 증명하고자 함에 있어서, 전제를 집약하여 P로 표시할 때, $P \rightarrow B$가 항진임을 보이면 된다. 그것을 밝히기 위해서는 대우법칙에 의하여

$$P \rightarrow B \Leftrightarrow \sim B \rightarrow \sim P$$

이므로, $\sim B \rightarrow \sim P$가 참임을 밝히면 $P \rightarrow B$가 참이다 곧, $\sim B \Rightarrow \sim P$임을 증명하면 $P \rightarrow B$임이 증명된다.

예 어떤 식물을 관찰하여 다음과 같은 결과를 얻었다.

(1) 줄기가 튼튼한 것은 A인자를 많이 가지고 있다.

(2) A인자를 많이 가진 것은 병충해에 강하다.

(1)과 (2)로부터 "병충해에 약한 것은 줄기가 약하다."는 결론을 얻었다. 이 추론은 타당하다. ■

4. 수학적 귀납법

수학적 귀납법은 자연수로써 만들어진 명제의 타당성을 보이는데 사용되는 방법이다. 이 증명법은 자연수에 관한 페아노 공리들 중의 하나의 결과로써, 수학과 논리학에서 매우 중요한 역할을 한다.

수학적 귀납법에 대한 정리의 증명은 다음 원리를 전제한다.

N의 **정렬성**(well-ordering property): 자연수의 집합 N의 공집합이 아닌 부분집합은 항상 최소원을 가진다.

정리 2 수학적 귀납법(mathematical induction)

자연수 n을 포함하는 명제가 다음 두 조건

(1) $p(1)$이 참이다.

(2) 임의의 자연수 k에 대하여, $p(k)$가 참이면 $p(k+1)$이 참이다.

를 만족하면 $p(n)$은 모든 자연수 n에 대하여 참이다.

증명 $S=\{n \in N \mid p(n)\text{은 거짓}\}$이라 놓으면 $\varnothing \neq S \subset N$이고, N의 정렬성에 의해 S에는 최소원 n_0가 존재한다. 조건 (1)에 의하여 $1 \notin S$이므로, $n_0 \neq 1$이다. 따라서 $n_0 > 1$이며, n_0-1도 자연수이고 $n_0-1 < n_0$이다. n_0가 S 안에 있는 최소원이므로, $n_0-1 \notin S$이다. (2)를 가정하면 $k=n_0-1 \notin S$이므로

$$k+1=(n_0-1)+1=n_0$$

도 S에 있지 않다. 이 결론은 n_0가 S 안에 있다는 것에 모순이다. 따라서 $S=\varnothing$이므로, $p(n)$은 모든 자연수 n에 대하여 참이다. ■

예제 $a \neq 0$에 대하여, 기하급수의 합

$$1+a+a^2+\cdots+a^n=\frac{1-a^{n+1}}{1-a}$$

이 참이다.

증명 $p(n)$을 $1+a+a^2+\cdots+a^n=\dfrac{1-a^{n+1}}{1-a}$이라고 하고, 수학적 귀납법을 이용하자.

(1) $p(0)$는 참이다. ($a^0=1$이 제1항이므로, $n=1$ 대신에 $n=0$을 사용한다.)

(2) **귀납적 가정**(induction hyphothesis): '$p(k)$가 참', 즉

$$1+a+a^2+\cdots+a^k=\frac{1-a^{k+1}}{1-a}$$

이 참이라고 가정하면

$$\begin{aligned}1+a+a^2+\cdots+a^k+a^{k+1}&=\frac{1-a^{k+1}}{1-a}+a^{k+1}\\&=\frac{1-a^{k+1}+(1-a)a^{k+1}}{1-a}\\&=\frac{1-a^{k+2}}{1-a}\end{aligned}$$

이므로, $p(k+1)$인 경우도 참이다.

따라서 모든 자연수에 n에 대하여

$$1+a+a^2+\cdots+a^n=\frac{1-a^{n+1}}{1-a}\quad(\text{단, } a=0)$$

이 참이 된다. ■

자연수 n과 정수 r (단, $r\neq 0$)에 대하여, 기호 $C(n, r)$을

$$C(0, 0)=0,\ \ C(0, r)=0$$
$$C(n+1, r)=C(n, r)+C(n, r-1)$$

로 정의한다.

정리 3

$0 \leqq r \leqq n$인 정수 n과 r에 대하여

$$C(n, r) = \frac{n!}{r!(n-r)!}$$

이 성립한다.

증명 $n=1$일 때, 이 정리가 성립함은 명백하다. 이제 $k \geqq 2$인 정수 k가 존재함으로써, $0 \leqq r \leqq k$인 모든 정수 r에 대하여

$$C(k, r) = \frac{k!}{r!(k-r)!}$$

이 참이라고 가정하자. 그러면

$$\begin{aligned} C(k+1, r) &= C(k, r) + C(k, r-1) \\ &= \frac{k!}{r!(k-r)!} + \frac{k!}{(r-1)!(k-r+1)!} \\ &= \frac{k!(k-r+1)}{r!(k-r)!(k-r+1)} + \frac{k!r}{r(r-1)!(k-r+1)!} \\ &= \frac{k!(k+1)}{r!(k-r+1)!} \\ &= \frac{(k+1)!}{r!(k+1-r)!} \end{aligned}$$

이므로, $n=k+1$인 경우도 참이다. 따라서 $0 \leqq r \leqq n$인 정수 n과 r에 대하여

$$C(n, r) = \frac{n!}{r!(n-r)!}$$

이 참이 된다. ■

1.4 연습문제

01 두 명제 $(p \vee q) \rightarrow r$과 $(p \rightarrow r) \wedge (q \rightarrow r)$이 논리적으로 동치임을 보이시오.

02 진리표와 배리법을 각각 이용하여, 다음 추론의 타당성을 밝히시오.

(1)
$$\begin{array}{c} p \rightarrow q \\ r \rightarrow s \\ (q \vee s) \rightarrow \sim m \\ m \\ \hline \sim p \wedge \sim r \end{array}$$

(2)
$$\begin{array}{c} p \vee q \rightarrow r \\ s \rightarrow p \wedge u \\ q \vee s \\ \hline r \end{array}$$

(3)
$$\begin{array}{c} (p \vee q) \wedge (p \rightarrow q) \\ \sim p \\ \hline q \end{array}$$

03 다음의 추론을 논리기호로 나타내고, 타당 여부를 조사하시오.

(1) 우등생들은 담배를 피우지 않고, 공부를 열심히 한다.
민철이는 담배를 피우지 않지만, 공부를 열심히 하지 않는다.
그러므로 민철이는 우등생이라 할 수 없다.

(2) 우리의 젊음은 귀중하다.
따라서 우리의 청춘을 헛되이 보내서는 안 될 것이다.
그러나 우리는 우리의 청춘을 헛되이 보내고 있거나, 청춘의 가치를 모르고 있다.
그러므로 우리는 청춘의 가치를 모르고 있는 것이다.

04 배리법에 의하여 이차방정식 $x^2 + px + q = 0$에 있어서 p, q가 다같이 홀수이면 이 방정식은 정수근을 갖지 않음을 보이시오.

05 배리법을 이용하여, 가장 큰 자연수가 존재하지 않음을 보이시오.

06 배리법을 이용하여, a, b, c가 실수이면 $a^2 - bc$, $b^2 - ca$, $c^2 - ab$ 중 적어도 하나는 음수가 아님을 보이시오.

07 수학적 귀납법을 이용하여

$$1^3+2^3+3^3+\cdots+n^3=\frac{n^2(n+1)^2}{4}$$

임을 증명하시오.

08 수학적 귀납법을 이용하여, n개의 원소를 가지는 집합의 부분집합은 꼭 2^n개 있음을 증명하시오.

09 수학적 귀납법을 이용하여, $n \geqq 5$인 모든 자연수에 대하여

$$n^2 < 2^n$$

이 참이 됨을 보이시오.

10 수학적 귀납법을 이용하여, $k=1,\ 2,\ \cdots,\ n$에 대하여 $a_k > 0$일 때

$$\ln(a_1 a_2 \cdots a_n) = \ln a_1 + \ln a_2 + \cdots + \ln a_n$$

임을 증명하시오.

11 수학적 귀납법을 이용하여, 모든 $n \geqq 4$ (단, $n \in N$)에 대하여 $2^n < n!$ 임을 증명하시오.

1.5 술어 논리

일상 언어로 어떤 추론을 도출하다 보면 명제의 내부구조까지 생각해야 할 때가 많다. 이와 같이 명제의 내부 구조에 관한 논리적 관계를 취급하는 논리학을 **술어논리학**이라 한다.

술어논리(predicate logic)를 표현하기 위해서는 먼저 명제를 대표하는 어떤 성질을 가리키는 술어를 선정해야 하고, 이 술어를 주제로 술어의 내용을 특징짓는 대상들이 존재하여야 한다. 술어는 명제논리에서와 같이 A, B, C, $\cdots$ 으로 나타내고, 술어에 대한 대상들은 영문 알파벳 x, y, z, $\cdots$ 으로 나타내면 하나의 술어논리식은

$$A(x, y, z, \cdots)$$

와 같이 표시된다. 여기서 x, y, z, $\cdots$ 를 **대상변수**라고 한다. 대상변수에는 대상으로 취급 가능한 모든 집합, 즉 **대상영역**(domain of discourse) D에 있어서 임의 개체가 대입 가능하며, 어느 특징한 대상을 **대상상수**라 한다. 대상영역을 **모집단**(universe of discourse)이라고도 한다.

정의 1 진리집합(truth set)
집합 S가 주어졌을 때 각 $a \in S$에 대하여 $A(a)$의 참과 거짓이 결정되는 $A(x)$인 문장을 **명제함수**라 하고, 집합 S 위에서 $A(x)$가 주어졌을 때 $A(s)$가 참이 되는 원소 $s \in S$들의 집합을 **진리집합**이라 한다.

예 그림 1.2는 두 조건

$$p(x, y) : x^2 + y^2 \leqq 9, \ q(x, y) : (x-3)^2 + y^2 > 4$$

를 합성한 어떤 조건의 진리집합을 나타낸 것이다. 이때 합성명제는

$$\sim [p(x, y) \rightarrow q(x, y)]$$

로 주어진다. ■

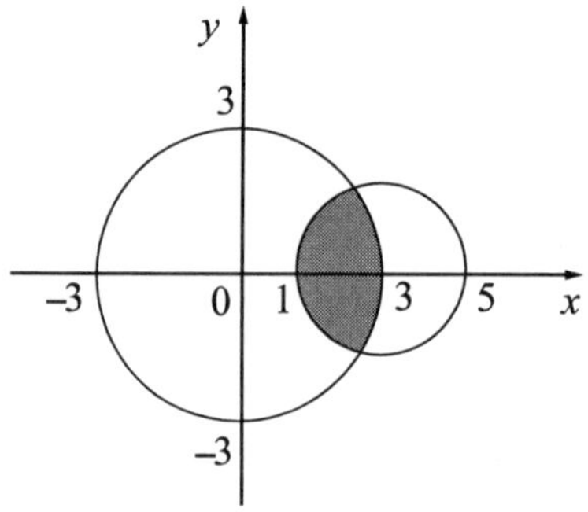

그림 1.2

정의 2 전칭기호 (universal quantifier)

술어논리식 $\forall x,\ A(x)$ 또는 $\forall x\,(A(x))$는

$$\text{“모든 } x\text{에 대하여, } A(x)\text{이다.”}$$

라고 하고, $\forall x$를 x에 관한 **전칭기호**라고 한다.

논리식 $\forall x,\ A(x)$는 대상영역 D가 유한일 때, a_i가 D의 대상이면 $A(a_i)$이므로

$$A(a_1) \wedge A(a_2) \wedge \cdots \wedge A(a_n)$$

이 성립함을 말한다.

예 S를 모든 사람들의 집합이라고 할 때 “모든 사람들은 죽는다.”라는 명제를 전칭기호를 써서 나타낸다면 “$\forall x \in S,\ x$는 죽는다.”와 같이 된다. ■

이제 논리식 $A(x)$에서 대상변수의 범위를 대상영역의 일부에만 적용할 경우를 생각한다. 이 경우에 적용되는 대상은 적어도 하나 이상 있어야 하며, 하나일 경우는 $A(a)$인 명제논리식이 되고, 적용되는 대상이 두 개 이상 있을 경우는

$$A(a_1) \vee A(a_2) \vee \cdots \vee A(a_n)$$

으로 표현된다. 이들의 표현은 다시 말하면

"대상영역 D 안에는 $A(a)$인 a가 (적어도 하나) 존재한다."

라는 명제를 말하고 있다.

정의 3 **존재기호** (existential quantifier)
술어논리식 $\exists x,\ A(x)$ 또는 $\exists x\,(A(x))$는 "어떤 x에 대하여, $A(x)$이다." 라고 하고, $\exists x$를 x에 관한 **존재기호**라고 한다.

전칭기호와 존재기호를 통틀어 **한정기호** (quantifier)라 하며, 초등수학에서는 보통 한정기호를 생략한다. 기호 '$\forall$', '$\exists$'는 각각 'all', 'exist'의 머리글자에서 만들어진 것이다.

참고 대수적 항등식

$$x^2 + 3x + 2 = (x+2)(x+1)$$

은 모든 실수 x에 대하여 성립하는데, 이 식은 전칭기호가 생략된 것으로 이해해야 한다.

예 한정추론을 사용하여, 다음 추론

모든 학생은 야구를 하든가 정구를 한다.
야구를 하지 않는 학생이 있다.
그러므로 정구를 하는 학생이 있다.

가 타당함을 알 수 있다. ■

전체집합 U 중에서 일부분인 A에 대한 전칭기호와 존재기호는 다음과 같이 변형하여 사용한다.

(1) $\forall x \in A,\ p(x) \equiv x \in A \rightarrow p(x)$

(2) $\exists x \in A,\ p(x) \equiv \exists x,\ x \in A \wedge p(x)$

참고 한정기호에 대하여 일상 언어의 표현을 살펴보면 다음과 같다.

먼저 $\forall x$, $A(x)$인 전칭명제는 "모든 x에 대하여 $A(x)$이다."라고 읽지만, 여기에 '모든'이란 것을

(1) 임의의, 각

등으로, 또한 x를 가장 앞에 놓고 말하려면

(2) x가 무엇이든 언제나, x를 어떻게 택하여도, x에 관계없이

등으로, 다시 $A(x)$를 가장 앞에 놓고 말하려면

(3) $A(x)$는 x에 관해서 언제나 성립한다.

라는 형태로 표현한다.

다음 $\exists x$, $A(x)$는 "어떤 x에 대하여 $A(x)$가 성립한다."라고 읽지만, 여기에 '어떤'이란 것을

(1) 적당한, 적어도 하나의

등으로, 또한 '대하여'란 것을

(2) (x가)존재해서, (x를)적당히 택하면

등으로 바꿔 말하여도 되며, 존재성으로 말하는 (2)의 경우에는 x 앞에 구태여 '어떤'이란 말을 생략하여도 좋다. 다시 말하면 "x가 존재하여 $A(x)$이다."라고 간단히 표현된다. 한편 $A(x)$를 가장 앞에 놓고 말하려면

(3) "$A(x)$를 만족하는 x가 존재한다."라고 표현된다.

영문에서는 $\forall x$에 대하여는

for all x, for each x, for every x

등으로 표현하며, $\exists x$에 대하여는

there exists an x, for some x, for at least one x

등으로 표현하고 있다.

한정기호 $\forall x$와 $\exists x$는 대상변수 x가 주어진 논리식에서 어느 특정 부분논리식 Q에 적용되고 있을 때 대상변수 x가 Q에 속박(bounded)되어 있다고 하고, 부분논리식이 대상변수 x를 가지고 있으나 아무런 한정기호로도 속박되어 있지 않으면 x

를 **자유**라고 한다. 속박변수가 적용되는 논리식의 부분을 **작용범위**(scope)라고 한다. 특히 술어논리식에서 모든 변수의 적용 범위가 지정되어 있을 때, 닫힌 술어논리식이라 한다.

실제 일상 대화에서는 언급되는 변수가 내용의 어디까지 적용되고 있는지를 정확히 판단하기가 대체로 어렵다. 대개 어렴풋이 이해하여 판단을 내리게 되므로, 많은 시비가 일어나는 것이 우리의 실정이다. 따라서 대화는 상대방의 수준에 알맞게, 그리고 정확하고 간결하게 표현되어야 자기의 뜻이 바르게 전달될 것이다.

참고 술어논리식에 대해서도 연결사 $\sim$, $\wedge$, $\vee$, $\rightarrow$, $\leftrightarrow$ 은 그대로 활용된다. 그러나 한정기호의 도입으로 항진식과 모순식의 성립에 대하여 유의할 점은 다음과 같다.

첫째, 닫힌 술어논리식을 명제논리식의 항진식 대입법칙에 따라서 대입하여 새로 얻은 대치식은 항진식이다.

둘째, 논리기호를 하나도 갖지 않는 술어논리식을 명제논리식에 대한 동치논리식에 대입하여 새로 얻은 대치식은 또한 동치논리식이다. 여기에서 술어논리식은 한정기호를 가지고 있어도 무방하다.

셋째, 한정기호를 갖는 논리식의 부정은 다음과 같은 동치의 술어논리식을 보여 준다. 이것을 **한정기호의 부정규칙**(rule of quantifier negation)이라 한다.

$$\sim(\forall x,\ A(x)) \Leftrightarrow \exists x,\ \sim A(x)$$
$$\sim(\exists x,\ A(x)) \Leftrightarrow \forall x,\ \sim A(x)$$

전칭기호의 부정 $\sim(\forall x,\ A(x))$는

'모든 x에 대하여, $A(x)$'가 아니다.

와 유사한 표현으로 바로 말할 수 있다. 여기서 잘못하면 "$A(x)$가 아니다."라는 것에 억점을 두다 보면, $\forall x,\ \sim A(x)$의 뜻으로 받아들이기 쉽다. 따라서 전칭기호의 부정은 $\exists x,\ \sim A(x)$의 뜻을 살려

"$A(x)$가 아닌 x가 존재한다."

라든가

"어떤 x로는 $A(x)$가 아니다."

등의 표현이 좋을 것이다.

존재기호에 대한 부정 $\sim(\exists x,\ A(x))$도 전칭기호의 부정 때와 마찬가지로 $\forall x$, $\sim A(x)$의 뜻을 살려야 한다.

예 명제 "모든 항공기는 만원이다."의 부정은 "만원이 아닌 항공기가 있다."라든가 아니면 "어떤 항공기는 만원이 아니다."로 말하면 그 뜻이 확실하다. ■

예제 다음 명제

"모든 실수 x에 대하여, $x^2+1 \geq 0$이다."

의 부정명제에 대한 진리값을 구하시오.

풀이

$$\begin{aligned}\sim[x^2+1 \geq 0] &\equiv \exists x,\ \sim(x^2+1 \geq 0)\\ &\equiv \exists x,\ x^2+1 < 0\end{aligned}$$

이 된다. 따라서 주어진 명제의 부정명제는

"어떤 실수 x에 대하여, $x^2+1 < 0$이다."

인데, 이것은 거짓이다. ■

일반적으로 '$\forall$', '$\exists$'를 몇 개나 계속해서 적은

$$\forall x \exists y \forall z (p(x, y, z))$$

와 같은 문장은 언제나 왼쪽부터 차례로 읽는다. 즉

$$\forall x [\exists y [\forall z (p(x, y, z))]]$$

와 같이, 괄호를 친 것으로 해석한다. 예를 들면 $p(x, y)$가 이변수 x, y를 포함하는 문장일 때

$$\forall x \exists y (p(x, y))$$

라는 문장은 $\forall x[\exists y(p(x, y))]$의 의미이고, 이것은 "모든 x에 대하여 $p(x, y)$인 y가 존재한다."는 것을 나타낸다. 또한

$$\exists y \forall x (p(x, y))$$

라는 문장은 $\exists y\,[\forall x\,(p(x,\,y))]$의 의미이고, 이것은 "어떤 y가 존재하여 (그 y와) 모든 x에 대하여 $p(x,\,y)$이다."는 것을 나타낸다.

참고 일반적으로 $\forall x\,\exists y\,\forall z\,(p(x,\,y,\,z))$와 같은 문장의 부정

$$\sim[\forall x\,\exists y\,\forall z\,(p(x,\,y,\,z))]$$

는 '$p(x,\,y,\,z)$'를 '$\sim p(x,\,y,\,z)$'로, '$\forall$', '$\exists$'을 각각 '$\exists$', '$\forall$'로 바꾸어 놓은 문장

$$\exists x\,\forall y\,\exists z\,(\sim p(x,\,y,\,z))$$

와 논리적으로 동치이다.

지금 "$\forall x \in S,\ p(x)$는 참이다."가 거짓임을 보이기 위해서는 $p(s)$가 거짓이 되는 $s \in S$가 적어도 하나 존재함을 보이면 되는 데, 여기서 이와 같은 원소 s를 명제 '$\forall x \in S,\ p(x)$'에 대한 **빈례**(counter example)라고 부른다.

예 Z를 정수 전체의 집합이라 할 때 '$\forall x \in Z,\ |x| > x$'는 거짓이다. 왜냐하면 $|+2| > +2$는 거짓이기 때문이다. 즉 이것은 하나의 반례가 되는 것이다. ■

술어논리식에 의한 논리적 추론은 간단하지 않다. 한정기호의 적절한 분석과 처리가 부수되기 때문이다.

정의 4 한정기호와 추론에 관한 기본원리

한정기호와 추론과의 상관관계를 기술하면

$$\forall x \in S,\ p(x),\ s_0 \in S \vdash p(s_0)$$
$$s_0 \in S,\ p(s_0) \vdash \exists x \in S,\ p(x)$$

로 표시되는데, 이것을 '**한정기호와 추론에 관한 기본원리**'라고 부른다.

예 생물의 집합을 S라 하고 $p(x)$라는 명제함수를 "x는 죽는다."라고 하며 s_0를 매미라고 한다면 다음 추론

$$p_1 : \ \forall x \in S, \ p(x)$$
$$p_2 : \ s_0 \in S \ / \ \therefore \ p : p(s_0)$$

타당한 추론이 된다. 왜냐하면 기호논리로 표시했을 때

$$\{\forall x \in S, \ p(x)\} \wedge \{s_0 \in S\} \vdash p(s_0)\}$$

이기 때문이다. 즉 “모든 생물은 죽는다.”, “매미는 생물이다.”, “그러므로 매미는 죽는다.” 는 추론은 타당하다는 것을 주장한다. ■

1.5 연습문제

01 명제 “방정식 $x^2 - 4x + 3 = 0$에는 해가 존재한다.”를 한정기호를 사용하여 논리적으로 나타내시오.

02 다음 명제의 뜻을 문장으로 기술하시오.

(1) $\forall x, \ \exists y, \ (f(x, y) = 0)$

(2) $\exists y, \ \forall x, \ (f(x, y) = 0)$

03 진리집합이 $\varnothing$일 수도 있고 S 전체일 수도 있음을 예를 들어 설명하시오.

04 한정기호 부정법을 사용하여, 다음 각 명제의 부정과 동치인 명제를 구하시오.

(1) 수학자 중에는 영어에 능통한 사람이 많다.

(2) 수경이는 매력이 있거나 매우 영리하다.

(3) 승무원이 승객에게 친절하지 않는 경우는 없다.

05 "모든 실수 x에 대하여, $x^2 < 1$이면 $x < 1$이다."의 부정을 구하고, 그 진리값을 구하시오.

06 다음의 추론은 타당한가? 기호화하여 조사하시오.

공중을 날지 않는 새가 있다.
새는 모두 동물이다.
그러므로 공중을 날지 않는 동물이 있다.

제 2 장

불대수와 그 응용

2.1 불대수

2.2 불함수와 논리식

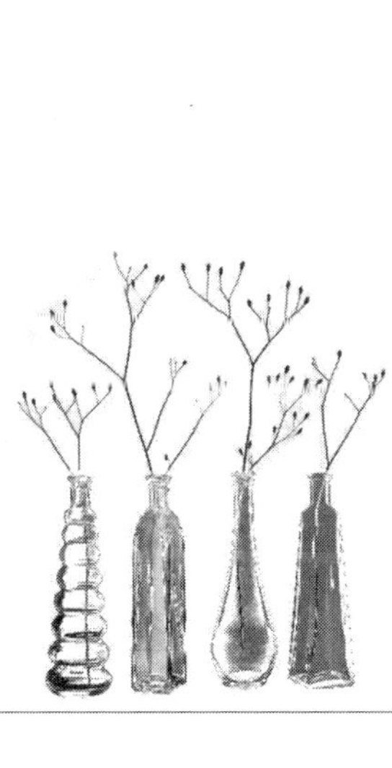

2.1 불대수

명제대수에서 수리적인 모형들은 불대수라고 하는 추상적인 수학적 구조를 정의하게 되는데, 이 명칭은 수학자 불(Boole)의 이름을 딴 것이다.

정의 1 불대수 (Boolean algebra)

집합 B에 합$(+)$과 곱$(*)$이라는 이항연산이 정의되어, 이들이 다음의 쌍대적인 법칙들을 만족할 때 $(B, +, *)$을 **불대수**라고 한다.

$[P_1]$ 교환법칙: $x+y=y+x,\ x*y=y*x$

$[P_2]$ 결합법칙: $(x+y)+z=x+(y+z)$

$(x*y)*z=x*(y*z)$

$[P_3]$ 분배법칙: $x+(y*z)=(x+y)*(x+z)$

$x*(y+z)=x*y+x*z$

$[P_4]$ **항등법칙** (identity): 임의의 $x \in B$에 대하여

$$x+O=x,\ x*I=x$$

인 O와 I가 반드시 B에 존재한다.

$[P_5]$ **상보법칙**: 각 $x \in B$에 대하여

$$x+x'=I\ ,\ x*x'=O$$

를 만족하는 원소 x'이 반드시 B에 존재한다.

불대수는 집합에서의 반순서와 집합족을 추상화 또는 일반화한 것이다. 그러나 공리 체계로만 불대수의 이론을 전개하여도 자체가 하나의 아름다운 수리학의 한 분야로써 많은 부분에 응용이 된다.

예 집합 $B=\{0,\ 1\}$에 두 이항연산 $+$, $*$을 다음과 같이 정의하면 $(B, +, *)$은 불대수가 된다. ■

+	0	1
0	0	1
1	1	1

*	0	1
0	0	0
1	0	1

예 명제변수 $p, q, r, \cdots$에 의하여 생성된 논리식 전체를 S라 할 때, S는 $\vee$과 $\wedge$의 연산에 의하여 닫혀 있으며 승법 항등원으로는 항진변수 t, 가법 항등원으로는 항위변수 c가 존재한다. 따라서 S는 불대수가 된다. ■

예 전체집합 U에 관한 멱집합 $\wp(U)$는 $\cup$, $\cap$, $-$, $\varnothing$, U에 대하여 불대수이다. ■

주어진 연산이 확실한 경우는 B를 그냥 불대수라고 한다. 불대수와 스위치 회로와의 유사성에 착안하여 기호논리학의 원리를 **자동기구**(automaton)에 대한 이론에 유효적절하게 응용되고 있다.

예 스위치 $p, q, r, \cdots$이 부착된 배선망에서 닫힌 스위치에는 1을, 열린 스위치에는 0을 각각 대응시킨다. 즉 전기 배선망에 전류가 흐르면 1을, 흐르지 않으면 0을 주도록 한다. 이때 한 개의 스위치 p만을 가진 단선이라면 스위치 p의 값과 배선망을 일치시키고, 두 개의 스위치 p, q가 부착되어진 배선망에는 병렬연결 $(p \vee q)$과 직렬연결 $(p \wedge q)$의 두 가지 방법을 준다. 그러면 스위치 배선망 전체의 집합은 하나의 불대수를 이룬다. ■

불대수에서의 한 명제에 $+$와 $*$을 서로 바꾸고 O과 I를 서로 바꿈으로써 발생하는 새로운 명제를 **쌍대명제**라고 한다.

예 불대수에서 $(O * x) + (y * I) = y$에 대한 쌍대명제는

$$(I + x) * (y + O) = y$$

가 된다. ■

정리 2　쌍대원리

불대수의 공리체계로부터 얻어진 참명제에 대하여, 그에 대한 쌍대명제는 항상 참명제가 된다.

쌍대명제가 성립하는 공리 체계에서는 하나의 참명제에 대한 쌍대명제는 항상 참이 되므로, 한쪽만 증명하면 다른 쪽은 자동으로 해결이 된다. 그러나 쌍대원리를 적용하기 위해서는 반드시 정의가 불대수의 기호만으로 이루어져 있어야 함에 유의하여야 한다.

불대수의 공리 체계로부터 유도되는 몇 가지 정리를 생각해 보자.

정리 3　멱등률

불대수 $(B, +, *)$의 임의의 원소 x에 대하여

$$x+x=x,\ \ x*x=x$$

가 성립한다.

증명 불대수의 공리들을 활용하면

$$\begin{aligned} x &= x*I = x*(x'+x) \\ &= (x*x')+(x*x) = O+(x*x) = x*x \end{aligned}$$

를 얻는다. 전자에 대한 증명은 독자에게 남긴다. ■

정리 4

불대수 $(B, +, *)$의 임의의 원소 x에 대하여

$$x+I=I,\ \ x*O=O$$

가 성립한다.

증명 불대수의 공리들을 활용하면

$$x+I=I*(x+I)=(x+x')*(x+I)$$
$$=x+(x'*I)=x+x'=I$$

가 성립한다. 후자에 대한 증명은 독자에게 남긴다. ■

정리 5

불대수 $(B, +, *)$의 임의의 원소 x, y에 대하여

$$x+(x*y)=x,\ x*(x+y)=x$$

가 성립한다.

증명 불대수의 공리들을 활용하면

$$\begin{aligned} x+(x*y) &= (y*x)+x \\ &= (y*x)+(I*x) \\ &= (y+I)*x \\ &= I*x=x \end{aligned}$$

가 성립한다. 후자에 대한 증명은 독자에게 남긴다. ■

정리 6

불대수 $(B, +, *)$의 임의의 원소 x의 보원 x'은 하나뿐이다.

증명 상보법칙을 만족시키는 서로 다른 x의 보원을 x', x''라고 가정하면

$$\begin{aligned} x' &= O+x'=(x*x'')+x'=(x+x')*(x''+x') \\ &= I*(x''+x') \\ &= (x+x'')*(x'+x'') \\ &= (x*x')+x''=O+x''=x'' \end{aligned}$$

이 되어, 증명이 완료된다. ■

정리 7 대합법칙

불대수 $(B, +, *)$의 임의의 원소 x에 대하여

$$(x')' = x$$

가 성립한다.

증명

$$\begin{aligned}(x')' &= O + (x')' = (x * x') + (x')' \\ &= \{x + (x')'\} * \{x' + (x')'\} = \{x + (x')'\} * I \\ &= I * \{x + (x')'\} = (x + x') * \{x + (x')'\} \\ &= x + \{x' * (x')'\} = x + O = x\end{aligned}$$

■

정리 8 드모르간 법칙

불대수 $(B, +, *)$의 임의의 원소 x, y에 대하여

$$(x+y)' = x' * y', \ (x * y)' = x' + y'$$

이 성립한다.

증명 후자를 증명하려면 $x * y$의 보원으로 $(x * y)'$과 $x' + y'$이 있음을 증명한다.

$$\begin{aligned}&(x * y) + (x' + y') \\ &\qquad = \{x + (x' + y')\} * \{y + (x' + y')\} \\ &\qquad = \{(x + x') + y'\} * \{(y + y') + x'\}\end{aligned}$$

이므로

$$(I + y') * (I + x') = I * I = I$$

가 성립한다. 한편

$$\begin{aligned}(x * y) * (x' + y') &= \{(x * y) * x'\} + \{(x * y) * y'\} \\ &= \{(x * x') * y\} + \{x * (y * y')\} \\ &= (O * y) + (x * O) \\ &= O + O = O\end{aligned}$$

가 성립하므로, $x' + y'$은 $x * y$에 대한 보원이 된다. 전자에 대한 증명은 독자에게 남긴다. ■

이제 불대수 사이의 상호관계 중에서 기본이 되는 구조의 일치성에 대한 개념을 정의한다.

정의 9 동형

불대수 $(B, +, *)$와 $(B', +', *')$이 주어졌을 때, 집합 B에서 B'으로의 전단사함수 h가 존재하여 임의의 $x,\ y \in B$에 대하여

$$h(x+y)=h(x)+'h(y),\ h(x*y)=h(x)*'h(y)$$

를 만족하면, h를 **동형사상**(isomorphism)이라고 한다. 이때 두 불대수 $(B, +, *)$와 $(B', +', *')$는 **동형**(isomorphic)이라 하고, 기호로는

$$(B, +, *) \cong (B', +', *')$$

간단히 $B \cong B'$으로 표시한다.

참고 어떤 집합족 S로 이루어진 불대수 $(S, \cup, \cap)$에 대하여 S의 원소 $S_1,\ S_2$가 $S_1 \subset S_2$인 포함관계에 있다면 이것은 아래의 다른 네 명제와 함께 모두 논리적으로 동치임을 벤 다이어그램으로 간단히 확인할 수 있다.

(1) $S_1 \subset S_2$ (2) $S_1 \cap S_2^c = \varnothing$ (3) $S_1 \cup S_2 = S_2$

(4) $S_1^c \cup S_2 = X$ (전체집합) (5) $S_1 \cap S_2 = S_1$

일반적인 불대수에서의 순서관계를 (2)~(5)를 이용하여 정의할 수 있는 데, 여기서 발생하는 두 가지 의문은 (2)~(5) 중 어느 하나를 써서 정의하여도 모두 동치일 것인가 하는 의문과 쌍대정의는 어떻게 처리할 것인가 하는 의문이다. 전자에 대한 의문은 모두 동치라는 것이 증명되고 후자에 대한 의문점은 쌍대정의가 필요없는 것으로 결론지을 수 있다.

정의 10

$(B, +, *)$가 임의의 불대수일 때, B의 원소 $x,\ y$에 대하여 다음의 동치관계 중 어느 하나가 성립하면 "x는 y의 앞에 있다."라고 정의하고, 기호로는 $x \lesssim y$

으로 표시한다.

(1) $x * y' = O$ (2) $x + y = y$

(3) $x' + y = I$ (4) $x * y = x$

위의 정의에 대한 쌍대정의는 (1) ~ (4)에 대한 쌍대명제를 생각함으로써 얻어지는데

(1)' $x + y' = I$ (2)' $x * y = y$

(3)' $x' * y = O$ (4)' $x + y = x$

으로 얻어지는 결과는 위의 정의대로 하자면 $x \gtrsim y$이므로 결국 "정의 10에 대한 쌍대정의는 필요없다."라는 것을 알게 된다.

정리 11

정의 10에서 정의한 관계 $\lesssim$은 하나의 반순서가 된다. 다시 말하면

(1) 반사적: 임의의 $x \in B$에 대하여, $x \lesssim x$가 성립한다.

(2) 반대칭적: $x \lesssim y$이고 $y \lesssim x$이면, $x = y$이 된다.

(3) 추이적: $x \lesssim y$이고 $y \lesssim z$이면, $x \lesssim z$가 성립한다.

증명 (1), (2)는 독자에게 남기고, 여기서는 (3)만을 증명한다. 지금

$$x \lesssim y \Leftrightarrow x + y = y, \quad y \lesssim z \Leftrightarrow y + z = z$$

임에 착안하면

$$x + z = x + (y + z) = (x + y) + z = y + z = z$$

에서 $x \lesssim z$이므로 (3)이 성립한다. ■

2.1 연습문제

01 불대수 $(B, \wedge, \vee, \sim, O, I)$에 대하여, 연산 $\oplus$과 $\odot$을

$$a \oplus b = (a \wedge \sim b) \vee (\sim a \wedge b),\ a \odot b = a \wedge b$$

로 정의할 때, 다음 중 옳은 것은?

(1) $(a \oplus b) \oplus b = a$

(2) $a \odot (b \oplus c) = a \odot b + a \odot c$

(3) $a \oplus a = a$

(4) $a \oplus O = a$

(5) $a \oplus I = a$

02 불대수 $(B, +, *)$의 임의의 원소 x에 대하여

$$x + x = x$$

가 성립함을 보이시오.

03 불대수 $(B, +, *)$의 임의의 원소 x에 대하여

$$x * O = O$$

가 성립함을 보이시오.

04 불대수 $(B, +, *)$의 임의의 원소 x, y에 대하여

$$x * (x + y) = x$$

가 성립함을 보이시오.

05 불대수 $(B, +, *)$의 임의의 원소 x, y에 대하여

$$(x + y)' = x' * y'$$

이 성립함을 보이시오.

2.2 불함수와 논리식

명제논리에 있어서 논리식을 대수학의 계산에 준하여 편의상

'합접 $p \wedge q$를 pq, 이접 $p \vee q$를 $p+q$, 부정기호 $\sim$를 $-$,
항진 t 대신 I, 항위 c 대신 O'

로 표시하고, 진리함수를 두 명제변수의 이가함수라는 의미에서 불함수라고 부른다.

먼저 주어진 진리표로부터 진리함수를 나타내는 논리식을 구해보자. 예를 들어 $A(p, q)$가 다음과 같이 주어져 있다고 하자.

	p	q	$A(p, q)$
P	1	1	0
Q	1	0	1
R	0	1	1
S	0	0	0

진리표에서 $A(p, q)$가 1이 되는 행에만 주의하여 생각한다. Q행에서는 p가 1, q가 0일 때는 $A(p, q)$는 1이 되므로, 기본적

$$p\bar{q}$$

를 만들면 이 식은 Q행의 p, q의 진리값에 대해서는 0이 된다. 동일한 방법으로 R행에서 기본적

$$\bar{p}q$$

를 택하면 R행의 p, q의 진리값에 대하여는 1이 되지만, 그 이외의 행 p, q에 대해서는 0이 된다. 그러므로 이 두 개의 기본적을 더하여 이접표준형

$$p\bar{q} + \bar{p}q$$

를 만들면 이것이 $A(p, q)$의 논리식이 된다. 즉

$$A(p, q) \equiv p\bar{q} + \bar{p}q$$

로 주어진다.

예제 $p \leftrightarrow q \equiv pq + \bar{p}\,\bar{q}$가 성립한다.

증명 주어진 식을

$$p \leftrightarrow q \equiv (p \rightarrow q) \wedge (q \rightarrow p) \equiv (\sim p \vee q) \wedge (\sim q \vee p)$$

로 변형하고 가법과 승법을 이용하면

$$\begin{aligned} p \leftrightarrow q &\equiv (\bar{p} + q)(\bar{q} + p) \\ &\equiv \bar{p}\,\bar{q} + \bar{p}p + q\bar{q} + qp \\ &\equiv \bar{p}\,\bar{q} + O + O + pq \\ &\equiv pq + \bar{p}\,\bar{q} \end{aligned}$$

를 얻는다. ■

어느 진리함수가 이접(또는 합접)표준형으로 주어져 있을 때, 그것을 간단히 하는 방법을 생각해 본다. 예를 들어

$$A(p, q) \equiv pq + \bar{p}q + p\bar{q}$$

를 간단히 해보자. 멱등법칙에 의하여 $pq \equiv pq + pq$이므로

$$\begin{aligned} A(p, q) &\equiv pq + pq + \bar{p}q + p\bar{q} \\ &\equiv (p + \bar{p})q + p(q + \bar{q}) \\ &\equiv Iq + pI \end{aligned}$$

이다. 따라서 $A(p, q) \equiv p + q$이다. 이 방법을 **콰인의 방법**이라 한다.

예 3인 a, b, c의 과반수가 찬성할 때 어느 사람 f가 회장에 선출된다고 하고, 네 개의 명제를

A : a가 찬성한다. $\qquad$ B : b가 찬성한다
C : c가 찬성한다. $\qquad$ P : f가 회장에 선출된다.

라고 하면, P는 이접표준형

$$P \equiv ABC + \bar{A}BC + A\bar{B}C + AB\bar{C}$$

로 표시되고, 콰인의 방법을 이용하여 간단히 하면

$$P \equiv AB + BC + CA$$

로 나타낸다. ■

이제 논리연산을 대수적으로 계산하는 방법을 생각한다. 지금 불함수를 φ로 나타내고 진리값 T를 수 1, F를 수 0으로 나타낼 때, 명제변수 p에 대하여

p가 참이면, $\varphi(p)=1$
p가 거짓이면, $\varphi(p)=0$

으로 표시한다. 혼동될 염려가 없을 때는 명제의 진리값을 명제기호 자체로 표시하기로 하여

$$\varphi(p)=1\text{을 } p=1,\ \varphi(p)=0\text{을 } p=0$$

으로 나타내기로 한다.

(1) 명제변수 p의 부정 $\sim p$는 일변수의 불함수를 나타내며, 진리표는

p	$\sim p$
1	0
0	1

과 같으므로

$$\varphi(\sim p)=1-\varphi(p)$$

또는

$$\sim p=1-p$$

가 된다.

(2) 명제변수 p, q의 합접 $p\wedge q$는 이변수의 불함수를 나타내며, 진리표는

p	q	$p\wedge q$	$p\vee q$
1	1	1	1
1	0	0	1
0	1	0	1
0	0	0	0

과 같으므로

$$\varphi(p \wedge q) = \varphi(p) \cdot \varphi(q)$$

또는

$$p \wedge q = pq$$

가 된다.

(3) 명제변수 p, q의 이접 $p \vee q$는 드모르간 법칙에 의하여

$$p \vee q \equiv \sim(\sim p \wedge \sim q)$$

이므로, $p \vee q$의 불함수는

$$\begin{aligned}\varphi(p \vee q) &= 1 - \varphi(\sim p \wedge \sim q) \\ &= 1 - \varphi(\sim p)\varphi(\sim q) \\ &= 1 - \{1 - \varphi(p)\}\{1 - \varphi(q)\} \\ &= 1 - \{1 - \varphi(p) - \varphi(q) + \varphi(p)\varphi(q)\} \\ &= \varphi(p) + \varphi(q) - \varphi(p)\varphi(q)\end{aligned}$$

즉

$$\varphi(p \vee q) = \varphi(p) + \varphi(q) - \varphi(p)\varphi(q).$$

이것을 간단히 하여

$$p \vee q = p + q - pq$$

가 된다.

(4) 조건문 $p \rightarrow q$는

$$p \rightarrow q \equiv \sim p \vee q$$

이므로, $p \rightarrow q$의 불함수는

$$\begin{aligned}\varphi(p \rightarrow q) &= \varphi(\sim p) + \varphi(q) - \varphi(\sim p)\varphi(q) \\ &= 1 - \varphi(p) + \varphi(q) - \{1 - \varphi(p)\}\varphi(q) \\ &= 1 - \varphi(p) + \varphi(p)\varphi(q)\end{aligned}$$

또는

$$\varphi(p \rightarrow q) = 1 - \varphi(p) + \varphi(p)\varphi(q)$$

간단히

$$p \rightarrow q = 1 - p + pq$$

로 표시된다.

(5) 쌍조건문 $p \leftrightarrow q$는

$$p \leftrightarrow q \equiv (p \rightarrow q) \wedge (q \rightarrow p)$$

이므로, $p \leftrightarrow q$의 불함수는

$$\begin{aligned}\varphi(p \leftrightarrow q) &= \varphi(p \rightarrow q)\varphi(q \rightarrow p) \\ &= \{1-\varphi(p)+\varphi(p)\varphi(q)\}\{1-\varphi(q)+\varphi(p)\varphi(q)\} \\ &= 1-\varphi(q)+\varphi(p)\varphi(q)-\varphi(p)+\varphi(p)\varphi(q)-\varphi^2(p) \\ &\quad \cdot \varphi(q)+\varphi(p)\varphi(q)-\varphi(p)\varphi^2(q)+\varphi^2(p)\varphi^2(q) \\ &= 1-\varphi(p)-\varphi(q)+3\varphi(p)\varphi(q) \\ &\quad -\varphi(p)\varphi^2(q)-\varphi^2(p)\varphi(q)+\varphi^2(p)\varphi^2(q)\end{aligned}$$

이다. 그런데 $\varphi^2(p)=\varphi(p)$, $\varphi^2(q)=\varphi(q)$이므로, 위 식은

$$\varphi(p \leftrightarrow q) = 1-\varphi(p)-\varphi(q)+2\varphi(p)\varphi(q)$$

또는

$$p \leftrightarrow q = 1 - p - q + 2pq$$

가 된다.

명제변수 $p_1, p_2, \cdots, p_n$에 대한 두 개의 논리식

$$A = A(p_1, p_2, \cdots, p_n), \ B = B(p_1, p_2, \cdots, p_n)$$

에 대하여, 진리함수 $\varphi(A)$와 $\varphi(B)$를 생각할 때 $A \rightarrow B$가 항진이 되기 위한 필요충분조건은 $p_1, p_2, \cdots, p_n$의 진리값에 관계없이

$$\varphi(A) \leqq \varphi(B)$$

간단하게 표시해서

$$A \leqq B$$

가 되어야 한다. 즉 $A \Rightarrow B$와 $A \leqq B$는 동치이다. 이 결과로부터 $A \equiv B$가 성립

하기 위한 필요충분조건은 $\varphi(A)=\varphi(B)$ (또는 $A=B$)임을 알 수 있다.

항진식 I는 수 1을 취하는 불함수이고 항위식 O는 정수 0을 취하는 불함수일 때 임의의 불함수 A에 대하여

$$O \leqq A \leqq I$$

가 되며

$$O \Rightarrow A,\ A \Rightarrow I$$

가 성립한다.

참고 불함수 p, $p \wedge q$, $p \vee q$에 대하여

$$p \wedge q=\min(p, q),\ p \vee q=\max(p, q)$$

이므로

$$p \wedge q \Rightarrow p,\ p \Rightarrow p \vee q$$

를 용이하게 유도할 수 있다.

예제 불함수를 이용하여, 다음의 항진 여부를 조사하시오.

(1) $(p \rightarrow q) \wedge (p \rightarrow r) \equiv p \rightarrow q \wedge r$

(2) $(q \rightarrow p) \wedge (r \rightarrow p) \equiv q \wedge r \rightarrow p$

풀이 (1) 불함수를 이용하여 진리값을 구하면

$$\begin{aligned}(p \rightarrow q) \wedge (p \rightarrow r) &= (1-p+pq)(1-p+pr)\\ &= 1-p+pqr\end{aligned}$$

이고

$$p \rightarrow q \wedge r = 1-p+p(qr) = 1-p+pqr$$

에서 불함수 $(p \rightarrow q) \wedge (p \rightarrow r)$과 $p \rightarrow q \wedge r$의 값이 항상 같으므로

$$(p \rightarrow q) \wedge (p \rightarrow r) \equiv p \rightarrow q \wedge r$$

이 성립한다.

(2) 불함수를 이용하여 진리값을 구하면

$$(q \to p) \wedge (r \to p) = (1-q+qp)(1-r+rp)$$

이고

$$q \wedge r \to p = 1-qr+qrp$$

이다. $p=0,\ q=1,\ r=0$이라 하면

$$(q \to p) \wedge (r \to p) = (1-1+0)(1-0+0)$$

이고

$$q \wedge r \to p = 1-0+0 = 1$$

이므로, (2)는 항진이 아니다. ■

2.2 연습문제

01 다음 진리표에 의해 주어진 명제의 논리식을 구하고, 그것을 간단히 하시오.

p	q	r	$A(p, q, r)$
1	1	1	1
0	1	1	0
1	0	1	0
1	1	0	1
1	0	0	1
0	0	0	1
0	0	1	0
0	1	0	0

02 불함수를 이용하여, 다음의 항진 여부를 조사하시오.

(1) $(p \rightarrow q) \wedge \sim p \Rightarrow \sim q$　　(2) $(q \rightarrow p) \wedge (r \rightarrow p) \Rightarrow q \wedge r \rightarrow p$

03 다음 논리식을 간단히 하시오.

(1) $\overline{p}\,\overline{q} + p\,\overline{q} + \overline{p}\,q$　　(2) $\overline{p}\,\overline{q}r + pq\overline{r} + p\overline{q}r + \overline{p}qr + pqr$

04 어떤 곤충 학자가 곤충의 돌연변이 형태를 A, B, C, D, E의 다섯 가지 유형으로 분류하고 다음과 같은 연구 결과를 발표하였다.

(1) A형이면 B형이 아니다.　　(2) C형이 아니면 B형이 아니다.

(3) C형이면 D형이 아니다.　　(4) E형이면 B형이다.

위의 연구 결과에 의하여 성립하는 것을 다음 보기에서 모두 고르시오.

(보기) ① A형이면 E형이 아니다.
② E형이면 C형이 아니다.
③ D형이면서 E형이다.

제 3 장

집합의 개념

수많은 수학자들로부터 심한 비판을 받았을 때, 칸토어가 "수학의 본질은 그 자유에 있다."고 한 유명한 이 말을 후세의 수학자들은 받아들이고 계승해야 할 것이다.

3.1 집합과 부분집합

집합의 개념은 일상 언어에 있어 불명료함을 제거하기 위한 논리적 엄밀함의 기조하에서 수학적 논의에 필요한 기본적 욕구에 의하여 탄생되었다.

바이어슈트라스의 제자였던 칸토어(Cantor)의 집합에 대한 정의는 단순하게 정의되어 시작부터 논란의 대상이 되고 여러 가지 역리에 부딪혔다. 그럼에도 불구하고 집합론은 수학을 체계화하는 데 필수적인 역할을 하였으므로 집합론 이전의 수학을 고전수학, 그 이후의 수학을 현대수학이라고 부르게 되었다.

칸토어가 연구하여 해결한 최초의 기본적인 문제는 N과 Q의 대등성의 문제였고, 계속해서 그는 N과 R이 대등하지 않다는 사실, R과 R^n이 대등하다는 사실을 차례로 증명했다. 또한 칸토어는 모든 집합 X에 대해서

$$\mathrm{card}\, X < \mathrm{card}\, \wp(X)$$

가 성립됨을 증명했다. 즉 주어진 무한집합이 어떠한 것일지라도 그것보다 '보다 큰' 무한집합을 찾아낼 수 있다는 것을 증명한 것이다. 기수, 서수, 정렬집합 등의 개념이나 연속체 문제의 정식화 등도 칸토어에 의한 것이다.

칸토어의 이론은 특별한 예비 전문 지식의 도움 없이 간단한 개념과 단순한 상식 수준의 지식으로부터 출발하여 논리적 전개를 통하여 중요한 개념의 이해를 가능하게 한다.

1. 집합

무한의 성질을 규명하기 위한 아이디어(idea)로부터 집합론을 탄생시켰듯이, 우리는 집합의 정의와 표현의 엄밀성에 유의하여야 한다. 여기서는 논리를 바탕으로 집합의 개념, 부분집합과 집합의 연산에 따르는 기본 성질을 소개한다.

(1) 집합

"집합이란 무엇인가?"라는 질문에 한마디로 답하기는 매우 어려운 문제이지만, 독일의 수학자 칸토어가 1895년 그의 저서에서 기술한 다음 집합론의 정의로써 만족하기로 한다.

"**집합**(set)이란 우리들의 직관 또는 사고의 대상으로써 확정되어 있고, 서로 명확히 구별되는 것들의 모임이다."

이때 '우리들의 직관 또는 사고의 대상으로써 확정되어 있고, 서로 명확히 구별되는 것', 즉 집합을 이루는 각각의 것들을 **원소**(element)라고 한다. 러셀의 역리와 같은 문제에 부딪치지 않도록, 앞으로 이 책에서 다루는 대상은 오직 집합만으로 한정한다. 또한 이 책에서는 공리론적인 집합론이 아니면서도 몇 개의 공리가 도입된다.

예제 나음과 같이 사고 대상의 모임을 생각해 보자. 어느 것을 집합이라 할 수 있겠는가? 집합이라 할 수 없을 때는 그 이유를 설명하시오.

(1) 자연수 전체의 모임

(2) 0과 1 사이에 있는 실수의 모임

(3) $x^2+1=0$을 만족하는 실수의 모임

(4) 닫힌구간 $[0, 1]$에서 정의된 연속인 실함수 전체의 모임

(5) 운행 중인 버스 속의 사람의 모임

(6) 충분히 큰 자연수 전체의 모임

풀이 (1), (2), (3)과 (4)는 대상의 판별성과 사고 범위가 확정되므로 하나의 집합이지만, (5)와 (6)은 집합이라 할 수가 없다. 왜냐하면 (5)에서는 원소 자체의 발생, 소멸이 일어나며, (6)에서는 한계가 명확하지 않기 때문이다. ■

집합을 기호로 표기하는 경우, 집합을 구성하고 있는 원소 전부를 순서에 관계없고 빠짐없이 나열하여 괄호로 묶어서 표현할 수 있는데, 이와 같은 표기법을 **원소나열법**(**외연적 정의**; tabular form or element listing notation)이라 한다. 예를 들면 위 예제에서 (1)의 집합은 $\{1, 2, 3, \cdots\}$로 표현된다.

(3)의 집합은 하나의 원소도 갖지 않는다. 이와 같이 원소를 하나도 갖지 않는 집합을 **공집합**(empty set 또는 null set)이라 하고

$$\{\ \}\ \text{또는}\ \varnothing$$

로 표기한다. 여기서 $\varnothing = \{x \mid x \neq x\}$로 나타내고, 공집합 $\varnothing$는 '모든 원소 x에 대하여, $x \notin \varnothing$'가 된다.

참고 집합은 '원소의 전체'에 의하여 결정되기 때문에, 원소나열법에서 원소를 적어 나가는 순서는 임의로 바꾸어도 물론 상관될 것이 없다. 또한 동일한 원소를 중복해서 적는 것도 따로 금하지 않으나, 같은 것은 몇 개를 적어도 그 효과는 오직 한 개만 적은 것과 같다.

원소나열법은 집합의 원소를 빠짐없이 제시하고 있기 때문에 알아보기가 매우 쉽다. 그러나 이 표기법은 모든 원소를 다 적어낼 수 있는 경우, 또는 몇 개의 대표적인 원소를 제시하면 나머지 요소를 '…'에 의하여 쉽게 미루어 볼 수 있는 집합에 대해서만 유효하다. 그런데 실수 전체의 집합 R은 원소나열법에 의하여 나타내기로 하더라도 도저히 잘 표현되지 않는다. 따라서 일반적인 집합을 표기하기 위해서는 원소나열법과 다른 표기법을 도입해야 할 필요성이 대두된다.

우리는 앞으로 임의의 집합을 간단히 표현하기 위하여 영어의 대문자(필요에 따라 다른 문자도 쓰인다.)로 표기하고, 영어의 소문자로 집합의 원소를 나타내기로 한다.

"a는 A의 원소이다" 또는 "a는 A에 속한다(belong)."와 같은 일상 언어를 간단히

$$a \in A$$

로 쓰고, $a \in A$의 부정은 $a \notin A$로 표기한다. 집합은 '범위가 분명한 모임'이므로 어떤 집합 A와 한 개의 원소 a를 생각할 때는 $a \in A$ 또는 $a \notin A$의 어느 한쪽만 성립한다. 양쪽이 다 같이 성립하는 경우와, 양쪽이 다 같이 성립하지 않는 경우는 결코 있을 수 없다.

수학에서는 기하학적 표현을 사용하여 집합을 **공간**(space)이라고 하고, 원소를 점이라고 말하기도 한다.

참고 일반적으로 대상영역 U에 속하는 임의의 변수 x에 관한 명제함수 $p(x)$를 생각할 때, $\forall x,\ p(x)$는 "U에 속하는 모든 x에 대하여 $p(x)$가 성립한다."인 것을 주장하는 명제이고, $\exists x,\ p(x)$는 '$p(x)$가 성립하는 x가 U에 적어도 하나 존재함'을 주장하는 명제이다.

(2) 집합의 상등

두 집합이 완전히 서로 일치한다는 뜻은 두 낱말 '집합'과 '속한다.'를 써서

"모든 x에 대하여, $x \in A$이기 위한 필요충분조건이 $x \in B$이면

$$A = B$$

이다."에 의해 나타낸다. 이 공리를 **외연성 공리**라고 한다.

예 외연성 공리에 의해 공집합은 오직 하나만 존재한다. ■

정의 1　두 집합의 상등

두 집합 A와 B가 똑같은 원소로 이루어져 있을 때, 두 집합은 **상등** (identical) 또는 **같다** (equal)고 하고 기호 $A = B$로써 나타낸다. 이것은 형식적으로

$$x \in A \Leftrightarrow x \in B$$

를 의미한다.

하나의 원소만으로 이루어진 집합을 **단원집합** (**단일집합**; singleton set)이라 한다.

예 표현 방법이 다른 두 집합 $A = \{x \mid x$는 $2 < x < 10$인 소수$\}$와 $B = \{x \mid x$는 $1 < x < 8$인 홀수$\}$에 대하여, A와 B는 모두 3, 5, 7이라는 세 개의 원소로 이루어지므로, $A = B$가 된다. ■

예 모든 실수의 집합 X와 모든 복소수의 집합 Y에 대하여

$$A = \{x \in X \mid x^2 = 1\},\ B = \{x \in X \mid x^4 = 1\}$$

일 때 $A = B$이지만, $C = \{x \in Y \mid x^4 = 1\}$이면 $B \neq C$가 된다. ■

2. 부분집합

정의 2 부분집합 (subset)

임의의 두 집합 A, B에 대하여, A의 모든 원소가 B의 원소이면 A는 B의 **부분집합** (A는 B에 포함된다.) 또는 B를 A의 **초집합** (super set) 또는 **포함집합** (B는 A를 포함한다.)이라 하고, 기호 $A \subset B$로 나타낸다. 이것은 형식적으로

$$x \in A \Rightarrow x \in B$$

를 의미한다.

두 집합 사이의 관계 '$\subset$'를 **포함관계**라고 한다.

참고 정의로부터 $A \subset A$이다 (이것을 포함관계 '$\subset$'가 **반사적**이라 한다). $A \subset B$이고 $B \subset A$이면, $A = B$이다 (이것을 포함관계 '$\subset$'가 **반대칭적**이라 한다). 또한 $A \subset B$이고 $B \subset C$이면, $A \subset C$이다 (이것을 포함관계 '$\subset$'가 **추이적**이라 한다).

$A \subset B$이고 특히 $A \neq B$일 경우에는 $A \subsetneq B$로 표기하고, A는 B의 **진부분집합** (proper subset) 또는 B는 A의 **진초집합** (proper super set)이라 한다. 정의로부터 명백히 $A = B$가 되기 위한 필요충분조건은

$$A \subset B \text{이고 } B \subset A$$

가 성립하는 것이다.

만일 A가 B의 부분집합이 아니면 $A \not\subset B$로서 표기한다.

참고 포함관계 $A \subset B$를 $A \subseteq B$의 의미로 사용한 것은 부르바키 (Bourbaki)에 연유한다.

공집합 $\varnothing$는 원소를 전혀 갖지 않는 집합이므로, '가장 작은 집합'이라고 생각된다. 따라서 어떤 집합 A에 대해서도 $\varnothing$는 A에 포함된다고 보는 것이 자연스러울 것이다. 따라서 우리는 공집합 $\varnothing$는 임의의 집합 A의 부분집합, 즉

$$\varnothing \subset A$$

라고 약속할 수 있다. 그러나 논리법칙상의 일반적인 규약

(1) q가 참이면, p의 참, 거짓에 불구하고 $p \to q$는 참이다.

(2) p가 거짓이면, q의 참, 거짓에 불구하고 $p \to q$는 참이다.

을 사용하면, "공집합 $\varnothing$는 모든 집합의 부분집합이다."를 증명할 수 있다. 이들 규약 (1)과 (2)는 매우 '자연스런' 약속이다.

정리 3

공집합 $\varnothing$는 모든 집합의 부분집합이다.

증명 A를 임의의 집합이라 하고, 조건문

$$x \in \varnothing \ \to \ x \in A$$

가 모든 x에 대해서 참임을 증명하면 된다. 공집합 $\varnothing$는 원소를 갖지 않으므로 명제 '$x \in \varnothing$'는 거짓이고, 한편 '$x \in A$'는 참일 수도 있고 거짓일 수도 있다. 그런데 가정이 거짓일 때는 조건명제 '$x \in \varnothing \ \to \ x \in A$'는 항진이므로, 따라서 임의의 A에 대하여 $\varnothing \subset A$가 성립한다. ■

예 $\varnothing = \varnothing$, $\varnothing \subset \varnothing$, $\varnothing \subset \{\varnothing\}$, $\varnothing \in \{\varnothing\}$이 성립한다. ■

예제 A가 공집합 $\varnothing$의 부분집합이면, $A = \varnothing$이다.

증명 공집합 $\varnothing$는 모든 집합의 부분집합이므로, $\varnothing \subset A$이다. 그런데 가정에 의하여 $A \subset \varnothing$이므로, $A = \varnothing$이 된다. ■

참고 $\{x \mid x \in \varnothing\} = \varnothing$이다.

더욱 일반적으로 집합을 표현할 수 있도록 하기 위해서는 다른 표기법이 도입되어야만 한다. 먼저

"임의의 집합 A와 원소 $x \in A$에 관한 어떤 명제 $p(x)$에 대하여, $p(x)$를 참으로 하는 A의 모든 원소 x를 모아 놓은 집합

$$\{x \in A \mid p(x)\}$$

가 존재한다."

는 **분출공리** (axiom of specification)를 공리로써 받아들인다. 집합론에서 '명제 $p(x)$가 참인 집합 A에 속하는 모든 원소 x의 집합'을 기호로는

$$\{x \in A \mid p(x)\} \text{ 또는 } \{x \in A : p(x)\}$$

로 표현하는 데, 이와 같은 집합의 표기법을 **조건제시법** (**내포적 정의**; set builder form)이라 한다.

이 책을 기술함에 있어 다음과 같은 특별한 기호를 미리 규약해 둔다.

$R = \{x \mid x\text{는 실수}\}$ $\qquad$ $Z = \{x \mid x\text{는 정수}\}$

$Q = \{x \mid x\text{는 유리수}\}$ $\qquad$ $N = \{x \mid x\text{는 자연수}\}$

$N_o = \{x \in N \mid x\text{는 홀수}\}$ $\qquad$ $N_e = \{x \in N \mid x\text{는 짝수}\}$

$R^+ = \{x \in R \mid x > 0\}$ $\qquad$ $I = \{x \in R \mid 0 \leqq x \leqq 1\}$

$[a, b] = \{x \in R \mid a \leqq x \leqq b\}$ $\qquad$ $(a, b) = \{x \in R \mid a < x < b\}$

$[a, b) = \{x \in R \mid a \leqq x < b\}$ $\qquad$ $(a, b] = \{x \in R \mid a < x \leqq b\}$

$(a, \infty) = \{x \in R \mid x > a\}$ $\qquad$ $(-\infty, b] = \{x \in R \mid x \leqq b\}$

$(-\infty, \infty) = R$

위에서 $[a, b]$와 같이 양끝 점을 포함하는 구간을 **닫힌구간** (closed interval)이라 하고 (a, b), (a, ∞), $(-\infty, \infty)$와 같이 양끝 점을 포함시키지 않는 구간을 **열린구간** (open interval), $[a, b)$, $(a, b]$와 같은 구간을 **반닫힌구간** 또는 **반열린구간**이라 한다.

참고 열린구간의 기호 (a, b)는 두 집합의 카테시안곱(제4장 참조)의 원소를 나타내는 기호와 형식적으로 동일하다. 그렇기 때문에 부르바키는 열린구간을 $]a, b[$로 표현하기도 했다. 그러나 전후의 문맥에 주의하면 혼동의 우려는 없을 것이다.

A가 집합일 때, A의 부분집합을 모두 모아 놓은 집합을 A의 **멱집합** (power set)이라 하고, $\wp(A)$ 또는 2^A, 즉

$$\wp(A) = 2^A = \{X \mid X \subset A\}$$

로 표현한다. $X = \varnothing$이면, X의 부분집합은 오직 $\varnothing$ 하나뿐이다.

공리론적 집합론에서는 멱집합의 존재를 당연하게 생각하지 않으므로, **멱집합의 공리**가 필요하게 된다.

예 $\wp(\{a\})=\{\varnothing, \{a\}\}$, $\wp(\{a, b\})=\{\varnothing, \{a\}, \{b\}, \{a, b\}\}$
$\wp(\varnothing)=\{\varnothing\}$, $\wp(\{\varnothing\})=\{\varnothing, \{\varnothing\}\}$ ■

예 $B \subset A \Leftrightarrow B \in \wp(A)$이고, $a \in A \Leftrightarrow \{a\} \in \wp(A)$이 성립한다. ■

예 공집합이 아닌 임의의 집합 A의 멱집합 2^A에 대하여

$$A \subset 2^A, \ \{A\} \in 2^A$$

은 참이 아니지만, $A \in 2^A$, $\{A\} \subset 2^A$은 참이 된다. ■

예 집합 $\{x, \{y, z\}\}$의 멱집합을 원소나열법으로 표시하면

$$\{\varnothing, \{x\}, \{\{y, z\}\}, \{x, \{y, z\}\}\}$$

로 주어진다. ■

정리 4

n개의 원소로 구성된 집합

$$A=\{a_1, a_2, \cdots, a_n\}$$

의 멱집합 $\wp(A)$는 2^n개의 원소를 갖는다.

증명 r개의 원소를 가진 A의 부분집합의 개수는 n개의 원소 $a_1, a_2, \cdots, a_n$에서 r개의 원소를 취한 조합 ${}_nC_r$에 불과하다. 따라서 부분집합의 총수는

$$ {}_nC_0 + {}_nC_1 + \cdots + {}_nC_n = (1+1)^n = 2^n$$

이 된다. 즉 멱집합 $\wp(A)$의 원소의 총수는 2^n개가 된다. ■

참고 원소가 n개인 집합 A에 대하여, r개의 원소를 갖는 A의 부분집합의 총 개수는 $C(n, r)$로 주어진다.

3.1 연습문제

01 $a+b\sqrt{2}$(단, a, $b \in Z$)의 형태로 나타내는 실수의 집합 A에 대하여, x, $y \in A$일 때 다음 중 성립하는 것은?

(1) $x+y \in A$ (2) $x-y \in A$

(3) $xy \in A$ (4) $x^{-1} \in A$ (단, $x \neq 0$)

02 $A \neq \varnothing$ 이면서 $A \subset B$와 $A \in B$가 동시에 성립하는 집합이 존재하는가? 만일 존재한다면, 예를 들어 보이시오.

03 다음 명제를 증명 또는 반증하시오.

(1) $A \not\subset B$이고 $B \subset C$이면, $A \not\subset C$이다.

(2) $A \subset B$이고 $x \notin B$이면, $x \notin A$이다.

04 집합 $\wp(M) = \{X \mid X \subset M\}$으로 정의될 때, 다음 중에서 옳은 것은?

(1) $\varnothing \in \wp(\varnothing)$ (2) $\varnothing \subset \wp(\varnothing)$ (3) $\wp(\varnothing) \notin \wp(\wp(\varnothing))$

05 $\wp(A)$를 A의 멱집합이라고 할 때, $A \subset B$이면, 그리고 그때만

$$\wp(A) \subset \wp(B)$$

임을 보이시오.

3.2 집합의 연산

1. 합집합과 교집합

집합론에서는 논리의 연산 $\vee$, $\sim$, $\wedge$ 의 개념을 이용하여, 집합 사이의 연산을 도입한다.

정의 1 합집합 (union)

두 집합 A와 B의 **합집합**은 적어도 A와 B의 어느 한 쪽에 속하는 모든 원소의 집합, 즉

$$A \cup B = \{x \mid x \in A \vee x \in B\} = \{x \mid x \in A \text{ 또는 } x \in B\}$$

또는

$$x \in A \cup B \Leftrightarrow x \in A \vee x \in B$$

로 주어진다.

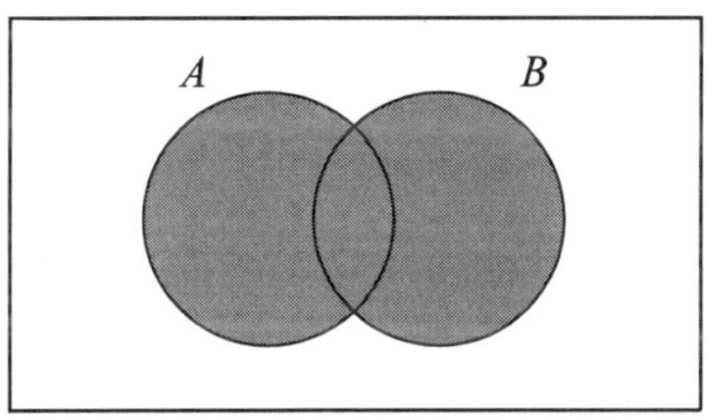

그림 3.1 $A \cup B$

예 R이 모든 실수의 집합일 때

$$A = \{x \in R \mid 0 \leq x \leq 2\}, \ B = \{x \in R \mid 1 \leq x \leq 3\}$$

이면

$$A \cup B = \{x \in R \mid 0 \leq x \leq 3\}$$

으로 주어진다. ■

예 $A \subset A \cup B$, $B \subset A \cup B$가 성립한다. ■

정의 2 교집합 (intersection)

두 집합 A와 B의 **교집합**은 A, B 양쪽에 공통인 원소 전체의 집합, 즉

$$A \cap B = \{x \mid x \in A \wedge x \in B\} = \{x \mid x \in A, \ x \in B\}$$

또는

$$x \in A \cap B \Leftrightarrow x \in A \wedge x \in B$$

로 주어진다. 특히 $A \cap B = \varnothing$일 때, 두 집합 A와 B는 '만나지 않는다.' 또는 **서로소** (disjoint)라고 한다.

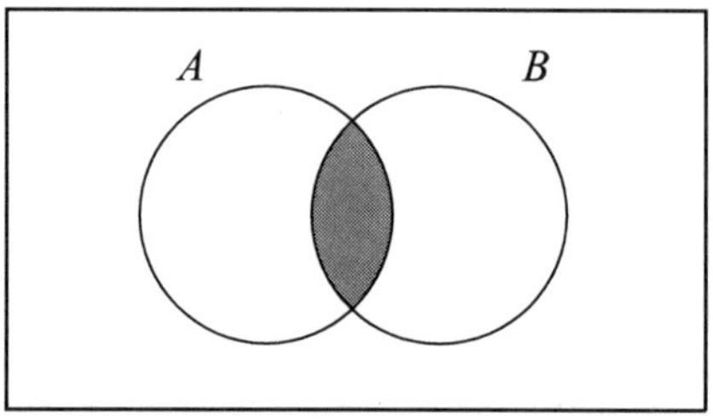

그림 3.2 $A \cap B$

예 R이 모든 실수의 집합일 때

$$A = \{x \in R \mid 0 \leqq x \leqq 2\}, \ B = \{x \in R \mid 1 \leqq x \leqq 3\}$$

이면

$$A \cap B = \{x \in R \mid 1 \leqq x \leqq 2\}$$

로 주어진다. ■

참고 두 집합 A와 B가 서로소일 때, 합집합 $A \cup B$를 A와 B의 **직합** (direct sum)이라고도 한다.

예 $A \cap B \subset A$, $A \cap B \subset B$가 성립한다. 또한 $\varnothing \cap A = \varnothing$이고

$$A \subset B\text{이면, } A \cap C = B \cap C$$

가 성립한다. ■

예제 임의의 두 집합 A, B에 대하여, $A \cap B = \varnothing$이기 위한 필요충분조건은 $B \subset A^c$이다.

증명 $B \subset A^c$이라면

$$x \in B \Rightarrow x \in A^c,\ \text{즉 } x \in B \Rightarrow x \notin A$$

가 된다. 따라서 임의의 x에 대하여 $x \notin A \cap B$, 즉 $A \cap B = \varnothing$이 성립한다. 역으로 $A \cap B = \varnothing$이면

$$x \in B \Rightarrow x \notin A,\ \text{즉 } x \in B \Rightarrow x \in A^c$$

이므로 $B \subset A^c$가 성립한다. ■

참고 U의 두 부분집합 A, B에 대하여, 다음은 서로 동치이다.

(1) $A \subset B$ (2) $A = A \cap B$ (3) $B = A \cup B$

정리 3

세 집합 A, B, C에 대하여, 다음이 성립한다.

(1) A, $B \subset C$일 때, 그때에 한하여 $A \cup B \subset C$

(2) $C \subset A$, $C \subset B$일 때, 그때에 한하여 $C \subset A \cap B$

증명 (1) A, $B \subset C$이면

$$x \in A \cup B \Rightarrow [x \in A \vee x \in B] \Rightarrow x \in C,\ \text{즉 } A \cup B \subset C$$

가 성립한다. 역이 성립하는 것은 명백하다.

(2) $C \subset A$, $C \subset B$라 하자.

$$x \in C \Rightarrow [x \in A \wedge x \in B] \Rightarrow x \in A \cap B,\ \text{즉 } C \subset A \cap B$$

가 성립한다. 역이 성립하는 것은 명백하다. ■

예제 $A \subset C$와 $B \subset D$이면, $A \cup B \subset C \cup D$가 성립한다.

증명 $A \subset C$와 $B \subset D$이므로, $A \cup B \subset C \cup B$이고, $C \cup B \subset C \cup D$가 된다. 따라서

$$A \cup B \subset C \cup D$$

가 성립한다. ■

정리 4
두 집합 A와 B에 대하여, 다음이 성립한다. (1) $A \subset B$일 때, 그때에 한하여 $A \cup B = B$ (2) $A \subset B$일 때, 그때에 한하여 $A \cap B = A$

증명 여기서는 (1)만을 증명하고, (2)의 증명은 독자에게 남긴다.

$A \subset B$이면 $A \subset B$ 또한 $B \subset B$이므로, 정리 3에 의하여 $A \cup B \subset B$가 성립한다. 한편 $B \subset A \cup B$이다. 따라서

$$A \cup B = B$$

가 된다. 역으로 $A \cup B = B$라 하면, $A \subset A \cup B$로부터

$$A \subset B$$

가 성립한다. ■

예 (흡수법칙) 임의의 두 집합 A, B에 대하여, $A \cap B \subset A$이므로

$$(A \cap B) \cup A = A$$

이고, $A \subset A \cup B$이므로

$$(A \cup B) \cap A = A$$

가 성립한다. ■

예제 임의의 세 집합 A, B, C에 대하여

$$(A \cap B) \cup C = A \cap (B \cup C)$$

이기 위한 필요충분조건은 $C \subset A$이다.

증명 $(A \cap B) \cup C = A \cap (B \cup C)$이면

$$C \subset (A \cap B) \cup C = A \cap (B \cup C) \subset A$$

이므로, $C \subset A$가 성립한다. 역으로 $C \subset A$라고 놓으면

$$(A \cap B) \cup C = (A \cup C) \cap (B \cup C) = A \cap (B \cup C)$$

이므로, $(A \cap B) \cup C = A \cap (B \cup C)$가 성립한다. ■

정리 5

A, B, C가 X의 부분집합일 때, 다음이 성립한다.

(1) 항등법칙(identity): $A \cup \varnothing = A$, $A \cap X = A$

(2) 멱등법칙: $A \cup A = A$, $A \cap A = A$

(3) 교환법칙:

$$A \cup B = B \cup A,\quad A \cap B = B \cap A$$

(4) 결합법칙:

$$A \cup (B \cup C) = (A \cup B) \cup C,$$
$$A \cap (B \cap C) = (A \cap B) \cap C$$

(5) 분배법칙:

$$A \cap (B \cup C) = (A \cap B) \cup (A \cap C),$$
$$A \cup (B \cap C) = (A \cup B) \cap (A \cup C)$$

증명 여기서는 (1), (5)만을 증명하고, 나머지 증명은 독자에게 남긴다.

(1) $\varnothing \subset A$이므로, 정리 4를 이용하면 $A \cup \varnothing = A$이고, 또한 $A \subset X$이므로, $A \cap X = A$가 성립한다.

(5) 첫째 부분을 증명하면 둘째 부분의 증명은 같은 방법으로 증명할 수 있으므로, 첫째 부분만을 증명하기로 한다.

$$\begin{aligned} x \in [A \cap (B \cup C)] &\Leftrightarrow [(x \in A) \wedge (x \in B \cup C)] \\ &\Leftrightarrow (x \in A) \wedge [(x \in B) \vee (x \in C)] \\ &\Leftrightarrow [(x \in A) \wedge (x \in B)] \vee [(x \in A) \wedge (x \in C)] \\ &\Leftrightarrow [(x \in A \cap B) \vee (x \in A \cap C)] \\ &\Leftrightarrow x \in [(A \cap B) \cup (A \cap C)] \end{aligned}$$

따라서

$$A \cap (B \cup C) = (A \cap B) \cup (A \cap C)$$

가 성립한다. ■

참고 정리 5 (4)에서, 양변의 괄호를 풀어서 $A \cup B \cup C$와 $A \cap B \cap C$로도 표기한다.

2. 여집합과 대칭차

정의 6 차집합 (difference)

두 집합 A와 B에 대하여, A에 관한 B의 **차집합**을 $A - B$로 표시하며

$$A - B = \{x \mid x \in A \wedge x \notin B\} = \{x \in A \mid x \notin B\}$$

로 정의한다. 여기서 $x \notin B$는 $x \in B$의 부정, 즉 $\sim (x \in B)$를 의미한다.

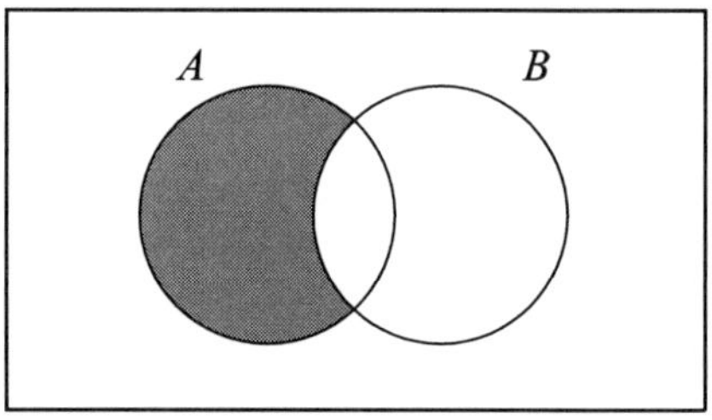

그림 3.3 $A - B$

'러셀의 역리'를 극복하기 위하여 수학에서 이론을 전개하는 경우, 사고의 범위에 해당되는 집합을 고정시켜 그 부분집합의 범위에서 집합을 생각한다. 우리는 이 집합을 **전체집합** (universal set)이라 하고, 이것은 절대적인 뜻으로 볼 때 제한된 의미의 전체집합을 뜻한다.

정의 7 여집합 (complement)

전체집합 U에 대하여 $U-A$를 A의 **여집합**이라 하고

$$A^c = U - A = \{x \mid x \in U \wedge x \notin A\}$$

간단히

$$A^c = \{x \mid x \notin A\}$$

로 표기한다. 이때 $x \in A^c \Leftrightarrow x \notin A$이다. 한편 $B \subset A$일 때, $A-B$를 A에 대한 B의 **상대적 여집합** (relative complement), 간단히 A에 대한 B의 **여집합**이라고 한다.

참고 집합에 대한 연산은 ^{c}, $\cap$ 또는 $\cup$ 순위로 진행된다.

예 $A=\{a,\ b,\ c,\ d\}$와 $B=\{b,\ d,\ f,\ g\}$일 때, $A-B=\{a,\ c\}$이다.
일반적으로 $A-B \subset A$이고

$$A-B,\ A\cap B,\ B-A$$

는 서로소가 된다. ■

예 R이 모든 실수의 집합일 때

$$A=\{x\in R \mid 0 \leqq x \leqq 2\},\ B=\{x\in R \mid 1 \leqq x \leqq 3\}$$

이면

$$A-B=\{x\in R \mid 0 \leqq x < 1\},\ B-A=\{x\in R \mid 2 < x \leqq 3\}$$

으로 주어진다. ■

예제 임의의 두 집합 A, B에 대하여

$$A-B = A\cap B^c$$

가 성립한다.

증명

$$\begin{aligned} A-B &= \{x \mid x \in A \wedge x \notin B\} \\ &= \{x \mid x \in A \wedge x \in B^c\} \\ &= A \cap B^c \end{aligned}$$

■

정리 8

임의의 세 집합 A, B, C에 대하여, 다음이 성립한다.

(1) $A-(B-C)=(A-B)\cup(A\cap C)$

(2) $(A-B)-C=A-(B\cup C)$

증명 여기서는 (1)만 증명하고, (2)는 독자에게 남긴다.

$$\begin{aligned} A-(B-C) &= A\cap(B-C)^c = A\cap(B\cap C^c)^c \\ &= A\cap(B^c\cup C)=(A\cap B^c)\cup(A\cap C) \\ &= (A-B)\cup(A\cap C) \end{aligned}$$

가 성립한다. ■

예제 두 집합 A, B에 대하여

$A-B=A$일 때, 그때에 한하여 $A\cap B=\varnothing$

가 성립한다.

증명 $A-B=A\cap B^c=A$이므로, 양변에 B와의 교집합을 취하면

$$A\cap B^c\cap B=A\cap B$$

이다. 따라서 $A\cap\varnothing=A\cap B$이므로, $A\cap B=\varnothing$이 성립한다. 역으로 $A\cap B=\varnothing$을 가정하면

$$A-B=A-(A\cap B)=A-\varnothing=A$$

가 성립한다. ■

예제 임의의 세 집합 A, B, C에 대하여, 다음이 성립한다.

(1) $(A-C)\cup(B-C)=(A\cup B)-C$

(2) $(A-C)\cap(B-C)=(A\cap B)-C$

증명 여기서는 (1)만 증명하고, (2)는 독자에게 남긴다.

$$\begin{aligned}(A-C)\cup(B-C)&=(A\cap C^c)\cup(B\cap C^c)\\&=(C^c\cap A)\cup(C^c\cap B)\\&=C^c\cap(A\cup B)\\&=(A\cup B)-C\end{aligned}$$

가 성립한다. ■

정리 9

U의 부분집합 A, B에 대하여, 다음이 성립한다.

(1) $(A^c)^c=A$ (2) $\varnothing^c=U$, $U^c=\varnothing$

(3) $A\cap A^c=\varnothing$, $A\cup A^c=U$

(4) $A\subset B$일 때, 그때에 한하여 $B^c\subset A^c$

증명 (1) $x\in A\Leftrightarrow x\notin A^c$이고 $x\notin A\Leftrightarrow x\in A$이므로

$$x\in A\Leftrightarrow x\notin A^c\Leftrightarrow x\in(A^c)^c$$

가 성립한다.

(2)

$$\begin{aligned}\varnothing^c=U-\varnothing&=\{x\mid x\in U\wedge x\notin\varnothing\}\\&=\{x\mid x\in U\}=U\end{aligned}$$

이고

$$U^c=U-U=\varnothing$$

이 성립한다.

(3) 여기서는 전자만을 증명하고, 나머지는 독자에게 남긴다.

분명히 $\varnothing\subset A\cap A^c$이다. 이제 $A\cap A^c\subset\varnothing$을 보이면 된다.

$$\begin{aligned}x\in A\cap A^c&\Rightarrow x\in A\wedge x\in A^c\\&\Rightarrow x\in A\wedge x\notin A\Rightarrow x\in\varnothing\end{aligned}$$

이므로, $A\cap A^c\subset\varnothing$이다. 따라서

$$A \cap A^c = \varnothing$$

이 성립한다.

(4) $A \subset B$이면

$$x \in B^c \Rightarrow x \notin B \Rightarrow x \notin A \Rightarrow x \in A^c, \text{ 즉 } B^c \subset A^c$$

가 성립한다. 역으로 $B^c \subset A^c$이면

$$x \in A \Leftrightarrow x \notin A^c \rightarrow x \notin B^c \Rightarrow x \subset B, \text{ 즉 } A \subset B$$

가 성립한다. ■

예 다음 각 조건은 $A \subset B$와 동치이다.

(1) $A \cap B = A$　　　(2) $A \cup B = B$

(3) $A \cap B^c = \varnothing$　　　(4) $B \cup A^c = U$ ■

예제 U의 부분집합 A, B에 대하여, 다음은 서로 동치이다.

(1) $A \cup B = U$　　　(2) $B^c \subset A$　　　(3) $A^c \subset B$

증명 (1)$\Rightarrow$(2) $A \cup B = U$의 양변에 B^c와의 교집합을 취하면

$$(A \cup B) \cap B^c = U \cap B^c$$

가 성립한다. 따라서

$$(A \cap B^c) \cup (B \cap B^c) = B^c, \; B \cap B^c = \varnothing$$

이므로

$$A \cap B^c = B^c, \text{ 즉 } B^c \subset A$$

가 성립한다.

(2)$\Rightarrow$(1) $B^c \subset A$의 양변에 B와의 합집합을 취하면

$$U = B^c \cup B \subset A \cup B, \text{ 즉 } U \subset A \cup B$$

이므로, $A \cup B = U$가 성립한다.

(1)$\Rightarrow$(3) 이 증명은 위 증명에서 A와 B를 바꾸면 된다. ■

참고 U의 부분집합 A, B에 대하여, 다음은 서로 동치이다.

(1) $A \cap B = \varnothing$ (2) $A \subset B^c$ (3) $B \subset A^c$

전체집합 U에 대한 두 부분집합 A, B에 대하여 **드모르간 법칙**이라 불리는 다음과 같은 중요한 법칙이 성립한다. 이것은 19세기의 영국 수학자 드모르간(De Morgan)의 이름을 따서 붙인 것이지만, 여집합의 가장 유용한 특성을 가지고 있다.

정리 10 드모르간 법칙

U의 부분집합 A, B에 대하여, 다음이 성립한다.

(1) $(A \cup B)^c = A^c \cap B^c$ (2) $(A \cap B)^c = A^c \cup B^c$

증명 (1)
$$\begin{aligned} x \in (A \cup B)^c &\Leftrightarrow \sim [x \in (A \cup B)] \\ &\Leftrightarrow \sim [(x \in A) \vee (x \subset B)] \\ &\Leftrightarrow \sim (x \in A) \wedge \sim (x \in B) \\ &\Leftrightarrow x \in A^c \wedge x \in B^c \\ &\Leftrightarrow x \in (A^c \cap B^c) \end{aligned}$$

이므로, $(A \cup B)^c = A^c \cap B^c$이다.

(2) (1)로부터 $(A^c \cup B^c)^c = A \cap B$이므로

$$(A \cap B)^c = A^c \cup B^c$$

가 성립한다. ■

예제 $[(A \cup B^c) \cap B]^c = A^c \cup B^c$가 성립한다.

증명
$$\begin{aligned} [(A \cup B^c) \cap B]^c &= (A \cup B^c)^c \cup B^c \\ &= (A^c \cap B) \cup B^c = (A^c \cup B^c) \cap (B \cup B^c) \\ &= (A^c \cup B^c) \cap U = A^c \cup B^c \end{aligned}$$

가 성립한다. ■

예제 $A=\{x \in R \mid 0<x<1\}$, $B=\{x \in R \mid 0<x\}$, $C=\{x \in R \mid x<1\}$이라 하면 $A=B \cap C$이다. 드모르간 법칙을 사용하여 A^c을 구하시오.

풀이 드모르간의 법칙에 의하여 $A^c=B^c \cup C^c$이고

$$B^c=\{x \in R \mid x \leqq 0\},\ C^c=\{x \in R \mid 1 \leqq x\}$$

이므로

$$A^c=\{x \in R \mid x \leqq 0 \vee 1 \leqq x\}$$

이다. ■

정의 11 대칭차(symmetric difference)

두 집합 A, B에 대하여 $A \cup B$에는 속하지만 $A \cap B$에는 속하지 않는 원소들로 구성된 집합을 A와 B의 **대칭차**라 하고, $A \triangle B$로 표기한다. 즉

$$\begin{aligned} A \triangle B &= (A \cup B)-(A \cap B) \\ &= (A \cap B^c) \cup (B \cap A^c) \\ &= (A-B) \cup (B-A) \end{aligned}$$

이다.

예 $A=\{a, b, c, d\}$, $B=\{c, d, e\}$일 때

$$A \triangle B=(A \cup B)-(A \cap B)=\{a, b, e\}$$

이다. ■

예 U의 부분집합 A에 대하여, 다음이 성립한다.

(1) $A \triangle U=A^c$ (2) $A \triangle A^c=U$ ■

참고 연산 $\cup$인 경우는 양쪽에 속해 있어도 상관없는 것에 비해 대칭차집합은 어느 한쪽에만 속해야 한다는 사실이다. 따라서

$$A \triangle B \subset A \cup B$$

가 성립한다.

정리 12

임의의 집합 A, B와 C에 대하여, 다음이 성립한다.

(1) $A \triangle \varnothing = A$ (단위원 존재)

(2) $A \triangle B = B \triangle A$ (교환법칙)

(3) $A \triangle A = \varnothing$ (역원 존재)

(4) $A \triangle (B \triangle C) = (A \triangle B) \triangle C$ (결합법칙)

(5) $A \cap (B \triangle C) = (A \cap B) \triangle (A \cap C)$

증명 여기서는 (4)만을 증명하고, 나머지는 독자에게 남긴다.

$$\begin{aligned} x \notin A \wedge B &\equiv \sim[(x \in A \wedge x \notin B) \vee (x \notin A \wedge x \in B)] \\ &\equiv (x \notin A \vee x \in B) \wedge (x \in A \vee x \notin B) \\ &\equiv (x \in A \wedge x \in B) \vee (x \notin A \wedge x \notin B) \end{aligned}$$

이므로

$$\begin{aligned} & x \in (A \triangle B) \triangle C \\ & \equiv (x \in A \triangle B \wedge x \notin C) \vee (x \notin A \triangle B \wedge x \in C) \\ & \equiv [\{(x \in A \wedge x \notin B) \vee (x \notin A \wedge x \in B)\} \wedge x \notin C] \\ & \quad \vee [\{(x \in A \wedge x \in B) \vee (x \notin A \wedge x \notin B)\} \wedge x \in C] \\ & \equiv (x \in A \wedge x \notin B \wedge x \notin C) \vee (x \notin A \wedge x \in B \wedge x \notin C) \\ & \quad \vee (x \in A \wedge x \in B \wedge x \in C) \vee (x \notin A \wedge x \notin B \wedge x \in C) \\ & \equiv x \in A \wedge (B \wedge C). \end{aligned}$$

따라서

$$A \triangle (B \triangle C) = (A \triangle B) \triangle C$$

가 성립한다. ■

예제 두 집합 A와 B의 대칭차집합 $A \triangle B$에 대하여, 다음이 성립한다.

(1) $(A \triangle B) \cap (A \cap B) = \varnothing$

(2) $(A \triangle B) \cup (A \cap B) = A \cup B$

(3) $A \triangle B = \varnothing$ 일 때, 그때에 한하여 $A = B$

증명 (1)
$$\begin{aligned}(A \triangle B) \cap (A \cap B) &= \{(A \cap B^c) \cup (B \cap A^c)\} \cap (A \cap B) \\ &= \{(A \cap B^c) \cap (A \cap B)\} \cup \{(B \cap A^c) \cap (A \cap B)\} \\ &= \{A \cap B^c \cap A \cap B\} \cup \{B \cap A^c \cap A \cap B\} \\ &= \{A \cap (B \cap B^c)\} \cup \{B \cap (A \cap A^c)\} \\ &= (A \cap \varnothing) \cup (B \cap \varnothing) = \varnothing \cup \varnothing = \varnothing\end{aligned}$$

(2) $A \triangle B = (A \cup B) - (A \cap B) = (A \cup B) \cap (A \cap B)^c$이므로

$$\begin{aligned}&(A \triangle B) \cup (A \cap B) \\ &= \{(A \cup B) \cap (A \cap B)^c\} \cup (A \cap B) \\ &= \{(A \cup B) \cup (A \cap B)\} \cap \{(A \cap B)^c \cup (A \cap B)\} \\ &= (A \cup B) \cap U = A \cup B\end{aligned}$$

(3) $A \triangle B = \varnothing$, 즉 $(A \cap B^c) \cup (B \cap A^c) = \varnothing$ 이라 하면

$$\begin{aligned}A &= (A \cap B^c) \cup (B \cap A^c) \cup A \\ &= (A \cap B^c) \cup (A \cup B) = A \cup B\end{aligned}$$

즉 $A = A \cup B$가 된다. 같은 방법으로 $B = A \cup B$를 얻는다. 따라서 $A = B$가 성립한다. 역은 명백하다. ■

집합에 관한 정리를 증명함에 있어서 쌍대원리가 많이 사용된다. 집합의 대수에서 $\cup$과 $\cap$, U와 $\varnothing$은 서로 쌍대관계를 이룬다.

정리 13

집합에 관한 임의의 참명제에 대한 쌍대명제는 항상 참명제가 된다.

예 $A \cap (A \cup B) = A$의 쌍대는 $A \cup (A \cap B) = A$이다. ■

3. 벤 다이어그램과 선형도

어떤 사실의 내용을 그림으로 나타내면 직관적으로 매우 쉽게 이해되는 경우가 많다. 그림 속에 충분한 정보가 포함되어 있을 때, 그림으로 표시함으로써 증명이 되는 경우도 있다. 집합의 연산과 그 결과를 손쉽게 이해할 수 있도록 시각적으로 보여주는 **벤 다이어그램**(Venn diagram)은 오일러(Euler)와 벤(Venn)에 의하여 고안되었다. '발견적 논증'을 위하여 다이어그램이 이용되며 벤 다이어그램은 직사각형으로 전체집합 U를, U의 부분집합들을 직사각형 안의 원들로 표현한다.

참고 집합 A, B, C의 전형적인 형태의 벤 다이어그램은 그림 3.4와 같이 나타낸다. 이 세 집합은 전체집합 U를 8개의 부분으로 나눈다. 이 벤 다이어그램을 이용하여 간단한 법칙을 밝힐 수 있다.

예를 들면 $A \cap (B \cup C)$는 $\{2,\ 3,\ 7\}$이고, $(A \cap B) \cup (A \cap C)$는 $\{2,\ 7\}$과 $\{3,\ 7\}$의 합집합이다. 따라서

$$A \cap (B \cup C) = (A \cap B) \cup (A \cap C)$$

가 된다. 그러나 수학에서는 증명방법으로 받아들이지 않는다.

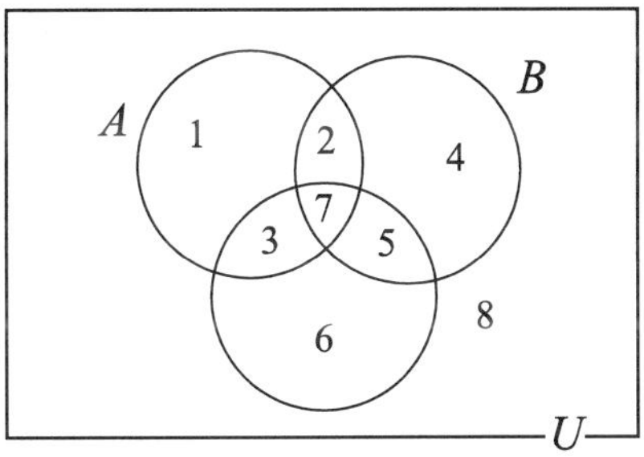

그림 3.4

예 두 집합 A와 B의 대칭차 $A \triangle B$에 대하여, $(A \triangle B) \triangle C$는 벤 다이어그램(그림 3.5)의 빗금 친 부분이다. ■

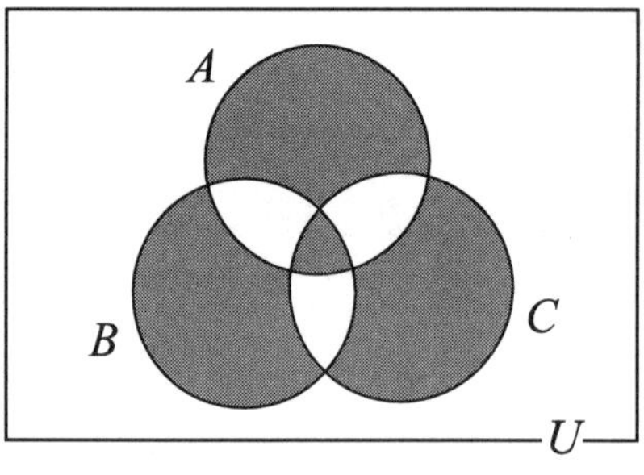

그림 3.5

벤 다이어그램은 유한집합의 원소의 개수를 구하는데 유용하게 사용된다.

예 세 집합 A, B, C에 대하여, $n(A)=10$, $n(B)=7$이고,

$$n(C)=5,\ n(A\cap B)=4,\ n(A\cup C)=4,\ B\cap C=\varnothing$$

일 때, 벤 다이어그램 (그림 3.6)을 이용하여 구하면

$$n(A\cup B\cup C)=15$$

이다 (여기서 $n(A)$라 함은 집합 A의 원소의 개수를 말함). ■

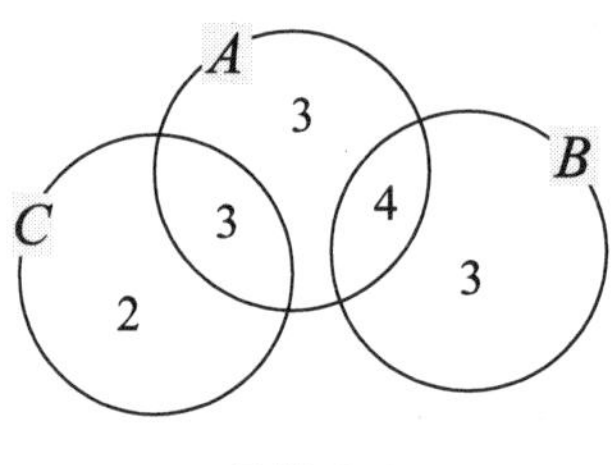

그림 3.6

그러나 도형표시에서 많은 집합을 다루기는 곤란하다. 따라서 부득이 다른 종류의 그림을 고안한 것이 하나의 집합을 하나의 점으로 나타내고 각 집합을 이것을 포함하는 모든 집합과 직선의 화살표로서 연결시키는 것이다. 대개의 경우 화살표의 방향은 밑에서 위로 향하게 하지만 저자에 따라서는 화살표를 생략한다든지, 순서를 역으로 하기도 한다. 이와 같이 만든 그림을 **하세 다이어그램** (Hasse's diagram) 또는 **선형도** (line diagram)라 한다.

3.2 연습문제

01 $A \subset B$ 또는 $A \subset C$ 인 것은 $A \subset (B \cup C)$가 되기 위한 충분조건이지만, 필요조건은 아님을 보이시오.

02 임의의 정수 $a,\ b,\ l,\ m$에 대하여

$$A = \{x \mid x = 2a + 3b\},\quad B = \{y \mid 5l + 7m\}$$

일 때, $A = B$가 성립함을 보이시오.

03 두 집합 $A = \{(x,\ y) \mid x^2 + y^2 \leq 1\}$, $B = \{(x,\ y) \mid x + y \leq k\}$에 대하여, $A \cap B = A$를 만족하는 k의 범위는 $k \geqq \sqrt{2}$ 임을 보이시오.

04 두 집합 $A,\ B$에 대하여 $A \cup B = A \cap B$ 일 때, 그리고 그때만 $A = B$임을 보이시오.

05 모든 집합 A에 대하여, $A \cap B = A \cap C$ 이면 $B = C$ 임을 보이시오.

06 $A,\ B$가 집합 X의 부분집합일 때, 다음이 성립함을 보이시오.

(1) $(A \cup B) \cap (A \cup B^c) = A$

(2) $(A \cup B) \cap (A^c \cup B) \cap (A \cup B^c) = A \cap B$

(3) $(A \cup B) - (A \cap B) = (A - B) \cup (B - A)$

(4) $A \cup (B - A) = A \cup B$

07 X의 부분집합 $A,\ B,\ C$에 대하여, 다음 각 명제를 증명 또는 반증하시오.

(1) $A \subset B$이고 $A \subset C$이면, $A \subset B \cap C$이다.

(2) $A \subset B$이면, $X - B \subset X - A$이다.

(3) $(A \cup B) - B = A$

08 A, B가 집합 X의 부분집합일 때, 다음이 성립함을 보이시오.

(1) $A-B=(A\cup B)-B=A-(A\cap B)$

(2) $A-B=A \Leftrightarrow A\cap B=\varnothing$

(3) $A-B=\varnothing \Leftrightarrow A\subset B$

(4) $A-(B-A)=\varnothing$

09 임의의 세 집합 A, B, C에 대하여, 다음이 성립함을 보이시오.

(1) $(A-B)-C=A-(B\cup C)$

(2) $(A-C)\cap(B-C)=(A\cap B)-C$

10 네 집합 A, B, M, N에 대하여, $A-B=M-N$이면

$$A\cup N=B\cup M$$

이 성립한다고 할 수 있는가?

11 임의의 세 집합 A, B, C에 대하여, 다음이 성립함을 보이시오.

(1) $A\cap(A^c\cup B)=A\cap B$

(2) $A-(B\cap C)=(A-B)\cup(A-C)$

(3) $(A\cap B)-(A\cap C)=A\cap(A\cap C)^c$

12 서로 공통부분을 가지는 임의의 세 집합 A, B에 대하여, 다음이 성립함을 보이시오.

(1) $(A\triangle B)\cap A^c=B\cap A^c$

(2) $B=\{(A\triangle B)\cap A^c\}\cup(A\cap B)$

13 서로 공통부분을 가지는 임의의 네 집합 A_1, A_2, B_1, B_2에 대하여

$$A_1\triangle A_2=B_1\triangle B_2 \text{일 때, } A_1\triangle B_1=A_2\triangle B_2$$

가 성립함을 보이시오.

14 세 개의 집합 A, B와 C를 모두 공집합이 아니라 할 때, 다음 집합을 나타내는 벤 다이어그램을 그리시오.

(1) $A \subset B$, $C \subset B$, $A \cap C = \varnothing$

(2) $A \subset (B \cap C)$, $B \subset C$, $C \neq B$, $A \neq C$

3.3 집합족

참고 집합이 서로 다른 원소들의 모임인 것에 비하여, 반드시 구별되지 않더라도 관계없는 대상의 모임을 일반적으로 **족** (family)이라고 한다.

예 $\{a,\ a,\ a\}$는 세 구성원 $a,\ a,\ a$로 구성된 하나의 족이지만, 집합으로 생각하면 단원집합 $\{a\}$를 의미한다. ■

정의 1 집합족 (family of sets)

집합의 모든 원소들이 모두 집합들로 구성된 집합, 즉 '집합들의 집합'을 **집합족**이라 한다. 집합 Γ의 각 원소 $\gamma \in \Gamma$에 대하여 집합 A_γ가 대응될 때, 모든 A_γ를 모아 놓은 집합족

$$\{A_\gamma \mid \gamma \in \Gamma\}$$

를 Γ에 의해 첨자가 주어진 **첨자집합족** (indexed family of sets)이라 하고, 집합 Γ를 **첨자집합** (index set)이라 한다.

첨자집합이 N일 경우 무한집합족을

$$\mathscr{F} = \{A_1,\ A_2,\ A_3,\ \cdots,\ A_n,\ \cdots\}$$

또는

$$\mathscr{F} = \{A_i \mid i \in N\}$$

로 나타낸다. 집합에서 사용된 기호와 표현법이 집합족에도 그대로 적용된다.

이제 합집합 $\cup$과 교집합 $\cap$의 개념을 임의의 집합족으로 확장한다.

정의 2　합집합

임의의 집합족 $\mathscr{F}$에 속하는 집합의 **합집합**은 $\bigcup_{A\in\mathscr{F}} A$, 간단히 $\cup\mathscr{F}$로 표현되고, 이것은

$$\bigcup_{A\in\mathscr{F}} A = \{x\in U \mid \exists A\in\mathscr{F},\ x\in A\}$$

로 정의된다.

예 $\mathscr{F}=\{A,\ B,\ C\}$이고 $A=\{1,\ 2,\ 3\}$, $B=\{1,\ 3,\ 4\}$, $C=\{1,\ 2,\ 4\}$일 때

$$\cup\mathscr{F}=\{1,\ 2,\ 3,\ 4\}$$

이다. ■

예 $r>0$인 각 실수 $r\in R$에 대하여, $A_r=\{x\in R \mid 0<x<r\}$일 때

$$\bigcup_{r} A_r=\{x\in R \mid x>0\}$$

으로 주어진다. ■

참고 $\bigcup_{A\in\mathscr{F}} A$의 정의로부터, 다음이 성립한다.

(1) $\forall A\in\mathscr{F},\ A\subset \bigcup_{A\in\mathscr{F}} A$

(2) $\forall A\in\mathscr{F},\ A\subset C \Rightarrow \bigcup_{A\in\mathscr{F}} A\subset C$

첨자집합 I에 대한 집합족 $\mathscr{F}$에 대하여

$$\bigcup_{\alpha\in I} A_\alpha=\{x\in U \mid \exists\alpha\in I,\ x\in A_\alpha\}$$

를 사용할 수도 있다. 만일 첨자집합이 $I=\{1,\ 2,\ \cdots,\ n\}$이면, 기호 $\bigcup_{\alpha=1}^{n} A_\alpha$가 사용된다.

예 (1) $\cup \wp(\varnothing) = \cup \{\varnothing\} = \varnothing$

(2) $\cup \wp(\wp(\varnothing)) = \cup \{\varnothing, \{\varnothing\}\} = \varnothing \cup \{\varnothing\} = \{\varnothing\}$

(3) $\cup \wp(\wp(\wp(\varnothing))) = \cup \{\varnothing, \{\varnothing\}, \{\{\varnothing\}\}, \{\varnothing, \{\varnothing\}\}\}$

$= \varnothing \cup \{\varnothing\} \cup \{\{\varnothing\}\} \cup \{\varnothing, \{\varnothing\}\}$

$= \{\varnothing, \{\varnothing\}\}$ ■

예제 다음 집합족

$$\{1\}, \{2, 3\}, \{3, 4, 5\}, \cdots, \{n, n+1, \cdots, 2n-1\}$$

의 합집합을 구하시오.

풀이 이 집합족은 $I = \{1, 2, \cdots, n\}$인 첨자가 주어진 것으로 생각할 수 있다. 여기서 각 $i \in I$에 대하여, $A_i = \{i, i+1, \cdots, 2i-1\}$이다. 이 문제는

$$\bigcup_{i=1}^{n} A_i$$

를 구하는 문제로 환원될 수 있다. 이때

$$\bigcup_{i=1}^{n} A_i = \{1, 2, 3, \cdots, 2n-1\}$$

로 주어진다. ■

정의 3 교집합
임의의 집합족 $\mathscr{F}$에 속하는 집합의 **교집합**은 $\bigcap_{A \in \mathscr{F}} A$, 간단히 $\cap \mathscr{F}$로 표현되고 이것은 $$\bigcap_{A \in \mathscr{F}} A = \{x \in U \mid \forall A \in \mathscr{F}, x \in A\}$$ 로 정의된다.

참고 임의의 집합족 $\mathscr{F}$에 대하여, $\mathscr{F}$에 속하는 임의의 두 집합이 서로소일 때 $\mathscr{F}$를 **짝으로 소**라고 한다.

예 $\mathscr{I} = \{A,\ B,\ C\}$이고 $A = \{1,\ 2,\ 3\}$, $B = \{1,\ 3,\ 4\}$, $C = \{1,\ 2,\ 4\}$일 때

$$\cap \mathscr{I} = \{1\}$$

이다. ■

예 $r > 0$인 각 실수 $r \in R$에 대하여, $A_r = \{x \in R \mid 0 < x < r\}$일 때

$$\bigcap_r A_r = \varnothing$$

으로 주어진다. ■

참고 $\bigcap_{A \in \mathscr{I}} A$의 정의로부터, 다음이 성립한다.

(1) $\forall A \in \mathscr{I},\ \bigcap_{A \in \mathscr{I}} A \subset A$

(2) $\forall A \in \mathscr{I},\ C \subset A \ \Rightarrow\ C \subset \bigcap_{A \in \mathscr{I}} A$

첨자집합 I에 대한 집합족 $\mathscr{I}$에 대하여

$$\bigcap_{\alpha \in I} A_\alpha = \{x \in U \mid \forall \alpha \in I,\ x \in A_\alpha\}$$

를 사용할 수도 있다. 만일 첨수집합이 $I = \{1,\ 2,\ \cdots,\ n\}$이면 합집합의 경우에서와 같이 $\bigcap_{\alpha=1}^{n} A_\alpha$가 사용된다.

예제 열린구간족 $\left\{(0,\ 1),\ \left(0,\ \dfrac{1}{2}\right),\ \left(0,\ \dfrac{1}{3}\right),\ \cdots\right\}$에 대하여

$$\bigcap_{n \in N} \left(0,\ \frac{1}{n}\right) = \varnothing$$

이 성립한다.

증명 실수 $a \in \bigcap_{n \in N} \left(0,\ \dfrac{1}{n}\right)$이 존재한다고 가정하자. 그러면 모든 $n \in N$에 대하여,

$0 < a < \dfrac{1}{n}$이 성립한다. 이것은 고정된 $a > 0$에 대하여, $\dfrac{1}{n} < a$로 되는 충분히 큰 $n \in N$이 존재한다는 사실에 모순된다. 따라서 $\bigcap_{n \in N} \left(0, \dfrac{1}{n}\right) = \varnothing$이 성립한다. ■

참고 실수의 구간 $\left[0, \dfrac{1}{n}\right]$을 A_n, $\left(0, \dfrac{1}{n}\right]$을 B_n, $\left(-\dfrac{1}{n}, n\right)$을 G_n (단, $n \in N$)이라 할 때

$$\bigcup_{n=1}^{\infty} A_n = [0, 1],\quad \bigcup_{n=1}^{\infty} B_n = (0, 1],\quad \bigcup_{n=1}^{\infty} C_n = (-1, \infty)$$

$$\bigcap_{n=1}^{\infty} A_n = \{0\},\quad \bigcap_{n=1}^{\infty} B_n = \varnothing,\quad \bigcap_{n=1}^{\infty} C_n = [0, 1)$$

으로 주어진다.

예제 모든 $\alpha \in I$에 대하여 $X_\alpha \subset Y_\alpha$일 때, 다음이 성립한다.

(1) $\bigcup_{\alpha \in I} X_\alpha \subset \bigcup_{\alpha \in I} Y_\alpha$　　　(2) $\bigcap_{\alpha \in I} X_\alpha \subset \bigcap_{\alpha \in I} Y_\alpha$

증명 (1) $x \in \bigcup_{\alpha \in I} X_\alpha$이면, $x \in X_\alpha$를 만족하는 $\alpha \in I$가 존재한다. 그런데 $\alpha \in I$에 대하여 $X_\alpha \subset Y_\alpha$이므로

$$x \in X_\alpha \subset Y_\alpha \subset \bigcup_{\alpha \in I} Y_\alpha$$

를 만족한다. 따라서 $\bigcup_{\alpha \in I} X_\alpha \subset \bigcup_{\alpha \in I} Y_\alpha$가 성립한다.

(2) $x \in \bigcap_{\alpha \in I} X_\alpha$이면, 모든 $\alpha \in I$에 대하여 $x \in X_\alpha$를 만족한다. 그런데 모든 $\alpha \in I$에 대하여 $X_\alpha \subset Y_\alpha$이므로

$$x \in X_\alpha \subset Y_\alpha \subset \bigcap_{\alpha \in I} Y_\alpha$$

를 만족한다. 따라서 $\bigcap_{\alpha \in I} X_\alpha \subset \bigcap_{\alpha \in I} Y_\alpha$가 성립한다. ■

집합과 관련된 여러 분야에서 전체집합 U를 염두에 두고, 첨자집합이 공집합일 경우에도 $\bigcup_{\alpha \in \varnothing} A_\alpha$와 $\bigcap_{\alpha \in \varnothing} A_\alpha$는 의미를 갖는다.

정리 4

공집합족 $\{A_\alpha \mid \alpha \in \varnothing\}$에 대하여, 다음이 성립한다.

(1) $\bigcup_{\alpha \in \varnothing} A_\alpha = \varnothing$ (2) $\bigcap_{\alpha \in \varnothing} A_\alpha = U$

증명 (2)만을 증명하고, (1)의 증명은 독자에게 남긴다.

$$x \in \bigcap_{\alpha \in \varnothing} A_\alpha \Leftrightarrow (\forall \alpha \in \varnothing,\ x \in A_\alpha)$$
$$\Leftrightarrow (\alpha \in \varnothing \to x \in A_\alpha)$$

이고 마지막 부분이 항진명제이므로, 모든 $x \in U$에 대하여 $x \in \bigcap_{\alpha \in \varnothing} A_\alpha$가 참이다. 따라서 $\bigcap_{\alpha \in \varnothing} A_\alpha = U$가 성립한다. ■

유한집합의 연산에 관한 여러 가지 정리들은 임의의 집합족의 연산에 관한 정리들로 일반화될 수가 있다. 다음은 드모르간의 법칙을 일반화한 것이다.

정리 5 드모르간 법칙의 일반화(the generalized De Morgan's theorem)

임의의 집합족 $\{A_a \mid a \in I\}$에 대하여, 다음이 성립한다.

(1) $\left(\bigcup_{\alpha \in I} A_\alpha\right)^c = \bigcap_{\alpha \in I} {A_\alpha}^c$ (2) $\left(\bigcap_{\alpha \in I} A_\alpha\right)^c = \bigcup_{\alpha \in I} {A_\alpha}^c$

증명 (1)
$$x \in \left(\bigcup_{\alpha \in I} A_\alpha\right)^c \Leftrightarrow \sim\left(x \in \bigcup_{\alpha \in I} A_\alpha\right)$$
$$\Leftrightarrow \sim(\exists \alpha \in I,\ x \in A_\alpha)$$
$$\Leftrightarrow \forall \alpha \in I,\ x \notin A_\alpha$$
$$\Leftrightarrow \forall \alpha \in I,\ x \in {A_\alpha}^c$$
$$\Leftrightarrow x \in \bigcap_{\alpha \in I} {A_\alpha}^c$$

따라서 $\left(\bigcup_{\alpha \in I} A_\alpha\right)^c = \bigcap_{\alpha \in I} {A_\alpha}^c$가 성립한다.

(2) $x \in \left(\bigcap_{\alpha \in I} A_\alpha\right)^c \Leftrightarrow \sim\left(x \in \bigcap_{\alpha \in I} A_\alpha\right)$

$$\Leftrightarrow \sim (\forall \alpha \in I,\ x \in A_\alpha)$$

$$\Leftrightarrow \exists \alpha \in I,\ x \notin A_\alpha$$

$$\Leftrightarrow \exists \alpha \in I,\ x \in A_\alpha{}^c$$

$$\Leftrightarrow x \in \bigcup_{\alpha \in I} A_\alpha{}^c$$

따라서 $\left(\bigcap_{\alpha \in I} A_\alpha\right)^c = \bigcup_{\alpha \in I} A_\alpha{}^c$가 성립한다. ■

예제 집합 A와 임의의 집합족 $\mathscr{F} = \{B_\alpha \mid \alpha \in I\}$에 대하여, 다음이 성립한다.

(1) $A - \left(\bigcup_{\alpha \in I} B_\alpha\right) = \bigcap_{\alpha \in I} (A - B_\alpha)$

(2) $A - \left(\bigcap_{\alpha \in I} B_\alpha\right) = \bigcup_{\alpha \in I} (A - B_\alpha)$

증명 여기서는 (1)만 증명하고, (2)의 증명은 독자에게 남긴다.

$$\begin{aligned} A - \left(\bigcup_{\alpha \in I} B_\alpha\right) &= A \cap \left(\bigcup_{\alpha \in I} B_\alpha\right)^c \\ &= A \cap \left(\bigcap_{\alpha \in I} B_\alpha{}^c\right) = \bigcap_{\alpha \in I} (A \cap B_\alpha{}^c) \\ &= \bigcap_{\alpha \in I} (A - B_\alpha) \end{aligned}$$

가 성립한다. ■

정리 6 분배법칙의 일반화(generalized distributive law)

집합 A와 임의의 집합족 $\mathscr{F} = \{B_\alpha \mid \alpha \in I\}$에 대하여, 다음이 성립한다.

(1) $A \cap \left(\bigcup_{\alpha \in I} B_\alpha\right) = \bigcup_{\alpha \in I} (A \cap B_\alpha)$

(2) $A \cup \left(\bigcap_{\alpha \in I} B_\alpha\right) = \bigcap_{\alpha \in I} (A \cup B_\alpha)$

증명 (1)
$$\begin{aligned} x \in A \cap \left(\bigcup_{\alpha \in I} B_\alpha\right) &\Leftrightarrow x \in A \wedge x \in \bigcup_{\alpha \in I} B_\alpha \\ &\Leftrightarrow x \in A \wedge (\exists \alpha \in I, x \in B_\alpha) \\ &\Leftrightarrow \exists \alpha \in I,\ x \in A \wedge x \in B_\alpha \\ &\Leftrightarrow \exists \alpha \in I,\ x \in A \cap B_\alpha \end{aligned}$$

$$\Leftrightarrow \quad x \in \bigcup_{\alpha \in I} (A \cap B_\alpha)$$

가 된다. 따라서 $A \cap \left(\bigcup_{\alpha \in I} B_\alpha \right) = \bigcup_{\alpha \in I} (A \cap B_\alpha)$이다.

(2) 드모르간 법칙에 의하여

$$\begin{aligned} A \cup \left(\bigcap_{\alpha \in I} B_\alpha \right) &= \left\{ A^c \cap \left(\bigcup_{\alpha \in I} B_\alpha{}^c \right) \right\}^c = \left\{ \bigcup_{\alpha \in I} (A^c \cap B_\alpha{}^c) \right\}^c \\ &= \bigcap_{\alpha \in I} \left\{ (A^c)^c \cup (B_\alpha{}^c)^c \right\} = \bigcap_{\alpha \in I} (A \cup B_\alpha) \end{aligned}$$

가 성립한다. ■

예제 임의의 집합족 $\{A_\lambda \mid \lambda \in \Lambda\}$와 $\{B_\mu \mid \mu \in M\}$에 대하여, 다음이 성립한다.

(1) $\left(\bigcup_{\lambda \in \Lambda} A_\lambda \right) \cap \left(\bigcup_{\mu \in M} B_\mu \right) = \bigcup_{(\lambda, \mu) \in \Lambda \times M} (A_\lambda \cap B_\mu)$

(2) $\left(\bigcap_{\lambda \in \Lambda} A_\lambda \right) \cup \left(\bigcap_{\mu \in M} B_\mu \right) = \bigcap_{(\lambda, \mu) \in \Lambda \times M} (A_\lambda \cup B_\mu)$

증명 여기서는 (1)만 증명하고, 나머지는 독자에게 남긴다.

$$\begin{aligned} x \in \left(\bigcup_{\lambda \in \Lambda} A_\lambda \right) \cap \left(\bigcup_{\mu \in M} B_\mu \right) &\Leftrightarrow x \in \left(\bigcup_{\lambda \in \Lambda} A_\lambda \right) \wedge x \in \left(\bigcup_{\mu \in M} B_\mu \right) \\ &\Leftrightarrow (\exists \lambda \in \Lambda, x \in A_\lambda) \wedge (\exists \mu \in M, x \in B_\mu) \\ &\Leftrightarrow \exists (\lambda, \mu) \in \Lambda \times M, \ x \in A_\lambda \cap B_\mu \\ &\Leftrightarrow x \in \bigcup_{(\lambda, \mu) \in \Lambda \times M} (A_\lambda \cap B_\mu) \end{aligned}$$ ■

참고 공집합이 아닌 집합족 $\mathscr{F}$에 속하는 임의의 집합 A, B에 대하여

$$A \cup B \in \mathscr{F}, \ A \cap B \in \mathscr{F}$$

가 성립할 때 $\mathscr{F}$를 집합환이라 하며, $\mathscr{F}$가 집합환이고 또한 조건

$$A \in \mathscr{F} \ \Rightarrow \ A^c \in \mathscr{F}$$

를 만족할 때 $\mathscr{F}$를 집합체라 한다. 집합환 $\mathscr{F}$에 대하여

$$A_i \in \mathscr{F} \text{(단, } i = 1, 2, \cdots\text{)이면, } \bigcup_{i=1}^{\infty} A_i \in \mathscr{F}$$

일 때 $\mathscr{F}$를 σ-체(σ-field)라 한다.

예 임의 집합족 $\mathscr{F}$에 대하여, $\mathscr{F}$를 포함하는 최소의 σ-체가 존재한다. ■

3.3 연습문제

01 네 집합 A, B, M, N에 대하여

$$A \cup B = M \cup N, \ A \cap N = \varnothing, \ B \cap M = \varnothing$$

이면

$$A = M, \ B = N$$

임을 보이시오.

02 실수 전체의 집합 R에 대하여

$$\forall x \in R, \ A_x = [0, x)$$

일 때, $\bigcap_{x > 1} A_x = [0, 1]$임을 보이시오.

03 $A_n = \{x \mid 1 \leqq x \leqq 1 + 1/n\}$이고 $\Gamma = \{1, 2, 3, \cdots\}$일 때, 다음 집합을 구하시오.

(1) $\bigcup_{i \in \Gamma} A_i$　　　(2) $\bigcap_{i \in \Gamma} A_i$

04 임의의 집합 A와 각 $p \in A$에 대하여, G_p가 $p \in G_p \subset A$를 만족하는 A의 부분집합이면

$$A = \cup \{G_p : p \in A\}$$

가 성립함을 보이시오.

05 모든 $n \in N$에 대하여

$$A_n \neq \varnothing, \ A_{n+1} \subset A_n$$

일 때, 다음 성질이 성립하는지 조사하시오.

(1) $\bigcup_{i \in N} A_i \neq \varnothing$ (2) $\bigcap_{i \in N} A_i \neq \varnothing$

06 집합 A와 임의의 집합족 $\mathscr{F} = \{B_\alpha \mid \alpha \in I\}$에 대하여

$$A - \left(\bigcap_{\alpha \in I} B_\alpha\right) = \bigcup_{\alpha \in I} (A - B_\alpha)$$

가 성립함을 보이시오.

07 임의의 집합족 $\{A_\lambda \mid \lambda \in \Lambda\}$와 $\{B_\mu \mid \mu \in M\}$에 대하여

$$\left(\bigcap_{\lambda \in \Lambda} A_\lambda\right) \cup \left(\bigcap_{\mu \in M} B_\mu\right) = \bigcap_{(\lambda, \mu) \in \Lambda \times M} (A_\lambda \cup B_\mu)$$

가 성립함을 보이시오.

3.4 러셀의 역리와 체르멜로-프렌켈 공리계

19세기 말부터 20세기 초에 걸쳐서 발견된 집합론의 '**역리** (paradox)'는 집합론에 중대한 타격을 초래하였으나, 그것은 수학자들로 하여금 논리를 사용하는 데 있어서 더욱 조심하게 했고, 그로 인해 많은 분야에서 훌륭한 결과들을 가져올 수 있었다.

1. 러셀의 역리

많은 역리 중에서 영국의 수학자이자 철학자인 러셀이 주장한 **러셀의 역리** (러셀의 패러독스; Russell paradox)를 여기에 대표적으로 소개하고자 한다.

칸토어가 1895년에 그의 논문에서 기술한 집합에 관한 정의는 개개의 집합도 집합의 원소로 볼 수 있으므로, 절대적인 뜻에서 모든 집합의 집합 (the set of all sets)도 집합으로 생각될 수가 있다. 사실 이러한 전체집합은 한 시기에 당연한 것으로 받아들여졌다. 그러나 러셀이 모든 집합의 집합을 허용한다면 모순이 야기된다는 사실을 주장함으로써 수학계에 대단한 충격을 주었다. 이보다 앞서 **부랄리-포르티의 역리**를 비롯해 몇 가지 역설이 이미 발표되었으나, 러셀의 역리는 그 내용이 매우 단순하였기 때문에 빠르게 수학의 위기를 인식하기에 이르게 되었다. 러셀의 역리는

$$\{x \mid p(x)\}$$

와 같은 형태인 집합에 있어서, $p(x)$를 무제한하게 받아 들였기 때문에 발생하였다.

참고 집합론에서 러셀의 역리와 같은 난점을 피하려면 '집합'과 '원소'를 무정의 용어로 받아들이고, 몇 개의 공리들로 하여금 무정의 용어가 규제되도록 해야 한다.

이제 두 가지 보조정리로부터 러셀의 역리를 유도한다.

보조정리 1

모든 집합의 집합 U라 존재한다고 가정하고, R을

$$R = \{S \in U \mid S \notin S\}$$

라 하면 $R \notin R$이다.

증명 $R \in R$이라 가정하면 $R \in U$이므로, 집합 R의 정의에 의하여 $R \notin R$이어야 한다. 이것은 모순이다. 따라서 $R \notin R$이다. ■

보조정리 2

모든 집합의 집합 U가 존재한다고 가정하고, R을

$$R = \{S \in U \mid S \notin S\}$$

라 하면, $R \in R$이다.

증명 $R \notin R$이라 가정하면 $R \in U$이므로, 집합 R의 정의에 의하여 $R \in R$이어야 한다. 이것은 모순이다. 따라서 $R \in R$이다. ■

정리 3

모든 집합을 모아놓은 집합은 존재하지 않는다.

증명 모든 집합을 모아놓은 집합이 존재한다면, 보조정리 1과 보조정리 2에 의하여

'$R \notin R$인 동시에 $R \in R$'

이 성립하므로, 모순이 된다. 따라서 모든 집합을 모아놓은 집합은 존재하지 않는다. ■

참고 "모든 집합을 모아놓은 집합은 존재하지 않는다."는 사실을 수학자 할모스(Halmos)는

"아무 것도 모든 것을 포함하지 못한다(nothing contains everything)."

고 서술하고 있다.

칸토어에 의한 집합의 정의는 '모든 집합들의 모임'이라는 집합의 존재성을 부인하지 않았기 때문에 모순을 야기하였다. 그래서 공리론적 집합론이 탄생하게 되었다. 그렇다고 하여 칸토어의 집합에 대한 이론 체계가 무너지는 것은 아니다. 집합론의 개념은 매우 논리적이고 체계적이어서 수학의 가장 기초적인 개념으로 자리를 잡게 되었고, 역사적으로 정립된 많은 수학이론들은 집합의 개념을 사용하여 재정돈되었

다. 실수와 복소수의 이론, 현대해석학, 위상수학을 포함한 현대기하, 추상대수, 확률과 통계 등 현대적 모양을 갖춘 모든 수학 분야는 집합을 기반으로 하여 이론을 전개한다.

참고 집합론을 재구성함으로써 역리를 제거하고자 노력하였던 러셀은 1918년에 화이트헤드와 공동으로 집필한 저서인 《**수학의 원리** (principia mathematica)》에서 "나는 지적 세계의 테두리에 서서 저 너머의 무지를 통찰함으로써 남들보다 좀더 많은 것을 알기 원하며 인류에게 얼마간의 지혜를 상기시키고자 한다."고 적고 있다 (참고문헌 4 참조).

2. 집합론의 체르멜로-프렌켈 공리계

참고 러셀이 1902년 **러셀의 역리**를 만들어 냄으로써, 칸토어가 제안한 집합의 개념에 문제가 있음을 지적하였고, 이런 모순을 제거하기 위하여 **공리론적 집합론** (axiomatic set theory)에 대한 연구가 시작되었다.

집합론의 공리로부터 수학의 모든 체계가 구성되는 것이다. 여기서는 형식적 이론으로의 단계를 설명하기 위한 러셀의 역리에 의해 탄생된 **공리론적 집합론**에 대하여 간단히 서술한다.

집합론이 수학에서 없어서는 안 될 기초로 인정되려던 시점에 역리들이 발견되었다. 그러나 역리의 발견을 구실로 해서 집합론을 배척하고 있었던 수학자들조차도, 모순이 나타나는 원인과 그 본질을 실제로 연구하면서 공리계의 도입이 필요하다는 것을 알게 되었다. **공리계**란 모두가 알고 있다고 가정하는 몇 개의 **무정의 용어** (undefined term)와 기본규칙이 되는 몇 개의 **공리** (axiom)로 이루어진 수학적 체계를 말한다.

많은 수학자와 논리학자는 공리론적 집합론을 다양하게 구성하기에 이르렀지만 그 어느 집합론이건 역리를 피해 가며 칸토어 집합론의 주요 골격만을 유지할 수 있도록 마련되었다. 그럼에도 불구하고 공리론적 집합론을 완전히 만족할 만큼 세운 사람은 아무도 없다.

집합론적 구성 원리를 더욱 엄밀히 공리형으로 기술해서 집합론을 공리계에서 연역되는 체계로 건설한 것이 체르멜로-프렌켈, 폰노이만-괴델 등에 의한 공리론적 집합론이다. 이 책에서는 공리론적 집합론을 기술하는 것이 아니므로, 공리계의 형태만을 간단히 서술한다. 여기서는 두 가지 공리계 중에서 첫째, 즉 **체르멜로-프렌켈 공리계**(이것을 간단히 Z-F 공리계로 표현한다)에 대하여 소개한다. Z-F 공리계는 지금까지 기술된 범위에서 역리가 나타나지 않은 가장 평이한 것이다.

Z-F 공리계에서는 '집합', '속한다', '원소가 같다'라는 세 가지 개념을 무정의 용어로 받아들이고, 몇 개의 공리를 가지고 집합론을 구성한다. 이 책에서 기술하게 될 논법은 모두 이와 같은 범위 내에서 설명될 수 있다. 실제로 Z-F 공리계는 논리적으로 주어졌지만, 이들 공리를 이해하기 쉽게 요약하면 다음과 같다.

(1) 외연에 관한 공리

① **외연성 공리** (axiom of extension): 두 집합의 원소가 모두 같으면 두 집합은 같다. 외연성 공리를 **확장의 공리**라고도 한다. 외연성 공리는 집합이 그것을 구성하는 원소에 의해서만 정해진다는 것을 의미한다. 외연성 공리에 공집합의 공리를 적용하면, 원소를 가지지 않는 집합은 오직 하나만 존재함을 알 수 있다.

(2) 연산에 관한 공리

① **쌍의 공리** (axiom of pairing): A와 B가 집합이면, $\{A, B\}$도 집합이다. 쌍의 공리는 주어진 집합보다 더 큰 집합을 만들 수 있게 해 준다.

② **멱집합의 공리** (axiom of power set): A가 집합이면, 멱집합 $\wp(A)$도 집합이다. 멱집합의 공리는 원소의 개수의 한계를 무한정으로 확대시키는 공리라는 점에서 중요한 의의를 갖는다.

예 멱집합의 공리를 사용하면, 공집합의 멱집합 $\wp(\varnothing)$도 집합이 된다. 또한 $\{\varnothing\}$의 멱집합 $\{\varnothing, \{\varnothing\}\}$도 집합이 된다. ■

③ **합집합의 공리** (axiom of union): $\mathscr{F}$가 집합족이면, $\cup\mathscr{F}$도 집합이다.

④ **분출공리**: 임의의 집합 A와 원소 $x \in A$에 관한 어떤 명제 $p(x)$에 대하여, $p(x)$를 참으로 하는 A의 모든 원소 x를 모아 놓은 집합

$$\{x \in A \mid p(x)\}$$

가 존재한다.

분출공리를 **내포의 공리**라고도 한다. 분출공리는 공리론적 집합론이 러셀의 역리

를 극복하게 하는 점에서 중요한 의의를 갖는다. 러셀의 역리를 극복하는 방법의 하나는 먼저 주어진 집합이 하나 있다고 하고, 주어진 집합의 원소들에 대해서만 주어진 명제함수를 적용하는 것이다. 물론 미리 주어진 집합은 그 존재성이 보장된 것이라야 한다.

예 분출공리를 이용하면

$$A=\{\varnothing,\ \{\varnothing\},\ \{\{\varnothing\}\},\ \{\varnothing,\ \{\varnothing\}\}\}$$

가 집합이므로

$$\{x\in A \mid x\neq\varnothing\}=\{\{\varnothing\},\ \{\{\varnothing\}\},\ \{\varnothing,\ \{\varnothing\}\}\}$$

도 집합이 된다. ■

(3) 존재에 관한 공리

① **공집합의 공리** (axiom of empty set): 원소를 하나도 가지지 않는 집합이 존재한다. 공집합의 공리를 **존재의 공리**라고도 하며, 원소가 하나도 없는 대상을 하나의 집합으로 인정한다는 뜻이다. 즉 공집합의 존재를 보장하는 공리이다. 공집합 $\varnothing$은 집합론에서 그 존재를 주장하는 오직 하나의 집합이며, 다른 집합은 사실상 이것을 기초로 해서 만들어진다.

② **무한의 공리** (axiom of infinity): 무한집합이 존재한다. 무한의 공리는 적어도 하나의 무한집합이 존재한다는 근거를 제시한다. 무한의 공리가 보장하는 가장 작은 기수 (cardinal number)를 가진 자연수의 집합 N으로부터 N의 기수보다 큰 기수를 갖는 무한집합이 존재함을 멱집합의 공리가 보장해 준다. 즉 무한의 공리에 의해 하나의 무한집합이 존재하므로, 이를 사용하여 다른 종류의 무한집합을 구성할 수 있음을 보여준다.

③ **정칙성 공리** (axiom of regularity): 공집합이 아닌 집합 X는 X와 서로소인 원소를 포함한다.

참고 Z-F 공리계에 의하면 러셀의 역리가 일어나지 않게 된다. 이를 보장해 주는 것이 정칙성 공리이다. 이를 보이면 다음과 같다.

A를 임의의 집합이라 하자. 이제 집합 $\{A\}$를 생각하면 정칙성 공리에 의하여

$$\exists B \in \{A\},\ B \cap \{A\} = \varnothing$$

가 되고, 따라서

$$\exists B = A,\ B \cap \{A\} = \varnothing$$

즉 $A \cap \{A\} = \varnothing$ 이다. 그러므로 $A \not\in A$가 된다. 따라서 어떤 집합도 자기 자신을 원소로 가지지 않게 된다.

④ **선택공리**: 공집합이 아닌 집합을 원소로 갖는 임의의 공집합이 아닌 집합에 대하여, 선택함수가 존재한다 (8.1절 참조).

3.4 연습문제

01 수학적 귀납법을 사용하여, 공집합이 아닌 집합들의 유한 집합족은 선택함수를 가짐을 보이시오 (8.1절 참조).

02 합집합의 공리를 이용하여, $B = \{\varnothing,\ \{\varnothing\}\}$일 때

$$\cup B = \{\varnothing\},\ \cup \varnothing = \varnothing$$

임을 보이시오.

03 아킬레스가 토끼를 잡으려고 한다. 토끼를 잡으려면 아킬레스는 우선 토끼가 있던 자리까지 가야만 한다. 그러나 아킬레스가 그 곳에 가는 동안 토끼는 이미 아킬레스를 앞서가게 된다. 이 과정이 계속 반복된다면 아킬레스가 토끼를 잡을 수 있을까?

04 어떤 마을의 이발사가 “나는 자기 스스로 면도를 할 수 없는 사람들만 면도를 해 준다.” 고 했을 때 “이 이발사는 스스로 면도를 할 것인가?” 하는 **이발사의 패러독스** (barber’s paradox)에 대하여 그 문제점을 분석하시오.

05 “내가 지금 하는 말은 거짓말이다.”라는 명제가 ‘참인가?’ 하는 **거짓말쟁이 패러독스** (liar’s paradox)에 대하여 그 문제점을 분석하시오.

제 4 장

관계와 함수

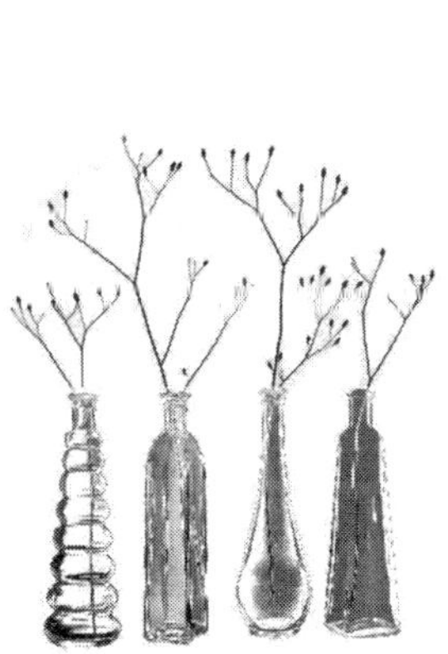

이 장에서는 관계와 함수의 구조와 성질에 대하여 기술한다.

4.1 관계

1. 순서쌍과 카테시안곱

(1) 순서쌍

집합의 개념을 이용하여, a와 b의 **순서쌍**(ordered pair) (a, b)는

$$(a, b)=\{\{a\},\ \{a,\ b\}\}$$

로 정의한다.

예 만일 $a \neq b$라면

$$\{\{a\},\ \{a,\ b\}\} \neq \{\{b\},\ \{b,\ a\}\}$$

이므로, $(a, b) \neq (b, a)$가 된다. ■

예제 $a=c$이고 $b=d$이면, 그리고 그때만 $(a, b)=(c, d)$가 성립한다.

증명 $a=c$이고 $b=d$이면, $\{a\}=\{c\}$이고 $\{a,\ b\}=\{c,\ d\}$이므로

$$\{\{a\},\ \{a,\ b\}\}=\{\{c\},\ \{c,\ d\}\},\ \text{즉}\ (a, b)=(c, d)$$

가 성립한다.

역으로 $\{\{a\},\ \{a,\ b\}\}=\{\{c\},\ \{c,\ d\}\}$라고 가정하자. 먼저 $a=b$이면, $(a, b)=\{\{a\}\}$이다. 그런데 $(a, b)=(c, d)$이므로, $\{\{c\},\ \{c,\ d\}\}=\{\{a\}\}$가 된다. 따라서 $\{c\}=\{c,\ d\}=\{a\}$이므로 $a=b=c=d$가 성립한다. 이제 $a \neq b$이면, (a, b)와 (c, d)는 각각 $\{a\}$와 $\{c\}$를 하나씩 갖는다. 그러므로 $a=c$가 된다. 한편 (a, b)와 (c, d)는 또한 각각 원소가 둘인 집합 $\{a,\ b\}$와 $\{c,\ d\}$를 하나씩 가지므로, $\{a,\ b\}=\{c,\ d\}$가 된다. 따라서 $b \in \{c,\ d\}$, 즉 $b=d$가 성립한다. 왜냐하면 $b=c$이면, $a=c$로부터 $a=b$가 되기 때문이다. ■

(2) 카테시안곱

정의 1 카테시안곱 (Cartesian product)

두 집합 A, B에 대하여 $a \in A$이고 $b \in B$인 모든 순서쌍 (a, b)의 집합을 A와 B의 카테시안곱 (데카르트곱), 곱집합 (product set) 또는 직적 (direct product)이라 하고, $A \times B$로써 나타낸다. 즉

$$A \times B = \{(a, b) \mid a \in A \wedge b \in B\}$$

이고, a를 첫째 좌표 (the first coordinate) b를 둘째 좌표 (the second coordinate)라 한다.

지금 R을 일직선으로 나열된 점으로 나타내면, 해석기하학에서의 카테시안 평면(또는 데카르트 평면), 간단히 좌표평면 위의 모든 점의 집합과 3차원 공간 위의 모든 점의 집합은 각각 R^2와 R^3로 표현되며, n차원 공간 위의 모든 점의 집합은

$$R^n = \{(x_1, x_2, \cdots, x_n) \mid x_i \in R \ (\text{단}, 1 \leqq i \leqq n)\}$$

으로 표시된다.

정리 2

임의의 집합 A, B에 대하여, 다음이 성립한다.

(1) $A \times \varnothing = \varnothing$, $\varnothing \times A = \varnothing$

(2) $A \times B = \varnothing$이기 위한 필요충분조건은 $A = \varnothing \vee B = \varnothing$

증명 (1) $(x, y) \in A \times \varnothing \equiv x \in A \wedge y \in \varnothing \equiv y \in \varnothing \equiv c$ (모순명제)

이므로 $A \times \varnothing = \varnothing$이고, 같은 방법으로 $\varnothing \times A = \varnothing$이다.

(2) 대우법을 이용한다.

$X \neq \varnothing$이고 $Y \neq \varnothing$이면 X에도 Y에도 적어도 하나의 원소 x, y가 각각 존재하므로, $(x, y) \in X \times Y$이 되어

$$X \times Y \neq \varnothing$$

이 성립한다. 역으로 $X\times Y\neq\varnothing$이면, $(x, y)\in X\times Y$인 적어도 하나의 원소가 존재한다. 즉 $x\in X$이고 $y\in Y$이므로

$$X\neq\varnothing \text{이고 } Y\neq\varnothing$$

이 된다. ■

카테시안곱은 집합연산 ∩, ∪ 및 −에 관하여 분배법칙이 성립한다.

정리 3 카테시안곱의 분배성

임의의 세 집합 A, B, C에 대하여, 다음이 성립한다.

(1) $A\times(B\cap C)=(A\times B)\cap(A\times C)$

(2) $A\times(B\cup C)=(A\times B)\cup(A\times C)$

(3) $A\times(B-C)=(A\times B)-(A\times C)$

증명 여기서는 (1), (3)만을 증명하고, (2)의 증명은 독자에게 남긴다.

(1) $(a, x)\in A\times(B\cap C)$

$$\begin{aligned}
&\Leftrightarrow (a\in A)\wedge(x\in B\cap C)\\
&\Leftrightarrow (a\in A)\wedge(x\in B\wedge x\in C)\\
&\Leftrightarrow (a\in A)\wedge(a\in A)\wedge(x\in B)\wedge(x\in C)\\
&\Leftrightarrow [(a\in A)\wedge(x\in B)]\wedge[(a\in A)\wedge(x\in C)]\\
&\Leftrightarrow [(a, x)\in A\times B]\wedge[(a, x)\in A\times C]\\
&\Leftrightarrow (a, x)\in(A\times B)\cap(A\times C)
\end{aligned}$$

이므로, $A\times(B\cap C)=(A\times B)\cap(A\times C)$가 성립한다.

(3) $(a, x)\in A\times(B-C)$

$$\begin{aligned}
&\Leftrightarrow (a\in A)\wedge(x\in B-C)\\
&\Leftrightarrow (a\in A)\wedge(x\in B\wedge x\notin C)\\
&\Leftrightarrow (a\in A)\wedge(a\in A)\wedge(x\in B)\wedge(x\notin C)\\
&\Leftrightarrow [(a\in A)\wedge(x\in B)]\wedge[(a\in A)\wedge(x\notin C)]\\
&\Leftrightarrow [(a, x)\in A\times B]\wedge[(a, x)\notin A\times C]\\
&\Leftrightarrow (a, x)\in(A\times B)-(A\times C)
\end{aligned}$$

이므로, $A\times(B-C)=(A\times B)-(A\times C)$가 성립한다. ■

정리 4

집합 A와 임의의 집합족 $\mathscr{F} = \{B_\alpha \mid \alpha \in I\}$에 대하여, 다음이 성립한다.

(1) $A \times \left(\bigcup_{\alpha \in I} B_\alpha \right) = \bigcup_{\alpha \in I} (A \times B_\alpha)$

(2) $A \times \left(\bigcap_{\alpha \in I} B_\alpha \right) = \bigcap_{\alpha \in I} (A \times B_\alpha)$

증명 여기서는 (1)만을 증명하고, (2)의 증명은 독자에게 남긴다.

$$
\begin{aligned}
(a, b) \in A \times \bigcup_{\alpha \in I} B_\alpha &\Leftrightarrow a \in A \wedge b \in \bigcup_{\alpha \in I} B_\alpha \\
&\Leftrightarrow a \in A \wedge (\exists \alpha \in I,\ b \in B_\alpha) \\
&\Leftrightarrow \exists \alpha \in I,\ (a, b) \in A \times B_\alpha \\
&\Leftrightarrow (a, b) \in \bigcup_{\alpha \in I} (A \times B_\alpha)
\end{aligned}
$$

이므로, $A \times \left(\bigcup_{\alpha \in I} B_\alpha \right) = \bigcup_{\alpha \in I} (A \times B_\alpha)$가 성립한다. ■

예제 A, B, C와 D가 임의의 집합일 때, 다음이 성립한다.

$$(A \times B) \cap (C \times D) = (A \cap C) \times (B \cap D)$$

증명 $A \cap C \subset A$, $B \cap D \subset B$이므로

$$(A \cap C) \times (B \cap D) \subset (A \times B)$$

이고, 같은 방법으로

$$(A \cap C) \times (B \cap D) \subset (C \times D)$$

를 얻는다. 따라서

$$(A \cap C) \times (B \cap D) \subset (A \times B) \cap (C \times D)$$

가 된다. 다음에 $(x, y) \in (A \times B) \cap (C \times D)$라 놓으면

$$(x, y) \in (A \times B) \wedge (x, y) \in (C \times D)$$

이므로

$$x \in A \cap C \ \wedge \ y \in B \cap D$$

가 된다. 따라서

$$(x, y) \in (A \cap C) \times (B \cap D)$$

를 얻는다. 그러므로

$$(A \times B) \cap (C \times D) = (A \cap C) \times (B \cap D)$$

가 성립한다. ■

참고 임의의 집합족 $\{A_\lambda \mid \lambda \in \Lambda\}$와 $\{B_\mu \mid \mu \in M\}$에 대하여

$$\left(\bigcap_{\lambda \in \Lambda} A_\lambda\right) \times \left(\bigcap_{\mu \in M} B_\mu\right) = \bigcap_{(\lambda, \mu) \in \Lambda \times M} (A_\lambda \times B_\mu)$$

가 성립한다.

(3) 집합족의 카테시안곱

두 집합 A, B의 카테시안곱 $A \times B$는 n개의 집합 A_1, A_2, $\cdots$, A_n의 카테시안곱

$$A_1 \times A_2 \times \cdots \times A_n = \{(a_1, a_2, \cdots, a_n) \mid a_i \in A_i,\ i \in \{1, 2, \cdots, n\}\}$$

으로 확장되고, 이를 더욱 확대시켜 임의의 자연수 n에 대해서도 카테시안곱을 정의할 수 있다.

그러나 이 개념을 임의의 집합족 $\{A_i\}_{i \in I}$로 확장시킬 경우에는 카테시안곱을 정의하기 위해 새로운 방법이 필요하다, 왜냐하면 $(a_1, a_2, \cdots, a_n)$이 순서 있는 원소의 나열이지만 일반적으로 이와 같은 순서가 항상 존재한다고 할 수 없기 때문이다. 앞으로 임의의 집합족 $\{A_i\}_{i \in I}$에 대한 카테시안곱을 나타내는 기호로 $\prod_{i \in I} A_i$를 사용한다.

참고 $I = \{1, 2\}$일 경우, $\prod_{i \in I} A_i = A_1 \times A_2$로 해석 (interpretation)할 수 있지만, 실제로는 I의 원소 1, 2에 순서가 없기 때문에 $\prod_{i \in I} A_i = A_2 \times A_1$으로도 해석할 수 있다. 그러나 두 가지 해석에 있어서, $\prod_{i \in I} A_i$의 원소는 모두 순서쌍 (a_i, a_j), 즉

$$a_i \in A_i,\ a_j \in A_j \ (\text{단, } i \neq j),\ i = 1 \text{ 또는 } 2,\ j = 1 \text{ 또는 } 2$$

가 된다. 따라서 $\prod_{i\in I} A_i$의 원소를

$$(a_i)_{i\in I},\ I=\{1,\ 2\}$$

로 정의하면, $a_i \in A_i$, $i=1$ 또는 2로 나타낼 수 있다. 여기서 a_1과 a_2의 순서는 지정되지 않지만 a_1이 A_1의 원소이며, a_2는 A_2의 원소이다.

이제 임의의 집합족 $\{A_i\}_{i\in I}$에 대하여, 카테시안곱 $\prod_{i\in I} A_i$를 정의한다.

정의 5

임의의 집합족 $\{A_i\}_{i\in I}$에 대한 카테시안곱 $\prod_{i\in I} A_i$를

$$\prod_{i\in I} A_i = \{(a_i)_{i\in I} \mid \forall i \in I,\ a_i \in A_i\}$$

로 정의한다.

이 정의에 따르면, $\prod_{i\in I} A_i$의 원소 $(a_i)_{i\in I}$는 I가 $\{1,\ 2,\ \cdots,\ n\}$이면 n항의 수열이며, I가 $\{1,\ 2,\ \cdots,\ n,\ \cdots\}$이면 무한수열이다. 이 경우 $\prod_{i\in I} A_i$의 원소 $(a_i)_{i\in I}$는 함수로 나타낼 수 있다.

이제 I가 임의의 집합일 경우로 확장하여 $(a_i)_{i\in I}$를 함수 f로 나타내면, f의 정의역은 I이며 f의 i에서의 함수값 $f(i)$는 a_i로 이해할 수 있다. 따라서 정의 5는 다음으로 변형된다.

정의 6

임의의 집합족 $\{A_i\}_{i\in I}$에 대한 카테시안곱 $\prod_{i\in I} A_i$를

$$\prod_{i\in I} A_i = \{\text{함수 } f : I \rightarrow \cup A_i \mid \forall i \in I,\ f(i) \in A_i\}$$

로 정의한다.

참고 $\prod_{i \in \{1,\ 2\}} A_i$와 $A_1 \times A_2$는 구별된다. 그러나 $(a_i)_{i \in \{1,\ 2\}}$를 (a_1, a_2)에 대응시키면 $\prod_{i \in \{1,\ 2\}} A_i$와 $A_1 \times A_2$는 서로 구별되지 않음에 유의한다.

정의 6에서 $I = B$, $i \in I$, $A_i = A$이면, $\prod_{i \in I} A_i$를 A^B로 표기한다.

2. 관계

특히 수학에서는 이변수의 관계가 주로 사고의 대상이 된다. 따라서 이 책을 서술함에 있어서 특별한 언급이 없는 한, 이변수의 관계만을 취급하기로 한다.

예 "x, y가 유리수일 때, $x < y$이다."는 이변수의 관계이고, "x, y, z가 실수일 때, $x^2 + y^2 = z$이다."는 삼변수의 관계이다. 이때 정의역은 각각 Q와 R로 주어진다.■

정의 7 관계 (relation)

두 집합 A, B에 대하여, 카테시안곱 $A \times B$의 부분집합을 A로부터 B로의 **관계**라 한다. 이때 $\Re \subset A \times B$가 A로부터 B로의 관계이면 $(a, b) \in \Re$을

$$a \Re b$$

로 표기하고, 기호 $a \Re b$는 "a는 $\Re$에 의하여 b와 관계된다(a is $\Re$-related to b)."고 읽는다.

특히 $A = B = X$일 때, '$\Re$을 X에서의 관계 (relation on A)'라고 한다.

예 $\Re = \{(x, y) \mid x^2 + y^2 \leq 1\}$은 실수의 집합 R에서의 관계이다. ■

$\Re$이 집합 A로부터 집합 B로의 임의의 관계일 때, 집합

$$\text{Dom}(\Re) = \{a \in A \mid \exists b \in B,\ (a, b) \in \Re\}$$

을 $\Re$ 의 **정의역**(domain)이라 하고, 집합

$$\mathrm{Im}(\Re) = \{b \in B \mid \exists a \in A,\ (a, b) \in \Re\}$$

을 $\Re$ 의 **상**(image)이라 한다.

예 실수의 집합 R에 대하여

$$\Re = \{(x, y) \in R \times R \mid x^2 + y^2 \leq 1\}$$

은 R에서의 관계이다. 이때 관계 $\Re$ 의 정의역과 상은 모두 닫힌구간 $[-1, 1]$이 된다. ■

예 실수의 집합 R에 대하여

$$\Re = \{(x, y) \in R \times R \mid y = x^2\}$$

은 R에서의 관계이다. 이때 관계 $\Re$ 의 정의역은 R이고, $\Re$ 의 상은 모든 음이 아닌 실수의 집합이다. ■

정의 8 역관계

관계 $\Re$ 에 대한 **역관계**(inverse relation) $\Re^{-1}$는

$$\Re^{-1} = \{(b, a) \mid (a, b) \in \Re\}$$

로 정의한다. 따라서

$$a\Re b \Leftrightarrow b\Re^{-1}a$$

로 주어진다.

예 $A = \{1, 2, 3, 4\}$에서 정의된 관계 $\Re = \{(x, y) \mid x < y\}$에 대하여

$$\begin{aligned}\Re^{-1} &= \{(y, x) \mid x < y\} \\ &= \{(2, 1), (3, 1), (4, 1), (3, 2), (4, 2), (4, 3)\}\end{aligned}$$

이 된다. ■

예제 $\Re$이 A로부터 B로의 관계일 때, 다음이 성립한다.

(1) $\text{Dom}(\Re^{-1}) = \text{Im}(\Re)$

(2) $\text{Im}(\Re^{-1}) = \text{Dom}(\Re)$

증명 여기서는 (1)만을 증명하고, (2)의 증명은 독자에게 남긴다.

$$\begin{aligned} y \in \text{Im}(\Re) &\Leftrightarrow \exists x \in A,\ (x, y) \in \Re \\ &\Leftrightarrow \exists x \in A,\ (y, x) \in \Re^{-1} \\ &\Leftrightarrow y \in \text{Dom}(\Re^{-1}) \end{aligned}$$

이므로, $y \in \text{Dom}(\Re^{-1}) \Leftrightarrow y \in \text{Im}(\Re)$가 된다. 따라서

$$\text{Dom}(\Re^{-1}) = \text{Im}(\Re)$$

이 성립한다. ■

정의 9 관계의 합성

G와 H가 A에서의 관계일 때, 이 두 관계의 **합성**은

$$G \circ H = \{(x, y) \mid \exists z \in A,\ (x, z) \in H \wedge (z, y) \in G\}$$

로 정의한다.

예 G, H, J가 A에서의 관계일 때

$$(G \circ H) \circ J = G \circ (H \circ J)$$

가 성립한다. ■

4.1 연습문제

01 순서쌍 (a, a)는 $(a, a) = \{\{a\}\}$로 주어짐을 보이시오.

02 두 집합 A와 B가 어떤 조건일 때 $A \times B = B \times A$로 되는가?

03 임의의 집합 A, B에 대하여, 명제를 증명 또는 반증하시오.

(1) $\wp(A) \cup \wp(B) = \wp(A \cup B)$　　(2) $\wp(A) \cap \wp(B) = \wp(A \cap B)$

(3) $\wp(A \times B) = \wp(A) \times \wp(B)$

04 다음 명제를 증명 또는 반증하시오.

(1) $A \times C \neq \varnothing$일 때, $A \subset B$이고 $C \subset D$이면, 그리고 그때만

$$(A \times C) \subset (B \times D)$$

(2) 임의의 네 집합 A, B, C, D에 대하여

$$(A \times C) \cup (B \times D) = (A \cup B) \times (C \cup D)$$

05 세 집합 X, Y, Z에 대하여, $Y \cap Z = \varnothing$일 때

$$(X \times Y) \cap (X \times Z) = \varnothing$$

이 성립함을 보이시오.

06 양의 정수 N에 있어서, 관계 $\Re$이

$$\Re = \{(x, y) \mid x + 2y = 12,\ x,\ y \in N\}$$

으로 주어질 때, 다음 물음에 답하시오.

(1) $\Re$을 순서쌍의 집합으로 표기하시오.

(2) $\Re$의 정의역, $\Re$과 $\Re^{-1}$의 치역을 각각 구하시오.

(3) $\Re \circ R$과 $\Re^{-1} \circ R$을 각각 구하시오.

07 $A = \{1,\ 2,\ 3,\ 4\}$에서 정의된 관계 $\Re = \{(x,\ y) \mid x < y\}$에 대하여, $\mathrm{Dom}\,(\Re)$과 $\mathrm{Im}\,(\Re)$을 구하시오.

08 $\Re$이 A로부터 B로의 관계일 때

$$\mathrm{Im}\,(\Re^{-1}) = \mathrm{Dom}\,(\Re)$$

이 성립함을 보이시오.

09 관계 $\Re \subset X \times Y$에 대하여

$$(\Re^{-1})^{-1} = \Re$$

임을 보이시오.

4.2 함수

함수는 모든 수학 분야에서 기본적인 개념으로, 관계의 특별한 경우로 정의할 수 있다.

1. 함수

공집합이 아닌 두 집합 X, Y에 대하여 정의역이라 불리는 집합 X의 각 원소를 **공역**(codomain)이라 불리는 집합 Y의 원소에 일의적으로 대응시키는 규칙을 함수 또는 사상(mapping)이라 한다. 그러나 이 정의는 불분명하고 애매모호하여 수학자들은 집합론적인 방법으로 함수를 정의한다.

정의 1 함수(function)

임의의 두 집합 X, Y에 대하여, **X로부터 Y로의 함수**(function from X to Y) f는 다음 두 조건

(1) $\text{Dom}(f) = X$

(2) $(x, y) \in f$ 이고 $(x, z) \in f$ 이면, $y = z$ 이다.

를 만족하는 X로부터 Y로의 하나의 관계 (f, X, Y)이다. 이때 X를 함수 f의 정의역, Y를 공역 또는 공변역이라고 한다.

예 실수의 집합 R에 대하여, 관계

$$\Re = \{(x, y) \in R \times R \mid x < y\}$$

는 한수가 아니다. 왜냐하면 $(1, 2) \in \Re$ 이고 $(1, 3) \in \Re$ 이기 때문이다. ■

참고 집합 X, Y의 원소가 각각 m, n개일 때, X로부터 Y로의 함수는 모두 n^m개 존재한다.

예 집합 $A = \{a_1, a_2, a_3\}$로부터 집합 $B = \{b_1, b_2\}$로의 함수는 모두 8개 존재한다. ■

앞으로 함수 (f, X, Y)를 $f : X \to Y$로, $(x, y) \in f$ 대신에 $y = f(x)$로 표기할 것이다. 그러나 함수를 표기할 때, 정의역과 공역이 문맥상 분명히 이해될 수 있는 경우에는 이들의 영역을 생략하여 간단히 f로 표현하기도 한다. $y = f(x)$로 주어진 함수 $f : X \to Y$에 대하여, y를 f에 의한 x의 상 또는 함수값이라 하며, 역으로 x를 f에 의한 y의 **원상** (preimage)이라 한다. 이때 x를 독립변수, y를 종속변수라 한다.

참고 함수 $f : X \to Y$에서 f의 정의역을

$$\text{Dom}(f) = \{x \in X \mid \exists y \in Y, (x, y) \in f\}$$

로 주어지는 X의 부분집합으로 정의하며, f의 **상** (image) 또는 **치역** (range)을

$$\text{Im}(f) = \{y \in Y \mid \exists x \in X, (x, y) \in f\}$$

로 주어지는 Y의 부분집합으로 정의한다. 또한 함수 $f : X \to Y$에 대하여 $G_f = \{(x, f(x)) \mid x \in X\}$를 함수 f의 **그래프** (graph)라고 한다.

예 $f(x) = x - [x]$로 정의된 함수의 그래프는

$$n \leqq x < n+1 \text{일 때, } [x] = n$$

이므로, 그림 4.1로 주어진다. ■

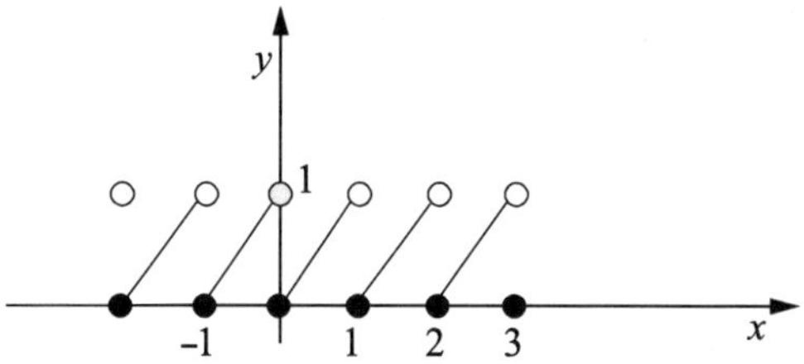

그림 4.1

예제 X와 Y가 두 집합일 때, $P_X : X \times Y \to X$, $P_Y : X \times Y \to Y$를 각각 임의의 $(x, y) \in X \times Y$에 대하여

$$P_X(x, y) = x, \ P_Y(x, y) = y$$

로 정의되는 두 함수(P_X와 P_Y를 각각 X-사영(projection), Y-사영이라 한다.)라 하자. 이때 $\Re \subset X \times Y$이면

$$P_X(\Re) = \mathrm{Dom}(\Re),\ P_Y(\Re) = \mathrm{Im}(\Re)$$

이 성립한다.

증명 $x \in P_X(\Re) \Leftrightarrow$ 적당한 $(x, y) \in \Re$에 대하여, $x = P_X(x, y)$
$\Leftrightarrow x \in \mathrm{Dom}(\Re)$

이므로, $P_X(\Re) = \mathrm{Dom}(\Re)$이 된다. 같은 방법으로

$$P_Y(\Re) = \mathrm{Im}(\Re)$$

이 성립한다. ■

참고 독립변수 x와 종속변수 y 사이의 대응이 $F(x, y) = 0$인 형태일 때 음함수라 하고, $y = f(x)$ 형태를 양함수라 한다. 독립변수의 값이 정해졌을 때 종속변수의 값이 언제나 하나씩 대응되면 이 함수를 **일가함수**(보통 함수라 하면 일가함수를 의미한다.)라 하고, 일가함수가 아닌 함수를 총칭해서 **다가함수**라고 한다. 만약 종속변수의 값이 n개 대응하면 n가함수라 한다.

참고 (1) $X(\neq \varnothing)$의 공집합이 아닌 부분집합 A에 대하여, A에 대응하는 함수 $\chi_A : X \to \{0, 1\}$을

$$\chi_A(x) = \begin{cases} 1, & x \in A \\ 0, & x \notin A \end{cases}$$

로 정의할 때, χ_A를 X에 있어서 집합 A의 **특성함수**(characteristic function)라고 한다.

(2) 공집합이 아닌 X에 대하여, $I_X : X \to X$를

$$\forall x \in X,\ I_X(x) = x$$

로 정의할 때, I_X를 X에서의 **항등함수**(identity function)라고 한다.

(3) 공집합이 아닌 두 집합 X, Y와 고정된 원소 $b \in Y$에 대하여 $C_b : X \to Y$를

$$\forall x \in X,\ C_b(x) = b$$

로 정의할 때, C_b를 **상수함수**(constant function)라고 한다.

참고 이항연산(binary operation)

집합 S에 대하여, $S \times S$의 각 원소 (x, y)에 단 하나의 S의 원소 z를 대응시키는 대응규칙, 즉 $S \times S$로부터 S로의 함수를 S 위의 이항연산 또는 연산이라 하고

$$x \circ y = z$$

로 나타낸다. 집합 S 위에 연산 $\circ$이 정의되어 있을 때, S의 한 부분집합 A에 대하여

$$x,\ y \in A \text{이면, } x \circ y \in A$$

인 경우, A는 연산 $\circ$에 관하여 '**닫혀있다**(closed)'라고 한다.

예 $G = \{p,\ q,\ r,\ s\}$가 표 4.2에서와 같이 이항연산 $*$로 주어졌을 때

$$(q * r) * (r * s) = r$$

이 성립한다. ■

$*$	p	q	r	s
p	p	q	r	s
q	q	p	s	r
r	r	s	p	q
s	s	r	q	p

표 4.2

참고 실수의 수열이란 N으로부터 R으로의 함수, 즉 $f : N \to R$이다. 이때 f를 $(a_n)_{n \in N}$ 또는 간단히 (a_n)으로 표기한다. 미분적분학 교재에서는 보통 수열을 기호 $\{a_n\}$으로 나타내는 경우가 많은데, 이 표현은 집합론의 일반적 표기법에 충실해야 할 입장에서는 바람직하지 못한 표기법이다.

정리 2

$f : X \to Y,\ g : X \to Y$를 함수라 하자. 이 경우 $f = g$이기 위한 필요충분조건은

$$\forall x \in X,\ f(x) = g(x)$$

이다.

증명 $f = g$이고 $x \in X$라면

$$y = f(x) \Leftrightarrow (x, y) \in f \Leftrightarrow (x, y) \in g \Leftrightarrow y = g(x)$$

이므로, $f(x) = g(x)$이다. 역으로 임의의 $x \in X$에 대하여 $f(x) = g(x)$라면

$$(x, y) \in f \Leftrightarrow y = f(x) \Leftrightarrow y = g(x) \Leftrightarrow (x, y) \in g$$

이므로, $f = g$이다. ■

예제 두 함수 $f : X \to Y,\ g : X \to Y$에 대하여

$$f \subset g \text{이면, } f = g$$

가 성립한다.

증명 임의의 $x \in X$에 대하여

$$(x, f(x)) \in f \subset g$$

이므로

$$(x, f(x)) \in g, \text{ 즉 } g(x) = f(x)$$

가 된다. 따라서 정리 2에 의하여, $f = g$가 성립한다. ■

참고 $f : X \to Y$가 함수이고, $\operatorname{Im}(f) \subset W$이면

$$f : X \to W$$

도 함수가 된다.

정리 3 함수의 합

두 함수 $f : A \to C$와 $g : B \to D$가 임의의 $x \in A \cap B$에 대하여 $f(x) = g(x)$로 정의될 때, f와 g의 합(union)은 함수

$$h = f \cup g : A \cup B \to C \cup D$$

로 정의되고, 여기서

$$h(x) = \begin{cases} f(x), & x \in A \\ g(x), & x \in B \end{cases}$$

이다.

증명 두 함수 f와 g는 관계이므로, $f \subset A \times C$와 $g \subset B \times D$이다. $A \times C$와 $B \times D$는 $(A \cup B) \times (C \cup D)$의 부분집합이므로

$$h = f \cup g \subset (A \times C) \cup (B \times D) \subset (A \cup B) \times (C \cup D)$$

가 성립한다. 따라서 h는 $A \cup B$로부터 $C \cup D$로의 하나의 관계이다. 또한

$$\mathrm{Dom}\,(h) = \mathrm{Dom}\,(f \cup g) = \mathrm{Dom}\,(f) \cup \mathrm{Dom}\,(g) = A \cup B$$

이므로 관계 h는 정의 1 (1)을 만족한다. 이제 우리는 각 $x \in A \cup B$인 원소에 대해서 다음 세 가지 경우를 생각할 수 있다. 즉

(1) $x \in A - B$ (2) $x \in B - A$ (3) $x \in A \cap B$

이다. $f : A \to C$와 $g : B \to D$는 정의 1 (2)를 만족하고 임의의 $x \in A \cap B$에 대해서 $f(x) = g(x)$이므로 $h(x)$는 세 가지 경우의 각각에서 유일하게 정의된다. 따라서 관계 h는 정의 1 (2)를 만족하므로, $h : A \cup B \to C \cup D$는 하나의 함수가 된다. ■

2. 집합의 상과 역상

정의 4

함수 $f : X \to Y$에 대하여, $A \subset X$, $B \subset Y$일 때

(1) f에 의한 A의 **상**을 $f(A)$, 즉

$$f(A) = \{f(x) \mid x \in A\}$$

로 표기한다.

(2) f에 의한 **역상**(inverse image) 또는 원상을 $f^{-1}(B)$, 즉

$$f^{-1}(B) = \{x \in X \mid f(x) \in B\}$$

로 표기한다.

예 함수 $f: X \to Y$에 대하여 $A \subset X$, $B \subset Y$일 때, 다음이 성립한다.

(1) $y \in f(A) \Leftrightarrow \exists x \in A,\ y = f(x)$

(2) $x \in f^{-1}(B) \Leftrightarrow f(x) \in B$

(3) $x \in A \Rightarrow f(x) \in f(A)$ ■

참고 함수 $f: X \to Y$에 대하여, $A \subset X$, $B \subset Y$일 때

(1) $A \subset f^{-1}(f(A))$　　　　(2) $f(f^{-1}(B)) \subset B$

가 성립한다(정리 16 참조).

예 실수의 집합 R에 대하여, 함수 $f: R \to R$을 $f(x) = x^2$으로 정의할 때

(1) $A = [0, 1]$이면, $f(A) = [0, 1]$이고

$$f^{-1}(f(A)) = [-1, 1]$$

이므로, $A \neq f^{-1}(f(A))$가 된다.

(2) $B = [-1, 1]$이면, $f^{-1}(B) = [-1, 1]$이고

$$f(f^{-1}(B)) = [0, 1]$$

이므로, $f(f^{-1}(A)) \neq B$가 된다. ■

단원집합 X의 f에 의한 상은 Y에 있어서 단원집합이 되고, X의 공집합 $\varnothing$의 상 $f(\varnothing)$는 Y에 있어서도 공집합으로 된다. 이와 같은 기본성질을 요약하면 다음과 같은 정리를 얻는다.

정리 5

함수 $f: X \to Y$에 대하여, 다음이 성립한다.

(1) $f(\varnothing) = \varnothing$

(2) $\forall x \in X,\ f(\{x\}) = \{f(x)\}$

(3) $A \subset B \subset X$이면, $f(A) \subset f(B)$

(4) $C \subset D \subset Y$이면, $f^{-1}(C) \subset f^{-1}(D)$

증명 (1) $f(\varnothing)=\{f(x) \mid x \in \varnothing\}=\varnothing$

(2) $f(\{x\})=\{f(a) \mid a \in \{x\}\}=\{f(x)\}$

(3) $A \subset B \subset X$이면

$$\begin{aligned} y \in f(A) &\Rightarrow \exists x \in A,\ y=f(x) \\ &\Rightarrow \exists x \in B,\ y=f(x) \\ &\Rightarrow y=f(x) \in f(B) \end{aligned}$$

이므로, $f(A) \subset f(B)$가 된다.

(4) $C \subset D \subset Y$이면

$$\begin{aligned} x \in f^{-1}(C) &\Rightarrow f(x) \in C \\ &\Rightarrow f(x) \in D \\ &\Rightarrow x \in f^{-1}(D) \end{aligned}$$

이므로, $f^{-1}(C) \subset f^{-1}(D)$가 된다. ■

정리 6

$f: X \to Y$가 함수이고 $\{A_\gamma \mid \gamma \in \Gamma\}$가 X의 부분집합족일 때, 다음이 성립한다.

(1) $f\left(\bigcup_{\gamma \in \Gamma} A_\gamma\right)=\bigcup_{\gamma \in \Gamma} f(A_\gamma)$ (2) $f\left(\bigcap_{\gamma \in \Gamma} A_\gamma\right) \subset \bigcap_{\gamma \in \Gamma} f(A_\gamma)$

증명 (1)

$$\begin{aligned} y \in f\left(\bigcup_{\gamma \in \Gamma} A_\gamma\right) &\Leftrightarrow \exists x \in \bigcup_{\gamma \in \Gamma} A_\gamma,\ y=f(x) \\ &\Leftrightarrow (\exists \gamma \in \Gamma, \exists x \in A_\gamma),\ y=f(x) \\ &\Leftrightarrow \exists \gamma \in \Gamma,\ y \in f(A_\gamma) \\ &\Leftrightarrow y \in \bigcup_{\gamma \in \Gamma} f(A_\gamma) \end{aligned}$$

이므로, $f\left(\bigcup_{\gamma \in \Gamma} A_\gamma\right)=\bigcup_{\gamma \in \Gamma} f(A_\gamma)$가 성립한다.

(2) $\forall \gamma \in \Gamma,\ \bigcap_{\gamma \in \Gamma} A_\gamma \subset A_\gamma$이므로 $f\left(\bigcap_{\gamma \in \Gamma} A_\gamma\right) \subset f(A_\gamma)$가 된다. 따라서

$$f\left(\bigcap_{\gamma \in \Gamma} A_i\right) \subset \bigcap_{\gamma \in \Gamma} f(A_\gamma)$$

가 성립한다. ■

예 $X=\{a, b\}$, $Y=\{c\}$, $\Gamma=\{1, 2\}$, $A_1=\{a\}$, $A_2=\{b\}$라 하고, $f: X \to Y$를 $f(a)=f(b)=c$로 정의하면

$$f(A_1 \cap A_2)=f(\varnothing)=\varnothing$$

이고, 한편 $f(A_1) \cap f(A_2)=\{c\}$가 된다. 이것은 일반적으로

$$f\left(\bigcap_{\gamma \in \Gamma} A_\gamma\right)=\bigcap_{\gamma \in \Gamma} f(A_\gamma)$$

가 성립되지 않음을 나타낸다. ■

참고 함수 $f: X \to Y$에 대하여, A, B가 X의 부분집합일 때

$$f(A-B) \neq f(A)-f(B)$$

가 된다. 일반적으로

$$f(A)-f(B) \subset f(A-B)$$

가 성립한다.

예 평면 R^2의 부분집합

$$A=[1, 2]\times[1, 2],\ B=[1, 2]\times[3, 4]$$

에 대하여 x축으로의 사영 $\pi: R^2 \to R$을 생각하자. $\pi(A)=[1, 2]$, $\pi(B)=[1, 2]$이고 $A-B=A$이므로

$$\pi(A-B)=[1, 2] \neq \varnothing=\pi(A)-\pi(B)$$

이고, $\pi(A)-\pi(B) \subset \pi(A-B)$가 성립한다. ■

정리 7

$f: X \to Y$가 함수일 때, Y의 부분집합족 $\{B_\gamma \mid \gamma \in \Gamma\}$에 대하여 다음이 성립한다.

(1) $f^{-1}\left(\bigcup_{\gamma\in\Gamma} B_\gamma\right) = \bigcup_{\gamma\in\Gamma} f^{-1}(B_\gamma)$

(2) $f^{-1}\left(\bigcap_{\gamma\in\Gamma} B_\gamma\right) = \bigcap_{\gamma\in\Gamma} f^{-1}(B_\gamma)$

증명 (1)
$$\begin{aligned} x \in f^{-1}\left(\bigcup_{\gamma\in\Gamma} B_\gamma\right) &\Leftrightarrow f(x) \in \bigcup_{\gamma\in\Gamma} B_\gamma \\ &\Leftrightarrow \exists \gamma \in \Gamma,\ f(x) \in B_\gamma \\ &\Leftrightarrow \exists \gamma \in \Gamma,\ x \in f^{-1}(B_\gamma) \\ &\Leftrightarrow x \in \bigcup_{\gamma\in\Gamma} f^{-1}(B_\gamma) \end{aligned}$$

이므로, $f^{-1}\left(\bigcup_{\gamma\in\Gamma} B_\gamma\right) = \bigcup_{\gamma\in\Gamma} f^{-1}(B_\gamma)$이다.

(2)
$$\begin{aligned} x \in f^{-1}\left(\bigcap_{\gamma\in\Gamma} B_\gamma\right) &\Leftrightarrow f(x) \in \bigcap_{\gamma\in\Gamma} B_\gamma \\ &\Leftrightarrow \forall \gamma \in \Gamma,\ f(x) \in B_\gamma \\ &\Leftrightarrow \forall \gamma \in \Gamma,\ x \in f^{-1}(B_\gamma) \\ &\Leftrightarrow x \in \bigcap_{\gamma\in\Gamma} f^{-1}(B_\gamma) \end{aligned}$$

이므로, $f^{-1}\left(\bigcap_{\gamma\in\Gamma} B_\gamma\right) = \bigcap_{\gamma\in\Gamma} f^{-1}(B_\gamma)$이다. ■

정리 8

함수 $f : X \to Y$에 대하여 $A \subset X$, $B \subset Y$일 때, 다음이 성립한다.

(1) $f(A \cap f^{-1}(B)) = f(A) \cap B$ (2) $f(f^{-1}(B)) = f(X) \cap B$

증명 (1) $y \in f(A \cap f^{-1}(B))$

$\Leftrightarrow$ 적당한 $x \in A \cap f^{-1}(B)$에 대하여, $y = f(x)$

$\Leftrightarrow$ 적당한 $x \in A$와 $x \in f^{-1}(B)$에 대하여, $y = f(x)$

$\Leftrightarrow$ $y \in f(A)$이고 $y \in B$

$\Leftrightarrow$ $y \in f(A) \cap B$

이므로, $f(A \cap f^{-1}(B)) = f(A) \cap B$가 성립한다.

(2) (1)에서 A에 X를 대입하면

$$f(X \cap f^{-1}(B)) = f(X) \cap B$$

가 된다. 그런데 $X \cap f^{-1}(B) = f^{-1}(B)$이므로

$$f(f^{-1}(B)) = f(X) \cap B$$

가 성립한다. ■

정리 9

$f: X \rightarrow Y$가 함수일 때, Y의 부분집합 B, C에 대하여 다음이 성립한다.

$$f^{-1}(B-C) = f^{-1}(B) - f^{-1}(C)$$

증명

$$\begin{aligned} x \in f^{-1}(B-C) &\Leftrightarrow f(x) \in B \quad C \\ &\Leftrightarrow f(x) \in B \wedge f(x) \notin C \\ &\Leftrightarrow x \in f^{-1}(B) \wedge x \notin f^{-1}(C) \\ &\Leftrightarrow x \in [f^{-1}(B) - f^{-1}(C)] \end{aligned}$$

따라서 $f^{-1}(B-C) = f^{-1}(B) - f^{-1}(C)$이다. ■

3. 단사함수, 전사함수, 전단사함수

정의 10 단사함수 (injection)

$f: X \rightarrow Y$에서 $f(x_1) = f(x_2)$를 만족하는 모든 $x_1, x_2 \in X$에 대하여 $x_1 = x_2$일 때, 함수 f를 **단사** (injective) 또는 **일대일** (one-to-one)이라 한다. 단사인 함수를 **단사함수**라고 한다.

예 두 집합 X와 Y에 대하여 Y가 단원집합일 때, X-사영

$$P_X : X \times Y \to X$$

는 단사가 된다. ■

예제 집합 X, Y가 각각 m, n개의 원소를 갖는 유한집합일 때, $m \leqq n$이면 X로부터 Y로의 단사의 총수는 ${}_nP_m$으로 주어진다. 한편 $m > n$이면 단사 $f : X \to Y$는 존재하지 않는다. 여기서

$${}_nP_m = \frac{n!}{(n-m)!}$$

이다.

증명 Y'이 m개의 원소를 갖는 Y의 부분집합일 때, X로부터 Y로의 단사로써 그 치역이 Y'이 되는 것은 $m!$개 존재한다. 따라서 X로부터 Y로의 단사의 총수는

$$m! \cdot {}_nC_m$$

즉 ${}_nP_m$으로 주어진다. 한편 $m > n$이면 단사 $f : X \to Y$는 존재하지 않는다. ■

참고 집합 $Y \neq \varnothing$에 대하여 $X \subset Y$이고 $i = \{(x, x) \mid x \in X\}$로 주어진 함수 $i : X \to Y$는 단사이다. 이때 i를 **포함함수**(**표준적 단사**; inclusion function)라고 한다. 포함함수는 정의역이 부분집합이므로, 항등함수와 구분된다.

정리 11

$f : X \to Y$가 단사일 때, X의 부분집합족 $\{A_\gamma \mid \gamma \in \Gamma\}$에 대하여

$$f\left(\bigcap_{\gamma \in \Gamma} A_\gamma\right) = \bigcap_{\gamma \in \Gamma} f(A_\gamma)$$

가 성립한다.

증명

$$\begin{aligned} y \in \bigcap_{\gamma \in \Gamma} f(A_\gamma) &\Leftrightarrow \forall \gamma \in \Gamma,\ y \in f(A_\gamma) \\ &\Leftrightarrow \forall \gamma \in \Gamma (\exists x_\gamma \in A_\gamma,\ y = f(x_\gamma)) \end{aligned}$$

이다. 그런데 $f : X \to Y$가 단사이므로 이들 모두에 속하는 x_i는 같아서 이것을

x_0라 놓으면

$$\begin{aligned} y \in \bigcap_{\gamma \in \Gamma} f(A_\gamma) &\Leftrightarrow \forall \gamma \in \Gamma\,(\exists x_0 \in A_\gamma,\ y = f(x_0)) \\ &\Leftrightarrow \exists x_0 \in \bigcap_{\gamma \in \Gamma} A_\gamma \ ((y = f(x_0))) \\ &\Leftrightarrow y \in f\left(\bigcap_{\gamma \in \Gamma} A_\gamma\right) \end{aligned}$$

이므로, $f\left(\bigcap_{\gamma \in \Gamma} A_\gamma\right) = \bigcap_{\gamma \in \Gamma} f(A_\gamma)$가 성립한다. ■

참고 함수 $f : X \to Y$가 단사일 때, A, B가 X의 부분집합이면

$$f(A-B) = f(A) - f(B)$$

가 성립한다.

정의 12 전사함수 (surjection)

함수 $f : X \to Y$에서 임의의 $y \in Y$에 대하여 $y = f(x)$를 만족하는 적어도 하나의 $x \in X$가 존재하면 f를 **전사** (surjective) 또는 **위로** (onto)라 한다. 전사인 함수를 **전사함수**라고 한다. 즉 $f : X \to Y$는 $f(X) = Y$일 때, 그때에 한하여 전사이다.

참고 집합 X, Y가 각각 m, n개의 원소를 갖는 유한집합일 때, $m \geq n$이면 X로부터 Y로의 전사함수의 총수는

$$\sum_{k=0}^{n} (-1)^{n-k}\,{}_nC_k\,k^m$$

으로 주어진다. 한편 $m < n$이면 전사함수 $f : X \to Y$는 존재하지 않는다. 여기서

$${}_nC_m = \frac{n!}{m!\,(n-m)!}$$

이다.

예제 각 A_λ가 공집합이 아닌 집합족 $(A_\lambda)_{\lambda \in \Lambda}$에 대하여, 사영함수

$$\pi_{\lambda_0} : \prod \{A_\lambda \mid \lambda \in \Lambda\} \to A_{\lambda_0}$$

는 전사이다.

증명 λ_0를 Λ의 정해진 원소라 하고, b를 A_{λ_0}의 임의의 원소라 하자. 선택공리(제8장 참조)에 의하여 $\prod\{A_\lambda \mid \lambda \in \Lambda - \lambda_0\}$의 원소 $(b_\lambda)_{\lambda \in \Lambda - \lambda_0}$가 존재한다. 여기서

$$a_{\lambda_0} = b,\ \ a_\lambda = b_\lambda (\text{단, } \lambda \in \Lambda - \{\lambda_0\})$$

로써 $\prod\{A_\lambda \mid \lambda \in \Lambda\}$의 원소 $a = (a_\lambda)_{\lambda \in \Lambda}$를 정하면

$$\pi_{\lambda_0}(a) = b$$

가 된다. 따라서 π_{λ_0}는 전사가 된다. ■

정의 13 전단사함수 (bijection)
함수 $f : X \to Y$가 단사인 동시에 전사일 때 f를 **전단사**(bijective)라 하고, 전단사인 함수를 **전단사함수** 또는 **일대일 대응**(one-to-one correspondence)이라고 한다.

예 함수 $g : (-1, 1) \to R$을 $g(x) = \dfrac{x}{1-x^2}$로 정의하면, g는 전단사함수이다. ■

참고 집합 X가 m개의 원소를 갖는 유한집합일 때, X로부터 X 위로의 전단사는 모두 $m!$개 존재한다. 유한집합에서 그 자신 위로의 전단사를 때로는 **순열**(permutation)이라고 한다.

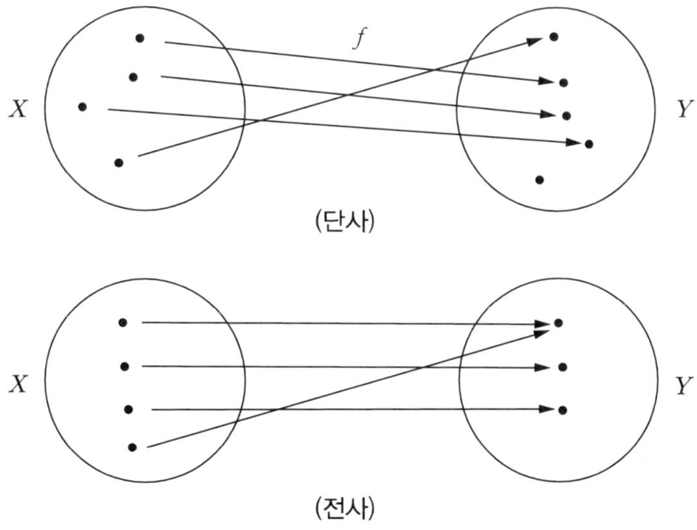

그림 4.3

$f : X \to Y$가 함수이고 $A \subset X$일 때, $x \in A$이면 $f(x) \in f(A)$이지만, 그 역은 성립하지 않는다. 그러나 f가 전단사이면

$$x \in A \iff f(x) \in f(A)$$

이다. 또한 $f : X \to Y$가 전단사이고, $B \subset Y$일 때

$$y \in B \iff f^{-1}(y) \in f^{-1}(B)$$

가 성립한다. 한편 $f : X \to Y$가 하나의 함수이면 $f : X \to f(X)$는 전사가 되고, $f : X \to Y$가 단사이면 $f : X \to f(X)$는 전단사가 된다.

함수 $f : X \to Y$는 X로부터 Y로의 관계이므로, f^{-1}는 Y로부터 X로의 하나의 관계이다.

정리 14

함수 $f : X \to Y$가 전단사이면 역관계

$$f^{-1} : Y \to X$$

도 전단사이다.

증명 $f : X \to Y$가 전단사이므로

$$\mathrm{Dom}\,(f^{-1}) = \mathrm{Im}\,(f) = Y$$

가 성립한다. 또한 $(y, x_1) \in f^{-1}$이고 $(y, x_2) \in f^{-1}$라 하면, $(x_1, y) \in f$이고 $(x_2, y) \in f$이므로

$$f(x_1) = y = f(x_2)$$

이 된다. 그런데 $f : X \to Y$가 단사이므로 $x_1 = x_2$가 성립하여, $f^{-1} : Y \to X$는 하나의 함수이다.

다음에 임의의 $y_1,\ y_2 \in Y$가 $f^{-1}(y_1) = f^{-1}(y_2) = x$를 만족한다고 하면 $f(x) = y_1$이고 $f(x) = y_2$이므로, $y_1 = y_2$로부터 f^{-1}는 단사이다. 마지막으로

$$\mathrm{Im}\,(f^{-1}) = \mathrm{Dom}\,(f) = X$$

이다. 따라서 f^{-1}는 전단사가 된다. ■

정의 15 역함수 (inverse function)
함수 $f : X \to Y$가 전단사일 때, $f^{-1} : Y \to X$를 f의 **역함수**라고 한다.

역함수의 기호와 역상의 기호를 혼동해서는 안 된다. 역상의 기호는 모든 함수에 대해서 사용할 수 있지만, 역함수의 기호는 전단사함수일 경우에만 사용할 수 있다.

참고 함수 $f : X \to Y$가 단사일 때, $g(y) = f(x)$가 되도록 유일한 $x \in X$로 정의되는 함수 $g : f(x) \to X$를 f의 역함수라 하기도 한다.

정리 16
$f : X \to Y$가 임의의 함수일 때 (1) f가 단사일 때, 그때에 한하여

$$\forall A \subset X,\ f^{-1}(f(A)) = A$$

(2) f가 전사일 때, 그때에 한하여

$$\forall B \subset Y,\ f(f^{-1}(B)) = B$$

가 성립한다.

증명 (1) 임의의 $x \in A$에 대하여 $x \in f^{-1}(f(x)) \subset f^{-1}(f(A))$이므로, $A \subset f^{-1}(f(A))$이다. 한편

$$\begin{aligned} x \in f^{-1}(f(A)) &\Rightarrow f(x) \in f(A) \\ &\Rightarrow \exists x' \in A,\ f(x) = f(x') \end{aligned}$$

이다. 그런데 f가 단사이므로 $x = x'$, 즉 $x \in A$가 된다. 따라서

$$f^{-1}(f(A)) \subset A\text{이므로, } f^{-1}(f(A)) = A$$

가 성립한다. 역으로 $f(a) = f(b)$이면

$$\begin{aligned} \{a\} &= f^{-1}(f(\{a\})) = f^{-1}(\{f(a)\}) \\ &= f^{-1}(\{f(b)\}) = f^{-1}(f(\{b\})) \\ &= \{b\} \end{aligned}$$

즉 $\{a\} = \{b\}$이므로, $a = b$가 된다. 따라서 f는 단사함수이다.

(2) $f(f^{-1}(B)) \subset f(X)$이다. 한편 $y \in f(f^{-1}(B))$라면 적당한 $x \in f^{-1}(B)$에 대하여 $y = f(x)$이므로, $f(x) = y \in B$이고 $f(f^{-1}(B)) \subset B$이다. 따라서

$$f(f^{-1}(B)) \subset B \cap f(X)$$

가 성립한다. 그런데

$$\begin{aligned} y \in B \cap f(X) &\Rightarrow \exists x \in X,\ y = f(x) \in B \\ &\Rightarrow x \in f^{-1}(y) \subset f^{-1}(B) \end{aligned}$$

이다. 결국

$$f(x) = y \in f(f^{-1}(B))\text{이고, } B \cap f(X) \subset f(f^{-1}(B))$$

이므로, $B \cap f(X) = f(f^{-1}(B))$를 얻는다. 더욱이 f가 전사라면 $B \subset f(X)$이므로, $f(f^{-1}(B)) = B$이다. 역은 자명하다. 왜냐하면 $Y \subset Y$이므로

$$Y = f(f^{-1}(Y)) = f(X)$$

가 성립하기 때문에, f는 전사가 된다. ■

4. 합성함수

임의의 두 함수 $f : X \to Y$와 $g : Y \to Z$의 합성함수를 정의한다.

정의 17 함수의 합성 (composition)

모든 $x \in X$에 대하여

$$h(x) = g(f(x))$$

로 정의되는 함수 $h : X \to Z$를 두 함수 $f : X \to Y$, $g : Y \to Z$의 **합성**이라 하고, $g \circ f$로 표시한다. 이때 $g \circ f : X \to Z$는

$$\forall x \in X,\ (g \circ f)(x) = g(f(x))$$

로 주어지고, 집합표기법을 사용하면

$$g \circ f = \{(x, z) \in X \times Z \mid \exists y \in Y,\ (x, y) \in f \wedge (y, z) \in g\}$$

로 표시된다.

참고 항등함수는 함수의 합성 연산에 대하여, 항등원의 역할을 한다. 즉 임의의 함수 $f : X \to Y$에 대하여

(1) $f \circ I_X = f$ (2) $I_Y \circ f = f$

가 성립한다. 한편 역함수는 함수의 합성 연산에 대하여, 역원의 역할을 한다. 즉 함수 $f : X \to Y$가 역함수 f^{-1}를 가지면, 다음이 성립한다.

(1) $f^{-1} \circ f = I_X$ (2) $f \circ f^{-1} = I_Y$

두 함수 f, g의 합성 $g \circ f$가 정의되어도, $f \circ g$가 정의된다고 할 수 없다. 또한 $g \circ f$와 $f \circ g$가 정의되어도, 그들은 일반적으로 같지 않다. 즉 함수의 합성에 대하여 교환법칙이 성립하지 않는다.

예제 두 함수 $f : R \rightarrow R$, $g : R \rightarrow R$이 모든 $x \in R$에 대하여 각각

$$f(x) = x + 1,\ \ g(x) = x^2$$

으로 주어질 때, 합성 $(g \circ f)(x)$와 $(f \circ g)(x)$를 구하시오.

풀이

$$\begin{aligned}(g \circ f)(x) &= g(f(x)) = g(x+1) \\ &= (x+1)^2 = x^2 + 2x + 1\end{aligned}$$

이고

$$\begin{aligned}(f \circ g)(x) &= f(g(x)) = f(x^2) \\ &= x^2 + 1\end{aligned}$$

로 주어진다. ■

함수의 합성에 대하여 결합법칙이 성립한다.

예제 $f : X \rightarrow Y$, $g : Y \rightarrow Z$이고 $h : Z \rightarrow W$일 때

$$h \circ (g \circ f) = (h \circ g) \circ f$$

이 성립한다.

증명 $h \circ (g \circ f)$와 $(h \circ g) \circ f$는 모두 X로부터 W로의 함수이다. 이제 모든 $x \in X$에 대하여

$$[h \circ (g \circ f)](x) = (h(g f(x)))$$

이고

$$[(h \circ g) \circ f](x) = (h(g f(x)))$$

이므로

$$[h \circ (g \circ f)](x) - [(h \circ g) \circ f](x)$$

로 주어진다. 따라서

$$h \circ (g \circ f) = (h \circ g) \circ f$$

가 성립한다. ■

참고 함수 $f : X \to Y$가 전사이고, $g : Y \to Z$, $g' : Y \to Z$일 때

$$g \circ f = g' \circ f \text{이면, } g = g'$$

을 만족한다. 또한 두 함수 $f : X \to Y$, $f' : X \to Y$에 대하여, $g : Y \to Z$가 단사일 때

$$g \circ f = g \circ f' \text{이면, } f = f'$$

이 성립한다.

정리 18

함수 $f : X \to Y$에 대하여

(1) $g \circ f = I_X$를 만족하는 함수 $g : Y \to X$가 존재할 때, 그때에 한하여 함수 $f : X \to Y$는 단사이다.

(2) $f \circ h = I_Y$를 만족하는 함수 $h : Y \to X$가 존재할 때, 그때에 한하여 함수 $f : X \to Y$는 전사이다.

증명 (1) $g \circ f = I_X$를 만족하는 함수 $g : Y \to X$가 존재한다고 가정하면, $f(x_1) = f(x_2)$인 임의의 $x_1, x_2 \in X$에 대하여

$$\begin{aligned} x_1 &= I_X(x_1) = (g \circ f)(x_1) = g(f(x_1)) \\ &= g(f(x_2)) = (g \circ f)(x_2) = I_X(x_2) = x_2 \end{aligned}$$

이므로, 함수 $f : X \to Y$는 단사가 된다.

역으로 함수 f가 단사이면 $f : X \to f(X)$는 전단사함수이므로 역함수

$$f^{-1} : f(X) \to X$$

가 존재한다. 이제 $g : Y \to X$를

$$g(y) = \begin{cases} f^{-1}(y), & y \in f(X) \\ x_0 \in X, & y \notin f(X) \end{cases}$$

로 정의하면 g는 함수가 된다. $x \in X$에 대해 $y = f(x)$라 하면

$$(g \circ f)(x) = g(f(x)) = g(y) = f^{-1}(y) = x = I_X(x)$$

이므로, $g \circ f = I_X$가 된다.

(2) $f \circ h = I_Y$를 만족하는 함수 $h : Y \to X$가 존재한다고 가정하면, 각 $y \in Y$에 대하여

$$f(x) = f(h(y)) = (f \circ h)(y) = I_Y(y) = y$$

를 만족하는 $x = h(y) \in X$가 존재하므로, 함수 $f : X \to Y$는 전사이다.

역으로 함수 f가 전사이므로 $y \in Y$에 대하여 원상이 항상 존재한다. $y = f(x)$가 되는 x 중 하나를 x_y라 하고, 함수

$$h : Y \to X,\ h(y) = x_y$$

를 정의한다. 그러면

$$\forall y \in Y,\ (f \circ h)(y) = f(h(y)) = f(x_y) = y = I_Y(y)$$

이므로 $f \circ h = I_Y$가 된다. ■

따름정리

두 집합 X, Y에 대하여, X로부터 Y로의 단사함수가 존재하기 위한 필요충분조건은 Y로부터 X로의 전사함수가 존재하는 것이다.

증명 X로부터 Y로의 단사함수 f가 존재하면, $g \circ f = I_X$를 만족하는 함수 $g : Y \to X$가 존재한다. 이때 함수 g는 전사이다.

역으로 Y로부터 X로의 전사함수 $g : Y \to X$가 존재하면, $g \circ f = I_X$를 만족하는 함수 $f : X \to Y$가 존재한다. 이때 함수 f는 단사이다. ■

참고 함수 $f : X \to Y$에 대하여

(1) $f : X \to Y$가 전사일 때, $f \circ h = I_Y$를 만족하는 함수 $h : Y \to X$를 f의 **우역함수**(right inverse function)

(2) $f : X \to Y$가 단사일 때, $g \circ f = I_X$를 만족하는 함수 $g : Y \to X$를 f의 **좌역함수**(left inverse function)

로 정의하기도 한다. 이들은 일반적으로 함수 $f : X \to Y$에 대하여 일의적으로 정해지지 않는다.

예제 두 함수 $h : X \to Z$, $g : Y \to Z$에 대하여, $h = g \circ f$로 되는 함수 $f : X \to Y$가 존재하기 위한 필요충분조건은

$$\mathrm{Im}(h) \subset \mathrm{Im}(g)$$

가 성립하는 것이다. 따라서 g가 단사이면, $h = g \circ f$로 되는 f가 반드시 존재한다.

증명 $h = g \circ f$로 되는 함수 $f : X \to Y$가 존재하면

$$h(X) = g(f(X)) \subset g(Y), \text{ 즉 } \mathrm{Im}(h) \subset \mathrm{Im}(g)$$

가 성립한다.

역으로 $\mathrm{Im}(h) \subset \mathrm{Im}(g)$가 성립한다고 가정하자. 이때 h, g의 공역을 $\mathrm{Im}(g)$로 바꾼 함수를 각각

$$h' : X \to \mathrm{Im}(g), \quad g' : Y \to \mathrm{Im}(g)$$

라 하고, $\mathrm{Im}(g)$로부터 Z로의 포함함수를 i라 하자. 그러면 $g' : Y \to \mathrm{Im}(g)$가 전사이므로, g'의 우역함수

$$s : \mathrm{Im}(g) \to Y$$

가 존재한다. 여기서 $f = s \circ h'$이라 놓으면 $f : X \to Y$이고

$$\begin{aligned} g \circ f &= (i \circ g') \circ (s \circ h') = i \circ (g' \circ s) \circ h' \\ &= i \circ I_{\mathrm{Im}(g)} \circ h' = i \circ h' = h \end{aligned}$$

가 성립한다. ■

참고 두 함수 $f : X \to Y$, $h : X \to Z$에 대하여, $h = g \circ f$로 되는 함수 $g : Y \to Z$가 존재하기 위한 필요충분조건은 X의 원소 x, x'에 대하여

$$f(x) = f(x') \Rightarrow h(x) = h(x')$$

이 성립하는 것이다. 따라서 f가 단사이면, $h = g \circ f$로 되는 g가 반드시 존재한다.

정리 19 역함수의 유일성(uniqueness of the inverse function)

두 함수 $f : X \to Y$와 $g : Y \to X$에 대하여 $g \circ f = I_X$이고 $f \circ g = I_Y$이면, f는 전단사이고 $g = f^{-1}$이다.

증명 정리 18에 의해 f는 전단사이다. 이제 $g = f^{-1}$임을 보이자.

$$\begin{aligned} x = g(y) &\Rightarrow f(x) = f(g(y)) = (f \circ g)(y) = I_Y(y) = y \\ &\Rightarrow x = f^{-1}(y) \end{aligned}$$

이고, 또한

$$\begin{aligned} x = f^{-1}(y) &\Rightarrow y = f(x) \\ &\Rightarrow g(y) = g(f(x)) = (g \circ f)(x) = I_X(x) = x \\ &\Rightarrow x = g(y) \end{aligned}$$

이 성립한다. 따라서

$$\forall y \in Y,\ f^{-1}(y) = g(y)$$

이므로, $f^{-1} = g$이다. ■

예제 다음 함수의 역함수를 구하시오.

$$y = \ln(x + \sqrt{x^2 + 1})$$

풀이 $y = \ln(x + \sqrt{x^2+1})$에서 $x + \sqrt{x^2+1} = e^y$, 즉

$$\frac{1}{x + \sqrt{x^2+1}} = e^{-y}$$

이고, 분모를 유리화하면 $x - \sqrt{x^2+1} = -e^{-y}$이므로

$$2x = e^y - e^{-y},\ 즉\ x = \frac{1}{2}(e^y - e^{-y})$$

이 성립한다. 따라서 구하는 역함수는

$$y = \frac{1}{2}(e^x - e^{-x})$$

으로 주어진다. ■

정리 20

두 함수 $f: X \to Y$, $g: Y \to Z$에 대하여

(1) f와 g가 단사이면, 합성함수 $g \circ f$도 단사이다.

(2) f와 g가 전사이면, 합성함수 $g \circ f$도 전사이다.

증명 여기서는 (1)만 증명하고, (2)는 독자에게 남긴다.

$x_1, x_2 \in X$에 대하여 $(g \circ f)(x_1) = (g \circ f)(x_2)$를 가정하면

$$g(f(x_1)) = g(f(x_2))$$

이다. 그런데 함수 g가 단사이므로 $f(x_1) = f(x_2)$이고, 또한 함수 f가 단사이므로 $x_1 = x_2$가 된다. 따라서 합성함수 $g \circ f$는 단사이다. ■

따름정리

두 함수 $f: X \to Y$와 $g: Y \to Z$가 전단사일 때

$$g \circ f : X \to Z$$

는 전단사이다.

참고 두 함수 $f: X \to Y$와 $g: Y \to Z$가 전단사일 때

$$(g \circ f)^{-1} = f^{-1} \circ g^{-1}$$

로 주어진다.

정리 21

$f: X \to Y$, $g: Y \to Z$를 두 함수라 하자. 이들 두 함수의 합성함수 $g \circ f: X \to Z$에 대하여, 다음이 성립한다.

(1) $g \circ f$가 단사이면, 함수 f는 단사이다.

(2) $g \circ f$가 전사이면, 함수 g는 전사이다.

증명 (1) $x_1, x_2 \in X$에 대하여 $f(x_1)=f(x_2)$를 가정하면

$$g(f(x_1))=g(f(x_2)),\ 즉\ (g \circ f)(x_1)=(g \circ f)(x_2)$$

이다. 그런데 $g \circ f$가 단사이므로 $x_1 = x_2$가 된다. 따라서 f는 단사이다.

(2) $g \circ f$가 전사이므로

$$\forall z \in Z,\ (g \circ f)(x)=z$$

를 만족하는 $x \in X$가 존재한다. 따라서 $g(f(x))=z$를 만족시키는 $f(x) \in Y$가 존재하므로 g는 전사이다. ■

정의 22 확대함수와 축소함수

함수 $f : X \to Y$와 $A \subset X$에 대하여, A로부터 Y로의 함수, 즉 각 $x \in A$에 대하여

$$g(x)=f(x)$$

로 정의되는 함수 $g : A \to Y$를 'f를 A로의 **축소**(restriction) 또는 제한'이라 하며, 보통 $f|_A$로 표시한다. 역으로 함수 g, 즉 $f|_A$에 대하여 'f를 X로의 **확대**(extension) 또는 연장'이라고 한다.

예 실수의 집합 R에 대하여

$$A=\{x \in R \mid x \geq 0\}$$

일 때

$$f : R \to R을\ f(x)=x^2,\ g : A \to R을\ g(x)=x^2$$

으로 각각 정의하면, $f|_A=g$이고, f와 g는 같은 상을 가진다. 이때 함수 f는 단사가 아니지만 함수 g는 단사가 되고, 역함수 g^{-1}는 $g^{-1}(y)=\sqrt{y}$로 주어진다. ■

참고 함수 $f : B \cup C \to A$에 대하여

$$f = f|_B \cup f|_C$$

가 성립한다.

정리 23

세 집합 A, B, C(단, $B \cap C = \varnothing$)에 대하여, 두 함수 $f_1 : B \to A$, $f_2 : C \to A$가 주어진다. 이때 $f : B \cup C \to A$로 정의된 함수 $f = f_1 \cup f_2$에 대하여, 다음이 성립한다.

(1) $f_1 = f|_B$, $f_2 = f|_C$

(2) $x \in B$이면 $f(x) = f_1(x)$이고, $x \in C$이면 $f(x) = f_2(x)$

함수 $f : X \to Y$의 $A \subset X$에 대한 축소 $f|_A : A \to Y$는 명백히 일의적으로 결정된다. 그러나 $f|_A : A \to Y$의 A를 포함하는 집합 X로의 확대는 일의적이지 않다.

정리 24

집합족 $(A_\lambda)_{\lambda \in \Lambda}$가

$$\lambda_1 \neq \lambda_2 \text{일 때, } A_{\lambda_1} \cap A_{\lambda_2} = \varnothing$$

을 만족할 때, 모든 $\lambda \in \Lambda$에 대하여 $f_\lambda : A_\lambda \to B$가 주어지면, 모든 $\lambda \in \Lambda$에 대한 확대함수

$$f : \bigcup_{\lambda \in \Lambda} A_\lambda \to B$$

는 일의적으로 정해진다.

집합 X로부터 집합 Y로의 함수 전체의 집합을

$$\mathscr{F}(X, Y) \text{ 또는 } Y^X$$

로 정의한다. 이 집합을 보통 X 위의 Y의 **배치집합**이라고 한다.

정리 25

네 집합 X, X', Y, Y'에 대하여, 두 함수

$$u : X' \to X,\ v : Y \to Y'$$

이 주어질 때, $B[X, Y]$의 각 원소 f에 $B[X', Y']$의 원소 $v \circ f \circ u$를 대응시키면 $B[X, Y]$에서 $B[X', Y']$으로의 함수 φ, 즉 $\varphi(f) = v \circ f \circ u$가 얻어진다. 이때 다음이 성립한다.

(1) u가 전사이고 v가 단사이면, φ는 단사이다.

(2) u가 단사이고 v가 전사이면, φ는 전사이다.

증명 (1) u의 우역함수를 $s : X \to X'$, v의 좌역함수를 $r : Y' \to Y$라 하자. 그러면 f, $g \in B[X, Y]$에 대하여

$$\varphi(f) = \varphi(g),\ \text{즉}\ v \circ f \circ u = v \circ g \circ u$$

라 하면

$$\begin{aligned} f &= I_Y \circ f \circ I_X = r \circ v \circ f \circ u \circ s \\ &= r \circ v \circ g \circ u \circ s = I_Y \circ g \circ I_X = g \end{aligned}$$

가 성립한다. 따라서 함수 φ는 단사이다.

(2) u의 좌역함수를 $r : X \to X'$, v의 우역함수를 $s : Y' \to Y$라 하자. 그러면 $f' \in B[X', Y']$에 대하여

$$f = s \circ f' \circ r$$

이라 놓으면, $f \in B[X, Y]$이고

$$\begin{aligned} \varphi(f) &= v \circ f \circ u = v \circ s \circ f' \circ r \circ u \\ &= I_{Y'} \circ f' \circ I_{X'} = f' \end{aligned}$$

이 성립한다. 따라서 함수 φ는 전사이다. ■

4.2 연습문제

01 x의 함수 $y=\dfrac{x^2-2x+4}{x^2+2x+4}$의 치역이

$$\frac{1}{3} \leqq y \leqq 3$$

으로 주어짐을 보이시오.

02 χ_A를 전체집합 X에 있어서 A의 특성함수라 하자. A, B가 X의 부분집합일 때, 모든 $x \in X$에 대하여 $\chi_A(x) \leqq \chi_B(x)$가 성립하는 것과 $A \subset B$는 동치임을 보이시오.

03 χ_A를 전체집합 X에 있어서 A의 특성함수라 하자. A, B가 X의 부분집합일 때, 모든 $x \in X$에 대하여 다음이 성립함을 보이시오.

(1) $\chi_{A \cap B}(x) = \chi_A(x)\chi_B(x)$

(2) $\chi_{A \cup B}(x) = \chi_A(x) + \chi_B(x) - \chi_{A \cap B}(x)$

(3) $\chi_{A - B}(x) = \chi_A(x)(1 - \chi_B(x))$

(4) $\chi_{A \triangle B}(x) = |\chi_A(x) - \chi_B(x)|$ (단, $A \triangle B$는 대칭차)

04 $f \neq g$이고, $f \circ g = g \circ f$를 만족하는 R로부터 R로의 두 함수 f와 g를 구하시오.

05 두 함수 $f : R \to R$과 $g : R \to R$이 각각

$$f(x) = x^2 - 1, \; g(x) = 2x^3 + x - 1$$

로 정의되었을 때, 다음을 구하시오.

(1) $(g \circ f)(x)$　　(2) $(f \circ g)(x)$

06 $f(x)=x+2,\ g(x)=3x+1$일 때

$$(h \circ g \circ f)(x)=f(x)$$

를 만족하는 일차식 $h(x)$는

$$h(x)=\frac{1}{3}(x-1)$$

로 주어짐을 보이시오.

07 $f : X \to Y$이고 $A \subset Y$일 때

$$f^{-1}(A^c)=(f^{-1}(A))^c$$

이 성립함을 보이시오.

08 함수 $f : X \to Y$와 X의 모든 부분집합 A와 B에 대하여

$$f(A \cap B)=f(A) \cap f(B)$$

일 때, 그때에 한하여 함수 f가 단사임을 증명하시오.

09 X-사영 $P_X : X \times Y \to X$와 Y-사영 $P_Y : X \times Y \to Y$는 전사임을 밝히시오.

10 두 집합 $A,\ B$에 대하여, $a \in A,\ b \in B$일 때

$$f(a,\ b)=(b,\ a)$$

로 주어진 함수 $f : A \times B \to B \times A$는 전단사임을 보이시오.

11 세 집합 $A,\ B,\ C$에 대하여, $a \in A,\ b \in B,\ c \in C$일 때

$$f((a,\ b),\ c)=(a,\ (b,\ c))$$

로 주어진 함수 $f : (A \times B) \times C \to A \times (B \times C)$는 전단사임을 보이시오.

12 2보다 큰 실수 전체의 집합 A로부터 A로의 두 함수

$$f(x)=\frac{1}{x-2}+2,\ g(x)=\sqrt{3x-2}$$

에 대하여

$$((g\circ f)^{-1}\circ g)(3)=g(a)$$

를 만족할 때, a의 값은 $\frac{11}{3}$로 주어짐을 보이시오.

13 함수 $f:X\to Y$와 $A\subset X$, $B\subset Y$에 대하여, 다음 명제를 증명 또는 반증하시오.

(1) $f(X-A)=Y-f(A)$　　(2) $f^{-1}(Y-B)=X-f^{-1}(B)$

14 함수 $f:X\to Y$와 Y의 부분집합 B, C에 대하여, $f(X)=Y$일 때

$$f^{-1}(B)=f^{-1}(C)\text{이면, } B=C$$

임을 보이시오. 그러나 $f(X)\neq Y$일 때는 거짓임을 반증하시오.

15 함수 $f:A\to B$와 $C\subset A$에 대하여, 다음이 성립함을 보이시오.

(1) $f[f^{-1}[f(C)]]=f(C)$　　(2) $f\circ f^{-1}\circ f=f$

16 두 함수 $f:X\to Y$, $g:Y\to Z$에 대하여, 다음이 성립함을 보이시오.

(1) $g\circ f$가 전사이고 g가 단사이면, f는 전사이다.

(2) $g\circ f$가 단사이고 f가 전사이면, g는 단사이다.

17 실수의 집합 R에 대하여, $f:R\to R$을 $f(x)=\sin x$로 주어진 함수라 하자. 이때 축소함수 $f|_A$가 단사가 되고, $f|_A$의 상이 f의 상과 같게 되는 집합 $A\subset R$을 구하시오.

4.3 동치관계와 분할

정의 1 동치관계(equivalence relation)

집합 X에서의 관계 $\Re$이 다음 세 조건

(1) **반사적**(reflexive): $\forall x \in X,\ x\Re x$

(2) **대칭적**(symmetric): $x,\ y \in X$일 때, $x\Re y \Rightarrow y\Re x$

(3) **추이적**(transitive): $x,\ y,\ z \in X$일 때

$$x\Re y \wedge y\Re z \Rightarrow x\Re z$$

를 만족할 때, $\Re$을 X에서의 **동치관계**라고 한다. 이때 $x\Re y$인 X의 두 원소 $x,\ y$를 **동치관계 $\Re$에 관하여 동치**라고 한다.

예제 실수의 집합 R에서의 등호(상등관계) '='는 하나의 동치관계이다. '='는 가장 원시적인 동치관계이다.

증명 임의의 실수 $x,\ y,\ z$에 대하여

(1) $\forall x \in R,\ x = x$. 따라서 반사적이다.

(2) $x = y$이면 $y = x$. 따라서 대칭적이다.

(3) $x = y$이고 $y = z$이면, $x = z$. 따라서 추이적이다.

그러므로 등호는 동치관계가 된다. ■

예 정수의 집합 Z와 하나의 정해진 자연수 n을 생각한다. Z의 원소 $a,\ b$는 $a-b$가 n으로 나누어 떨어질 때, n에 관하여 (또는 n을 법으로 해서) **합동**(congruence)이라고 하고

$$a \equiv b \pmod{n}$$

로 정의한다. 이때 '$\equiv$'은 하나의 동치관계가 된다. ■

예 $f : X \to Y$를 하나의 함수라 하자.

$$x,\ y \in X \text{에 대하여, } f(x) = f(y)$$

일 때, 그때에 한하여 $x \Re y$로서 관계 $\Re$을 정의하면, $\Re$은 X에서의 하나의 동치관계가 된다. ■

예 실수의 집합 R에서 $x \leqq y \nRightarrow y \leqq x$, 즉 부등호 '$\leqq$'는 대칭적이 아니므로 동치관계가 아니다. ■

참고 대수학에서 **인자군** (factor group), 위상수학에서 **상공간** (quotient spaces), 수론에서 **모듈수계** (modular number system)는 모두 동치관계이다.

예 $X = \{a,\ b,\ c\}$에서의 관계

$$\Re = \{(a, a),\ (b, b),\ (c, c),\ (a, b),\ (b, a),\ (a, c),\ (c, a)\}$$

는 반사적이고 대칭적이지만, 추이적은 아니다. ■

예제 함수 $f : X \to X$가 반사적 관계이면, f는 항등함수

$$I_X : X \to X$$

이다.

증명 $(x, y) \in f$라고 가정하면, 함수 f가 반사적이므로 $(x, x) \in f$, 즉 모든 $x \in X$에 대하여 $f(x) = x$가 성립한다. 따라서 $f : X \to X$는 항등함수 $I_X : X \to X$와 같다. ■

예제 공집합이 아닌 X에 대하여, **대각관계** (diagonal relation)

$$\varDelta_X = \{(x, x) \mid x \in X\}$$

는 X에서의 하나의 동치관계이다.

증명 임의의 실수 $x,\ y,\ z$에 대하여

(1) $\forall x \in X,\ (x, x) \in \varDelta_X$

(2) $(x, y) \in \varDelta_X \;\Rightarrow\; x = y$

$\Rightarrow\; y = x$

$\Rightarrow\; (y, x) \in \varDelta_X$

(3) $(x, y) \in \varDelta_X \wedge (y, z) \in \varDelta_X$

$\Rightarrow\; x = y \wedge y = z$

$\Rightarrow\; x = z$

$\Rightarrow\; (x, z) \in \varDelta_X$

따라서 대각관계는 동치관계가 된다. ■

공집합이 아닌 집합 X에 대하여 반드시 X에서 적어도 두 가지 동치관계, 즉 최소인 **대각관계**

$$\varDelta_X = \{(x, x) \mid x \in X\}$$

와 최대인 $X \times X$가 존재한다. 경우에 따라서는 대각관계를 **항등관계**(identity relation)라고도 부른다.

예 집합 X에서의 관계 $\Re$에 대하여, $\varDelta_X \subset \Re$일 때, 그리고 그때만 $\Re$은 반사적이다. ■

예제 집합 X에서의 관계 $\Re$에 대하여, $\Re = \Re^{-1}$일 때, 그때에 한하여 $\Re$은 대칭적이다.

증명 먼저 $\Re = \Re^{-1}$이라 하자. 그러면

$$(x, y) \in \Re \;\Leftrightarrow\; (x, y) \in \Re^{-1} \;\Rightarrow\; (y, x) \in \Re$$

이 성립한다. 따라서 $\Re$은 대칭적이다. 역으로 $\Re$을 대칭적이라 하자. 그러면

$$(x, y) \in \Re \;\Leftrightarrow\; (y, x) \in \Re \;\Leftrightarrow\; (x, y) \in \Re^{-1}$$

이 된다. 따라서 $\Re = \Re^{-1}$이 성립한다. ■

예제 집합 A에서 대칭적이고 추이적인 관계 $\Re$이 다음 조건

"임의의 $a \in A$에 대하여, $a\Re x$를 만족하는 $x \in A$가 적어도 하나 존재한다."

을 만족하면, 관계 $\Re$은 동치관계이다.

증명 임의의 $a \in A$에 대하여, $a\Re x$를 만족하는 $x \in A$가 존재하고, 관계 $\Re$이 대칭적이기 때문에 $x\Re a$가 된다. 이때 관계 $\Re$이 추이적이므로 $a\Re x$, $x\Re a$로부터 $a\Re a$, 즉 $\Re$은 반사적이다. 따라서 관계 $\Re$은 동치관계이다. ■

정의 2 분할(partition)

공집합이 아닌 집합 X에 대하여, 다음 두 조건

(1) $A_i,\ A_j \in \mathfrak{I}$이고 $A_i \neq A_j$이면, $A_i \cap A_j = \varnothing$

(2) $\bigcup_{A_i \in \mathfrak{I}} A_i = X$

를 만족하는 X의 공집합이 아닌 부분집합의 족 $\mathfrak{I} = \{A_i\}_{i \in I}$를 X의 **분할**이라 한다.

$\mathfrak{I} = \{A_i\}_{i \in I}$가 X의 하나의 분할일 때, 각 A_i를 이 분할의 **류**(class)라 한다.

예 자연수의 집합 N에서

$$N_0 = \{x \mid x\text{는 홀수}\},\ N_e = \{x \mid x\text{는 짝수}\}$$

라고 하면, $\mathfrak{I} = \{N_0,\ N_e\}$는 N의 하나의 분할이다. 또한 실수의 집합 R에서 $\mathfrak{I} = \{Q,\ Q^c\}$는 R의 하나의 분할이 된다. ■

예 m이 임의의 고정된 자연수이고, 각 정수 j (단, $0 \leqq j < m$)에 대하여

$$Z_j = \{x \in Z \mid \text{적당한 } k \in Z\text{에 대하여, } x - j = km\}$$

일 때, 집합 $\{Z_0,\ Z_1,\ Z_2,\ \cdots,\ Z_{m-1}\}$은 Z의 분할이다. ■

정의 3 동치류와 상집합

$\mathfrak{R}$이 공집합이 아닌 집합 X에서의 동치관계일 때, $x \in X$에 대하여

$$x/\mathfrak{R} = \{y \in X \mid y\mathfrak{R}x\}$$

를 $\mathfrak{R}$을 법으로 하는 x의 **동치류**(equivalence class of x modulo $\mathfrak{R}$)라 한다. X에서 $\mathfrak{R}$을 법으로 하는 동치류의 집합을

$$X/\mathfrak{R} = \{x/\mathfrak{R} \mid x \in X\}$$

로 표시하고, 기호 $X/\mathfrak{R}$을 'X의 $\mathfrak{R}$에 대한 **상집합**(quotient set)'이라 하며 'X mod $\mathfrak{R}$'이라고 읽는다.

참고 $y \in X/\mathfrak{R}$일 때, 그때에 한하여 $y\mathfrak{R}x$이다.

예 집합 A에 대하여

$$\mathfrak{R} = \{(a, b) \in A \times A \mid a = b\}$$

로 주어진 관계 $\mathfrak{R}$은 A에서의 동치관계이다. 이때 각 $a \in A$에 대하여

$$a/\mathfrak{R} = \{a\}$$

가 된다. ■

예 $f : X \to Y$가 함수일 때, X에서의 동치관계

$$\mathfrak{R} = \{(x, y) \mid f(x) = f(y)\}$$

에 대하여, 상집합 $X/\mathfrak{R}$은

$$X/\mathfrak{R} = \{f^{-1}(y) \mid y \in Y\}$$

로 주어진다. ■

각 동치류 A_i에서 임의로 하나의 원소 a_i를 선택한 집합 $\{a_1, a_2, \cdots\}$를 **대표계**

(representative system)라 하며, 이때 각 a_i를 동치류 A_i의 **대표원**(representative)이라 한다. 대표원의 선택 방법은 동치류의 어느 것이라도 좋으나, 될 수 있는 한 편리하도록 택한다.

정리 4　동치류의 성질
$\Re$이 공집합이 아닌 집합 X에서의 동치관계일 때, 다음이 성립한다. (1) 각 동치류 $x/\Re$은 X의 공집합이 아닌 부분집합이다. (2) $x\Re y$일 때, 그때에 한하여 $x/\Re \cap y/\Re \neq \varnothing$. (3) $x\Re y$일 때, 그때에 한하여 $x/\Re = y/\Re$이다.

증명 (1) $\Re$은 반사적이므로, 각 $x \in X$에 대하여 $x\Re x$이다. 따라서 $x \in x/\Re$이므로, $x/\Re$은 X의 공집합이 아닌 부분집합이다.

(2) $\Re$은 동치관계이고 $X \neq \varnothing$이므로

$$\begin{aligned} x/\Re \cap y/\Re \neq \varnothing &\Leftrightarrow \exists z\,(z \in x/\Re \wedge z \in y/\Re) \\ &\Leftrightarrow z\Re x \wedge z\Re y \\ &\Leftrightarrow x\Re z \wedge z\Re y \\ &\Leftrightarrow x\Re y \end{aligned}$$

(3) (1)과 (2)로부터 $x/\Re = y/\Re \Rightarrow x\Re y$가 성립한다. 이제 $x\Re y$라 하면

$$z \in x/\Re \Rightarrow z\Re x\text{이고, } z\Re x \wedge x\Re y \Rightarrow z\Re y \Rightarrow z \in y/\Re$$

이므로 $x/\Re \subset y/\Re$이다. 같은 방법으로 $y/\Re \subset x/\Re$을 얻는다. 따라서 $x\Re y$이면, $x/\Re = y/\Re$이다. ■

위 정리의 직접적인 결과로써 집합 X(단, $X \neq \varnothing$)에서의 모든 동치관계는 단 하나의 X의 분할에 대응됨을 보인다.

정리 5
X가 공집합이 아닌 집합이고 $\Re$가 X에서의 동치관계라 하면, 상집합 $X/\Re$은 X의 분할이다. 이때 $X/\Re$을 동치관계 $\Re$에 의해 만들어진 분할이라고 한다.

증명 $X/\Re = \{x/\Re \mid x \in X\}$는 X의 공집합이 아닌 부분집합족이다. 대우법에 의하여

$$x/\Re \neq y/\Re \;\Rightarrow\; x/\Re \cap y/\Re = \varnothing$$

이 성립한다. 또한 각 $x \in X$는 $x/\Re$에 속하므로 $X \subset \bigcup_{x \in X} x/\Re$이고, 한편 $\bigcup_{x \in X} x/\Re \subset X$는 분명하므로

$$\bigcup_{x \in X} x/\Re = X$$

가 된다. 따라서 상집합 $X/\Re$은 X의 분할이다. ■

예 $f : X \to Y$가 함수일 때, X에서의 동치관계

$$\Re = \{(x, y) \mid f(x) = f(y)\}$$

에 대하여, 상집합

$$X/\Re = \{f^{-1}(y) \mid y \in Y\}$$

는 X의 하나의 분할이다. ■

정의 6

$\mathfrak{I}$가 공집합이 아닌 집합 X의 분할일 때, X에서의 관계 $X/\mathfrak{I}$를

$$x(X/\mathfrak{I})y \;\Leftrightarrow\; \exists A \in \mathfrak{I},\; x \in A \wedge y \in A$$

로 정의한다.

이제 정의 6을 이용하여 X의 분할은 X에서의 하나의 동치관계를 형성함을 밝힌다.

정리 7

$\mathfrak{I}$가 공집합이 아닌 집합 X에서의 분할일 때, $X/\mathfrak{I}$는 X에서의 임의의 동치관계가 되고, 동치관계 $X/\mathfrak{I}$에 의해서 유도된 동치류는 $\mathfrak{I}$에 속하는 집합이다. 이때 기호로 표시하면

$$X/(X/\mathfrak{I}) = \mathfrak{I}$$

가 된다.

증명 X의 모든 원소 x는 적당한 $A \in \mathfrak{I}$에 속하므로 $x(X/\mathfrak{I})x$이고, 따라서 $X/\mathfrak{I}$는 반사적이다. 또한 정의로부터 $X/\mathfrak{I}$는 대칭적이다. 한편 x, y와 z를 $x(X/\mathfrak{I})y$와 $y(X/\mathfrak{I})z$를 만족하는 X의 임의의 원소라 하면, 정의로부터 $x, y \in A$이고 $y, z \in B$인 $\mathfrak{I}$에 속하는 집합 A와 B가 존재하므로 $y \in A \cap B \neq \varnothing$이다. 결국 $A = B$로부터 $x, z \in A$이고 $x(X/\mathfrak{I})z$이 성립하므로 관계 $X/\mathfrak{I}$는 추이적이다. 따라서 $X/\mathfrak{I}$는 X에서의 하나의 동치관계가 된다.

이제 x를 X의 임의의 원소라 하면 $x \in A$인 집합 $A \in \mathfrak{I}$가 유일하게 존재하여 $x/(X/\mathfrak{I}) = A$이므로, $X/(X/\mathfrak{I})$는 집합족 $\mathfrak{I}$에 속하는 집합이다. 역으로 A를 분할 $\mathfrak{I}$에 속하는 임의의 집합이라고 하면 $A \neq \varnothing$이므로, A에 속하는 X의 원소 x가 존재한다. 따라서 $x/(X/\mathfrak{I}) = A$이므로 $\mathfrak{I} \subset X/(X/\mathfrak{I})$이다. 그러므로

$$X/(X/\mathfrak{I}) = \mathfrak{I}$$

가 성립한다. ■

예제 $\mathfrak{I}$가 공집합이 아닌 집합 X의 분할일 때, 동치관계 $X/\mathfrak{I}$에 대하여

$$X/\mathfrak{I} = \bigcup_{A \in \mathfrak{I}} A \times A$$

가 성립한다.

증명

$$\begin{aligned} (x, y) \in X/\mathfrak{I} &\Leftrightarrow \text{적당한 } A \in \mathfrak{I}\text{에 대하여, } x \in A\text{이고 } y \in A \\ &\Leftrightarrow \text{적당한 } A \in \mathfrak{I}\text{에 대하여, } (x, y) \in A \times A \\ &\Leftrightarrow (x, y) \in \bigcup_{A \in \mathfrak{I}} A \times A \end{aligned}$$

이므로, $X/\mathfrak{I} = \bigcup_{A \in \mathfrak{I}} A \times A$가 성립한다. ■

공집합이 아닌 집합 X에서의 임의의 동치관계 $\mathfrak{R}$은 하나의 분할을 형성하고, 이와 같은 분할은 동치관계 $X/(X/\mathfrak{R})$을 결정하며

$$X/(X/\mathfrak{R}) = \mathfrak{R}$$

이 된다. 이때 $\mathfrak{R}$을 $X/\mathfrak{R}$에 대응되는 동치관계라 한다. $X/(X/\mathfrak{I}) = \mathfrak{I}$와 더불어 이것은 동치관계와 분할 사이의 밀접한 관계를 확립한다.

예제 공집합이 아닌 집합 X에서의 동치관계 $\mathfrak{R}$에 대하여

$$X/(X/\mathfrak{R}) = \mathfrak{R}$$

이 성립한다.

증명

$$\begin{aligned} &(x, y) \in X/(X/\mathfrak{R}) \\ &\Leftrightarrow \text{ 적당한 } A \in X/\mathfrak{R} \text{에 대하여, } (x, y) \in A \times A \\ &\Leftrightarrow \text{ 적당한 } a \in X \text{에 대하여, } (x, y) \in (a/\mathfrak{R}) \times (a/\mathfrak{R}) \\ &\Leftrightarrow (x, y) \in \mathfrak{R} \end{aligned}$$

이 된다. 따라서 $X/(X/\mathfrak{R}) = \mathfrak{R}$이 성립한다. ■

예 $A = \{a, b, c, d, e\}$일 때, $A_1 = \{a, b\}$, $A_2 = \{c, d\}$, $A_3 = \{e\}$라 하고

$$G = \{(a, a), (b, b), (c, c), (d, d), (e, e), (a, b), (b, a), (c, d), (d, c)\}$$

라 하면, G는 A에서의 동치관계이고 $\{A_1, A_2, A_3\}$는 G에 대응되는 분할이다. 또한 G는 $\{A_1, A_2, A_3\}$에 대응되는 동치관계이며, 이 경우

$$A_1 = a/G = b/G, \ A_2 = c/G = d/G, \ A_3 = e/G$$

임을 알 수 있고, A/G는

$$\{a/G, c/G, e/G\}$$

로 이루어지는 집합이 된다. ■

4.3 연습문제

01 다음 그림을 보고 물음에 답하시오.

(1) 이 관계는 반사적인가?　　　(2) 이 관계는 대칭적인가?

(3) 이 관계는 추이적인가?

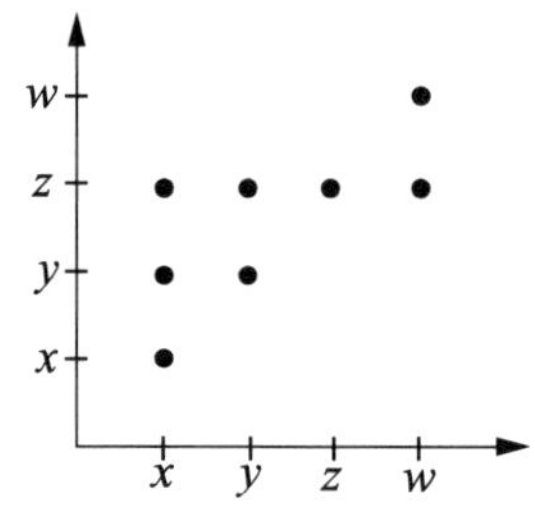

그림 4.4

02 반사적이고 추이적이지만, 대칭적이 아닌 관계의 예 하나를 들어 보시오.

03 집합 X에서의 관계 $\mathfrak{R}$에 대하여, $\Delta_X \subset \mathfrak{R}$일 때, 그때에 한하여 $\mathfrak{R}$은 반사적임을 보이시오.

04 집합 A에서의 관계 $\mathfrak{R}$과 $\mathfrak{R}'$에 대하여, $\mathfrak{R}$이 반사적이면 임의의 관계 $\mathfrak{R}'$에 대하여 $\mathfrak{R} \cup \mathfrak{R}'$이 반사적임을 보이시오.

05 $\mathfrak{R}$이 X에서의 관계일 때, 다음을 증명하시오.

(1) $\mathfrak{R}$이 반사적이면, $R \subset \mathfrak{R} \circ R$이고 $\mathfrak{R} \circ R$은 반사적이다.

(2) $\mathfrak{R}$이 대칭적이면, $\mathfrak{R} \circ \mathfrak{R}^{-1} = \mathfrak{R}^{-1} \circ \mathfrak{R}$이다.

06 $\mathfrak{R}$이 X에서의 관계일 때, 다음을 증명하시오.

(1) $\mathfrak{R} \circ R \subset R$일 때, 그때에 한하여 $\mathfrak{R}$은 추이적이다.

(2) $\mathfrak{R}$이 추이적이면, $\mathfrak{R} \circ R$은 추이적이다.

07 $\Re$과 $\Re'$이 집합 A에서의 관계일 때, 다음을 증명하시오.

(1) $\Re$과 $\Re'$이 반사적이면, $\Re \cup \Re'$과 $\Re \cap \Re'$은 A에서 반사적이다.

(2) $\Re$과 $\Re'$이 대칭적이면, $\Re \cup \Re'$과 $\Re \cap \Re'$도 A에서 대칭적이다.

(3) $\Re$과 $\Re'$이 A에서 동치관계이면, $\Re \cap \Re'$도 A에서 동치관계이다.

08 집합 A에서 반사적인 관계 $\Re$이 다음 조건

$$a \Re b \text{이고 } b \Re c \text{이면, } c \Re a$$

를 만족하면, 관계 $\Re$은 동치관계임을 보이시오.

09 $\Re$이 집합 X에서의 동치관계일 때, 그때에 한하여 $\Re^{-1}$가 동치관계임을 보이시오.

10 $X = Z \times (Z - \{0\})$일 때, X에서의 관계 $\sim$를

$$(a, b) \sim (c, d) \Leftrightarrow ad = bc$$

로 정의하면, 관계 $\sim$는 동치관계임을 밝히시오.

11 G와 H가 집합 A에서의 동치관계일 때, $G \circ H$가 A에서 동치관계가 될 필요충분조건은 $G \circ H = H \circ G$임을 보이시오.

12 R이 실수의 집합일 때

$$\Re = \{(x, y) \in R \times R \mid y^2 = x^2\}$$

으로 주어진 관계 $\Re$은 R에서의 동치관계임을 보이고, 관계 $\Re$에 의하여 결정되는 동치류를 구하시오.

13 함수 $f : X \to Y$에 대하여

$$\Re = \{(a, b) \in X \times X \mid f(a) = f(b)\}$$

로 주어진 관계 $\Re$은 X에서의 동치관계임을 보이고, 관계 $\Re$에 의하여 결정되는 동치류를 구하시오.

14 $\Re_1$과 $\Re_2$를 X에서 $E=F$를 만족하는 동치관계라 하자. 이때 E를 $\Re_1$에 의해서 결정되는 동치류의 집합족, F를 $\Re_2$에 의해서 결정되는 동치류의 집합족이라 하면

$$\Re_1 = \Re_2$$

가 성립함을 보이시오.

15 전사함수 $f : X \to Y$에 대하여

$$\Im = \{f^{-1}(y) \mid y \in Y\}$$

가 X의 분할이 됨을 보이고, 이 분할에서 얻어지는 동치관계를 구하시오.

16 집합 $\{1,\ 2,\ 3,\ 4\}$에서의 동치관계

$$\Re = \{(1,1),\ (1,4),\ (2,2),\ (2,3),\ (3,2),\ (3,3),\ (4,1),\ (4,4)\}$$

에서 $\Re$에 의한 A의 상집합 $A/\Re$을 구하시오.

17 집합 $X=\{a,\ b,\ c,\ d,\ e\}$의 분할 $\Im = \{\{a\},\ \{b,\ c\},\ \{d,\ e\}\}$에 대하여, 다음 물음에 답하시오.

(1) X에서의 동치관계 $X/\Im$를 순서쌍의 집합으로 표시하시오.

(2) $\Re = X/\Im$로 표시하고 $a/\Re$, $b/\Re$, $c/\Re$, $d/\Re$과 $e/\Re$을 구하시오.

18 X를 정수의 집합 Z라 하고 $\Re$를 적당한 정수 k에 대하여 $x-y=3k$일 때, 그때에 한하여 $x\Re y$로 정의되는 X에서의 동치관계라 할 때, 다음 물음에 답하시오.

(1) X의 분할 $X/\Re$을 구하시오.

(2) 동치관계 $X/(X/\Re)$은 실제로 동치관계 $\Re$임을 밝히시오.

제 5 장

가부번집합과 비가부번집합

이 장에서는 무한집합에 관한 데데킨트의 정의에서 시작하여 가부번집합과 비가부번집합에 대한 성질을 알아본다.

5.1 집합의 대등

두 집합의 원소의 개수를 비교하기 위해서는 먼저 어떤 경우에 두 집합이 같은 원소의 개수를 갖는다고 할 수 있겠는가를 분명히 해야 한다. 유한이든 무한이든 간에 두 집합 A와 B 사이에 일대일 대응이 존재하면, 이 두 집합의 원소의 개수가 같다고 볼 수 있다.

정의 1 대등 (equipotent)

집합 X로부터 집합 Y로의 일대일 대응인 $f : X \to Y$가 적어도 하나 존재할 때, 두 집합 X, Y는 '대등'이라 하고

$$X \sim Y$$

로 나타내며, 일대일 대응인 함수 $f : X \to Y$를 $f : X \sim Y$로 정의한다. 특히 공집합은 오직 자기 자신과 대등이라고 한다.

예 짝수의 집합 N_e에 대하여, $f(x) = 2x$로 주어진 $f : N \to N_e$는 전단사함수이므로

$$N \sim N_e$$

가 된다. 또한 홀수의 집합 N_o에 대하여, $f(x) = 2x - 1$로 주어진 함수 $f : N \to N_o$도 전단사이므로

$$N \sim N_o$$

가 된다. ■

예 X가 n개의 원소를 갖는 유한집합일 때, 집합 Y가 X와 대등이기 위해서는 Y도 n

개의 원소를 갖는 유한집합이어야 한다. 따라서 유한집합은 그 진부분집합과 결코 대등이 될 수 없다. ■

참고 모든 집합은 자기 자신과 대등하고 일대일 대응의 역은 역시 일대일 대응이므로, $X \sim Y$이면 $Y \sim X$이다. $f : X \sim Y$이고 $g : Y \sim Z$이면

$$g \circ f : X \sim Z$$

이므로, 대등은 동치관계를 만족한다.

정리 2
집합족 $\mathfrak{J}$에 대하여, $\mathfrak{R}$을 X와 Y가 $\mathfrak{J}$의 원소이고 $X \sim Y$일 때, 그때에 한하여 $X \mathfrak{R} Y$로써 주어지는 $\mathfrak{J}$에서의 관계라 하면, $\mathfrak{R}$은 $\mathfrak{J}$에서의 동치관계이다.

참고 실수의 임의의 두 닫힌구간 $[a, b]$, $[c, d]$는 서로 대등이다. 또한 임의의 두 열린구간 (a, b), (c, d)도 서로 대등이다. 실제로 $[a, b]$로부터 $[c, d]$로의 함수 f를

$$f(x) = \frac{d-c}{b-a}(x-a)+c$$

로 정의하면, 명백히 f는 $[a, b]$로부터 $[c, d]$로의 전단사가 된다. 또한 이 함수의 정의역을 함수 (a, b)로 축소하고, 공역을 (c, d)로 바꾸면, (a, b)로부터 (c, d)로의 전단사가 얻어진다.

예 함수 $f : (0, 1) \to (-1, 1)$을 $f(x) = 2x-1$로 정의하면, f는 전단사이므로

$$(0, 1) \sim (-1, 1)$$

이 된다. 또한 $g : (-1, 1) \to R$을 $g(x) = \dfrac{x}{1-|x|}$로 정의하면, 함수 g도 전단사이므로

$$(-1, 1) \sim R$$

이 된다. 따라서 $(0, 1) \sim R$이 성립한다. ■

참고 모든 열린구간은 실수의 집합 R과 대등이다.

예 함수 $f : [0, 1] \to [0, 1)$을

$$f(x) = \begin{cases} \dfrac{1}{n+1}, & x = \dfrac{1}{n} \text{(단, } n \in N) \\ x, & x \neq \dfrac{1}{n} \text{(단, } n \in N) \end{cases}$$

로 정의하면, f는 일대일 대응이므로 $[0, 1] \sim [0, 1)$이고, $g(x) = 1 - x$로 주어지는 함수 $g : [0, 1) \to (0, 1]$도 일대일 대응이므로 $[0, 1) \sim (0, 1]$이 성립한다. ■

참고 임의의 닫힌구간 $[a, b]$도 R과 대등인데, $[a, b]$로부터 R로의 전단사를 '구체적으로' 구성함으로써, 직접적으로 밝히는 일은 결코 쉬운 일이 아니다. 예컨대 우리가 보통 생각하는 '연속함수'의 범위에서는 이와 같은 전단사를 만드는 것은 불가능하다. 실제로 미분적분학에서 알려져 있는 '중간값의 정리'와 '최대 · 최소값의 정리'에 의하면 임의의 닫힌구간 $[a, b]$ 위에서 정의된 실연속함수 f의 치역은 또한 한 개의 닫힌구간 $[\alpha, \beta]$로 될 뿐, R 전체로는 되지 않기 때문이다. 이와 같이 '구체적인 전단사'를 찾아내는 것이 용이하지 않을 경우에는, 슈뢰더-베른슈타인 정리 (제6장 참조)가 유효하게 사용된다.

정리 3

두 집합 X, Y에 대하여, $(X - Y) \sim (Y - X)$이면

$$X \sim Y$$

가 성립한다.

증명 $f : (X - Y) \sim (Y - X)$라 하고, 함수 $g : X \to Y$를

$$g(x) = \begin{cases} f(x), & x \in X - Y \\ x, & x \in X \cap Y \end{cases}$$

로 정의하면

$$X - Y = X - (X \cap Y), \quad Y - X = Y - (X \cap Y)$$

이므로, g는 전단사이다. 따라서 $X \sim Y$가 성립한다. ■

정리 4

X, Y, Z와 W가 $X \cap Z = \varnothing = Y \cap W$를 만족하는 집합일 때, $f : X \sim Y$이고 $g : Z \sim W$이면

$$f \cup g \ : \ (X \cup Z) \sim (Y \cup W)$$

가 성립한다.

증명 $f : X \to Y$와 $g : Z \to W$가 $X \cap Z = \varnothing$인 함수이므로

$$f \cup g \ : \ X \cup Z \ \to \ Y \cup W$$

는 함수이다. 또한 f, g가 각각 일대일 대응이고

$$X \cap Z = \varnothing = Y \cap W$$

이므로, $f \cup g$를 h라 하면 함수 h는 단사이다. 한편

$$h(X \cup Z) = h(X) \cup h(Z) = Y \cup W$$

이므로, 함수 h는 전사가 된다. 따라서 함수 h는 $X \cup Z$로부터 $Y \cup W$로의 일대일 대응이다. ■

정리 5

$\{X_\gamma \mid \gamma \in \Gamma\}$와 $\{Y_\gamma \mid \gamma \in \Gamma\}$를 각 $\gamma \in \Gamma$에 대하여 $X_\gamma \sim Y_\gamma$를 만족하는 서로소인 두 집합족이라 할 때

$$\bigcup_{\gamma \in \Gamma} X_\gamma \sim \bigcup_{\gamma \in \Gamma} Y_\gamma$$

가 성립한다.

증명 각 $\gamma \in \Gamma$에 대하여 $f_\gamma : X_\gamma \sim Y_\gamma$라 하고, 함수

$$f : \bigcup_{\gamma \in \Gamma} X_\gamma \to \bigcup_{\gamma \in \Gamma} Y_\gamma$$

를 모든 $x \in X_\gamma$에 대하여 $f(x) = f_\gamma(x)$로 정의한다. 그러면 $\{X_\gamma \mid \gamma \in \Gamma\}$와 $\{Y_\gamma \mid \gamma \in \Gamma\}$는 각각 서로소인 집합족이므로, 함수 f는 전단사가 된다. ■

정리 6

X, Y, Z와 W가 $X \sim Y$이고 $Z \sim W$인 집합이면

$$X \times Z \sim Y \times W$$

가 성립한다.

증명 $f : X \sim Y$, $g : Z \sim W$라 하고, 함수 $f \times g : X \times Z \to Y \times W$를

$$\forall (x, z) \in X \times Z, \ (f \times g)(x, z) = (f(x), g(z))$$

로써 정의한다. $\varphi = f \times g$라 할 때, φ가 $X \times Z$로부터 $Y \times W$로의 일대일 대응임을 밝힌다. f와 g가 함수이므로 분명히 φ는 함수가 된다.

먼저 $\varphi(x_1, z_1) = \varphi(x_2, z_2)$이라 놓으면

$$(f(x_1), g(z_1)) = (f(x_2), g(z_2))$$

로부터, $f(x_1) = f(x_2)$, $g(z_1) = g(z_2)$이다. 그런데 두 함수 f, g가 단사이므로

$$x_1 = x_2, \ z_1 = z_2, \ \text{즉} \ (x_1, z_1) = (x_2, z_2)$$

가 된다. 따라서 함수 φ는 단사이다.

다음에 임의의 $(y, w) \in Y \times W$에 대하여 $y \in Y$, $w \in W$이고, 두 함수 f, g가 전사이므로

$$f(x) = y, \ g(z) = w$$

를 만족하는 $x \in X$, $z \in Z$가 존재한다. 따라서

$$(f(x), g(z)) = (y, w) \in Y \times W$$

이므로, 함수 φ는 전사이다. 그러므로 함수 φ는 $X \times Z$로부터 $Y \times W$로의 일대일 대응이다. ■

5.1 연습문제

01 임의의 열린구간 (α, β)는 열린구간 $(-1, 1)$과 대등임을 보이시오. 또한

$$[0, 1] \sim (0, 1)$$

임을 보이시오.

02 세 구간 $(0, 1)$, $[0, 1)$과 $(0, 1]$은 닫힌구간 $[0, 1]$과 대등함을 보이시오. 또한 $a < b$일 때, 각 구간

$$[a, b],\ (a, b),\ [a, b),\ (a, b]$$

는 닫힌구간 $[0, 1]$과 대등함을 보이시오.

03 공집합이 아닌 집합 A로부터 집합 $\{0,\ 1\}$으로의 모든 함수의 집합을 2^A라고 할 때

$$\wp(A) \sim 2^A$$

가 성립함을 보이시오.

04 네 집합 A, B, C, D에 대하여, $A \sim B$, $C \sim D$, $C \subset A$, $D \subset B$일 때

$$(A - C) \sim (B - D)$$

가 성립함을 보이시오.

05 $\{X_\gamma \mid \gamma \in \Gamma\}$와 $\{Y_\gamma \mid \gamma \in \Gamma\}$를 각 $\gamma \in \Gamma$에 대하여 $X_\gamma \sim Y_\gamma$를 만족하는 두 집합족이라 할 때

$$\prod_{\gamma \in \Gamma} X_\gamma \sim \prod_{\gamma \in \Gamma} Y_\gamma$$

가 성립함을 보이시오.

5.2 유한집합과 무한집합

"전체는 부분보다 크다."라는 유클리드의 공리와 완전히 다른 '부분이 전체와 원소가 같은 경우'라는 성질이 칸토어를 포함해서 많은 수학자들을 놀라게 했다. 이 성질을 무한집합으로 정의한 사람은 데데킨트 (Dedekind)이다.

참고 볼차노 (Bolzano)는 R과 닫힌구간의 대등성을 연구했다. 그는 한 점으로 구성되지 않은 닫힌구간은 모두 R과 대등함을 보였고, 무한집합의 특징적 성질로써 무한집합은 그 진부분집합의 하나와 대등하다는 사실을 그의 저서에 기술하였다.

> **정의 1 유한집합과 무한집합**
>
> 집합 X가 적당한 $Y \subsetneq X$에 대하여 $X \sim Y$, 즉 X의 진부분집합 Y가 존재하여 X와 Y 사이에 일대일 대응이 존재할 때 X를 **무한집합** (infinite set)이라 하고, 무한이 아닌 집합을 **유한집합** (finite set)이라 한다.

참고 X가 무한집합일 필요충분조건은

$$f : X \to X \text{이고 } f(X) \neq X$$

인 단사함수가 존재하는 것이다. 임의의 유한집합은 자신의 진부분집합과는 절대로 대등이 될 수 없다.

예 공집합은 진부분집합을 갖지 않으므로, 무한집합이 아니다. 따라서 공집합은 유한이다. 또한 $\{a\}$가 단원집합일 때, $\{a\}$의 진부분집합은 오직 공집합이고 $\{a\}$와 $\varnothing$ 사이에는 일대일 대응이 존재하지 않으므로, $\{a\}$는 유한집합이 된다. ■

예 자연수의 집합 N은 짝수의 집합 N_e와 일대일 대응이므로 무한집합이다. 또한 짝수의 집합 N_e도 진부분집합인 4의 배수의 집합과 일대일 대응이 되므로, 무한집합이 된다. ■

예제 A가 무한집합이면, $A \times A$도 무한집합이다.

증명 $f : A \to A$를 단사라 하고, $f(A) \neq A$라면

$$g(x, y) = (f(x), f(y))$$

로 정의된 함수 $g : A \times A \to A \times A$는 단사이고

$$g(A \times A) \neq A \times A$$

가 된다. 따라서 $A \times A$는 무한집합이다. ■

정리 2

(1) X가 무한집합이고 $X \subset Y$이면, Y는 무한집합이다.

(2) Y가 유한집합이고 $X \subset Y$이면, X는 유한집합이다.

증명 (1) X가 무한집합이면, $f(X) \neq X$인 단사함수 $f : X \to X$가 존재한다. 이때 함수 $g : Y \to Y$를

$$g(y) = \begin{cases} f(y), & y \in X \\ y, & y \in Y - X \end{cases}$$

로 정의하면 함수 $g : Y \to Y$는 단사가 되고, $g(Y) \neq Y$이다. 따라서 Y는 무한집합이다.

(2) X를 무한집합이라 가정하면, (1)에 의하여 집합 Y는 무한이어야 한다. 그런데 이것은 가정에 모순이다. 따라서 집합 X는 유한집합이다. ■

예 Q가 유리수의 집합일 때 $N \subset Q$이므로, Q는 무한집합이다. 또한 실수의 집합 R에 대하여 $N \subset R$이므로, R도 무한집합이다. ■

정리 3

두 집합 X, Y에 대하여, $g : X \sim Y$일 때

(1) 집합 X가 무한이면, Y도 무한이다.

(2) 집합 X가 유한이면, Y도 유한이다.

증명 (1) 집합 X가 무한이므로 $f(X) \neq X$인 단사 $f : X \to X$가 존재한다. $g : X \sim Y$이므로, $g^{-1} : Y \sim X$이다. 따라서 단사의 합성함수

$$h = g \circ f \circ g^{-1} : Y \to Y$$

는 단사이다.

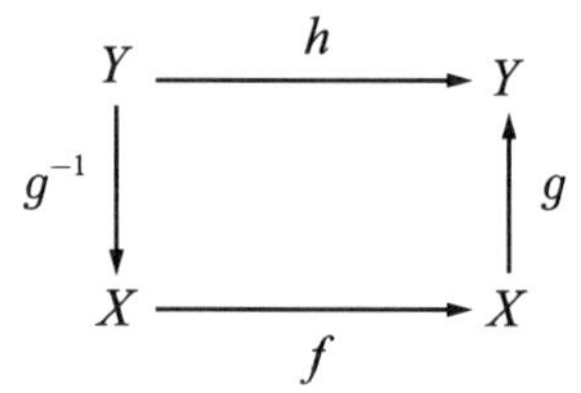

그림 5.1

한편

$$\begin{aligned} h(Y) &= (g \circ f \circ g^{-1})(Y) = (g \circ f)(g^{-1}(Y)) \\ &= (g \circ f)(X) = g(f(X)) \end{aligned}$$

이고 $f(X) \neq X$이므로, $g(f(X)) \neq Y$이다. 따라서 $h(Y)$는 Y의 진부분집합이므로, Y는 무한집합이다.

(2) X가 무한집합이라고 가정하면, $g^{-1} : Y \sim X$이므로 (1)에 의하여 X는 무한집합이다. 이것은 X가 유한집합이라는 가정에 모순이다. 따라서 Y는 유한집합이다. ■

예 $f(x) = 2x - 1$로 주어진 함수 $f : N \to N_0$는 자연수의 집합과 홀수의 집합 사이의 전단사이므로, 홀수의 집합은 무한집합이다. ■

정리 4

두 집합 A, B에 대하여, $A \sim B$이면

$$\wp(A) \sim \wp(B)$$

가 성립한다.

증명 $f : A \sim B$라면, 모든 $X \in \wp(A)$에 대하여

$$f^*(X) = f(X)$$

로 정의된 함수 $f^* : \wp(A) \to \wp(B)$를 얻는다. 여기서 함수 f가 전단사이므로, f^*도 전단사이다. ■

정리 5
집합 X가 무한이고 $x_0 \in X$이면, $X - \{x_0\}$도 무한집합이다.

증명 집합 X가 무한이므로, $f(X) \neq X$인 단사함수 $f : X \to X$가 존재한다.

(1) $x_0 \in f(X)$인 경우:

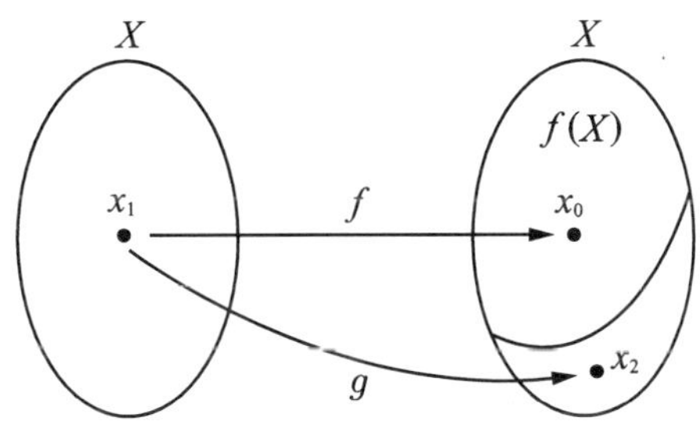

그림 5.2

$f(x_1) = x_0$와 같은 원소 $x_1 \in X$가 존재하므로, 함수

$$g : X - \{x_0\} \to X - \{x_0\}$$

는 다음과 같이 정의될 수 있다.

$$g(x) = \begin{cases} f(x), & x \neq x_1 \\ x_2 & , x = x_1 \in X - \{x_0\} \end{cases}$$

여기서 x_2는 공집합이 아닌 $X - f(X)$에 속하는 임의로 고정된 원소이다. 그러면 함수 $g : X - \{x_0\} \to X - \{x_0\}$는 단사이고

$$\begin{aligned} g(X - \{x_0\}) &= g(X - \{x_0, x_1\}) \cup g(\{x_1\}) \\ &= f(X - \{x_0, x_1\}) \cup \{x_2\} \\ &= (f(X) - \{f(x_0), f(x_1)\}) \cup \{x_2\} \\ &\neq X - \{x_0\} \end{aligned}$$

가 성립한다. 따라서 집합 $X - \{x_0\}$는 무한이다.

(2) $x_0 \in X - f(X)$인 경우:

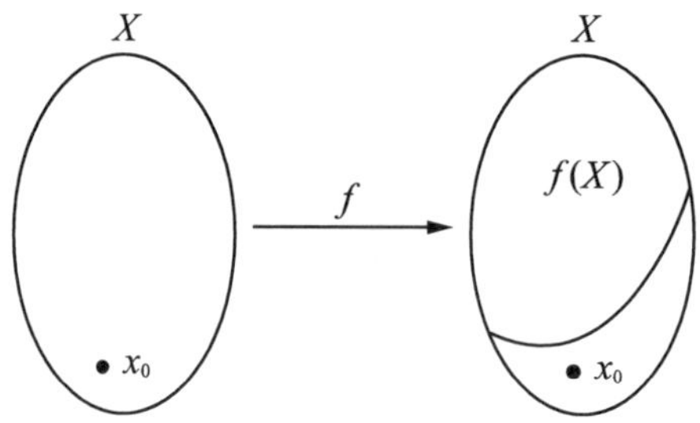

그림 5.3

임의의 $x \in X - \{x_0\}$에 대하여, $g(x) = f(x)$로부터 함수

$$g : X - \{x_0\} \to X - \{x_0\}$$

를 정의하면 $f : X \to X$가 단사이므로, 함수 g도 단사이다.
한편

$$g(X - \{x_0\}) = f(X) - \{f(x_0)\} \neq X - \{x_0\}$$

가 성립한다. 따라서 집합 $X - \{x_0\}$는 무한이다. ■

따름정리

집합 X가 무한이고 $x_1, x_2, \cdots, x_n \in X$이면

$$X - \{x_1, x_2, \cdots, x_n\}$$

도 무한집합이다.

예 N이 무한집합이므로

$$\{2, 3, 4, \cdots\}, \{5, 6, 7, \cdots\}$$

도 무한집합이 된다. ■

앞으로 임의의 $k \in N$에 대하여 1에서 k까지의 모든 자연수의 집합을

$$N_k = \{1,\ 2,\ \cdots,\ k\}$$

로 표시하기로 한다.

정리 6

$X = \varnothing$ 이거나 X가 어떤 N_k와 일대일 대응이면, 그리고 그때만 집합 X는 유한이다.

증명 $X = \varnothing$ 이거나 어떤 N_k와 일대일 대응이면, 집합 X는 유한이다. 역을 증명하기 위하여, 대우법을 이용한다. 즉 $X \neq \varnothing$ 이고 X가 모든 N_k와 일대일 대응이 아니라고 가정하면, X가 무한집합이 됨을 보인다. $X \neq \varnothing$ 이므로 X에서 원소 x_1을 택하자. 그러면 다시 $X - \{x_1\} \neq \varnothing$ 이고, 같은 방법으로 $X - \{x_1\}$에서 원소 x_2를 택할 수 있다. 이 방법을 계속함으로써 X에서 원소 $x_1,\ x_2,\ \cdots,\ x_k$를 택했다 가정하면 $X - \{x_1,\ x_2,\ x_3,\ \cdots,\ x_k\} \neq \varnothing$ 이므로

$$X - \{x_1,\ x_2,\ x_3,\ \cdots,\ x_k\}$$

에서 원소 x_{k+1}을 택할 수 있다. $Y = \{x_k \mid k \in N\}$이라 놓으면 $Y \subset X$이고 함수 $f : Y \to Y - \{x_1\}$은 모든 $k \in N$에 대하여 $f(x_k) = x_{k+1}$로써 정의되고 Y와 진부분집합 $Y - \{x_1\}$은 대등이므로 Y는 무한집합이다. 따라서 X는 무한집합이다. ■

이제 우리들은 어떤 집합이 공집합이든지 또는 어떤 N_k와 일대일 대응일 때, 그 때에 한하여 유한임을 정의할 수 있다. 또한 유한이 아닐 때, 그때에 한하여 무한임을 정의할 수 있다.

예제 집합 A가 유한일 때, $B \subset A$이면 B는 유한집합이다.

증명 집합 A가 유한이므로, 어떤 N_k에 대하여 단사함수 $f : A \to N_k$가 존재한다. 이때 축소함수 $f|_B$도 N_k로의 단사함수이므로, B는 유한집합이 된다. ■

5.2 연습문제

01 두 함수 $f(x)$, $g(x)$에 대하여, 다음 세 집합 A, B, C가

$$A=\{x \mid f^2(x)=g^2(x)\},\quad B=\{x \mid f(x)=g(x)\}$$
$$C=\{x \mid f(x)=-g(x)\}$$

로 정의될 때, A가 유한집합이면 B와 C는 모두 유한집합임을 보이시오.

02 A, B가 유한집합 (또는 무한집합)이면 $A \cup B$도 유한집합 (또는 무한집합)임을 보이시오.

03 $x \in A$일 때, A가 무한집합이기 위한 필요충분조건이 $A \sim (A-\{x\})$임을 보이시오.

04 $\mathscr{F}$가 집합 X의 유한부분집합의 공집합이 아닌 유한집합족일 때, $\cup \mathscr{F}$와 $\cap \mathscr{F}$는 유한집합임을 보이시오.

05 멱집합 $\wp(A)$가 유한집합 (또는 무한집합)이기 위한 필요충분조건은 A가 유한집합 (또는 무한집합)이 되는 것임을 보이시오.

06 $f: A \to f(A)$일 때, A가 유한집합 (또는 무한집합)이면 $f(A)$는 유한집합 (또는 무한집합)임을 보이시오.

07 수학적 귀납법을 이용하여, 다음을 증명하시오.

"모든 $k \in N$에 대하여, N_k는 유한집합이다."

5.3 가부번집합과 비가부번집합

1. 가부번집합

정의 1 가부번집합 (denumerable set)

집합 X에 대하여 $X \sim N$일 때, X를 **가부번집합**이라 하고, 유한집합이거나 또는 가부번집합을 **가산집합** (countable set)이라고 한다.

참고 집합 X가 $X \sim N$일 때, X를 가부번집합 또는 가산집합이라 하고, 유한이거나 또는 가산인 집합을 '**기껏가산인 집합**'이라고 정의하기도 한다.

예 자연수의 집합 N은 가부번이다. 또한 모든 짝수의 집합 N_e와 모든 홀수의 집합 N_0는 각각 자연수 N과 대등이므로, 가부번이다. ■

예제 A가 가부번집합일 때, 다음 세 조건을 만족하는 A의 부분집합족 $(A_n)_{n \in N}$이 존재한다.

(1) 모든 $n \in N$에 대하여, A_n은 가부번집합이다.

(2) $A = \bigcup_{n=1}^{\infty} A_n$ (3) $n \neq n' \Rightarrow A_n \cap A_{n'} = \varnothing$

증명 $N \times N$은 가부번집합이므로, $N \times N$으로부터 A로의 전단사 f가 존재한다. 이때 $f(\{n\} \times N) = A_n$이라 두면 된다. ■

X가 가부번집합이면 X는 전렬 $\{x_1, x_2, x_3, \cdots\}$로 표현할 수 있고, 또한 상이한 항으로 이루어진 임의의 무한점열의 집합은 가부번이다. 왜냐하면 무한점렬은 정의역이 N인 함수 $f(n) = a_n$이기 때문이다.

예제 $x \in A$이고 A가 가부번집합일 때

$$A - \{x\}$$

는 가부번집합이다.

증명 A가 가부번집합이면, 전단사함수 $f : N \to A$가 존재한다. 따라서 $x \in A$에 대하여 $f(n) = x$인 $n \in N$이 존재한다. 이때 함수 $g : N \to A - \{x\}$를

$$g(m) = \begin{cases} f(m) & , m < n \\ f(m+1), & m \geq n \end{cases}$$

로 정의하면, g는 N으로부터 $A - \{x\}$로의 전단사가 된다. 그러므로 $A - \{x\}$는 가부번집합이다. ■

정리 2

집합 X가 가부번일 때, X의 모든 무한부분집합은 가부번이다.

증명 집합 X가 가부번이므로, $X = \{x_1, x_2, x_3, \cdots\}$로 나타낼 수 있다. 이때 Y를 X의 무한부분집합이라 하고, n_1을 $x_{n_1} \in Y$에 대한 최소첨자, n_2를 $x_{n_2} \in Y - \{x_{n_1}\}$에 대한 최소첨자라 하자. 또한 $x_{n_{k-1}} \in Y$에 대하여 x_{n_k}를

$$x_{n_k} \in Y - \{x_{n_1}, x_{n_2}, \cdots, x_{n_{k-1}}\}$$

의 최소첨자라 하자. 그러면 Y가 무한집합이므로, 이와 같은 x_{n_k}는 $k \in N$에 대하여 항상 존재한다. 즉 각 $k \in N$에 대하여

$$Y - \{x_{n_1}, x_{n_2}, \cdots, x_{n_{k-1}}\} \neq \varnothing$$

이 성립한다. 따라서 각 $k \in N$에 대하여 $f(k) = x_{n_k}$로 주어진 일대일 대응 $f : N \sim Y$가 존재하므로, 집합 Y는 가부번이다. ■

예 소수의 집합 $P = \{x \mid x\text{는 소수}\}$는 자연수의 집합 N의 무한부분집합이므로, P는 가부번이다. ■

따름정리

가산집합의 임의의 부분집합은 가산집합이 된다.

A가 유한집합이고 B가 가부번집합일 때, 합집합

$$A \cup B$$

는 가부번이다. 한편 두 가부번집합 N_e와 N_0의 합 $N_e \cup N_0$도 N과 같으므로 가부번이 된다.

정리 3

두 가부번집합의 합집합은 가부번이다.

증명 A와 B를 임의의 두 가부번집합이라 하고, 다음 두 경우에 있어서 $A \cup B$가 가부번임을 밝힌다.

(1) $A \cap B = \varnothing$일 경우:

$A \sim N$이고 $N \sim N_0$이므로 $A \sim N_0$이다. 같은 방법으로 $B \sim N_e$이다. 따라서

$$(A \cup B) \sim (N_0 \cup N_e) = N$$

이므로 $A \cup B$는 가부번이다.

(2) $A \cap B \neq \varnothing$일 경우:

$C = B - A$라 하면 $A \cup C = A \cup B$이고 $A \cap C = \varnothing$이므로 $C \subset B$는 유한 또는 가부번이다. C가 유한이면 $A \cup C$는 가부번이고, 한편 C가 가부번이면 $A \cup C$는 경우 (1)에 의하여 가부번이다. 따라서 $A \cup B$는 가부번이다. ■

따름정리

$A_1, A_2, \cdots, A_n$이 가부번집합이면, $\bigcup_{k=1}^{n} A_k$도 가부번집합이다.

예 정수의 집합 Z는 가부번이다. 왜냐하면

$$Z = \{1, 2, 3, \cdots\} \cup \{0\} \cup \{-1, -2, -3, \cdots\}$$

에서 집합 N과 $-N$은 가부번이고 $\{0\}$은 유한이므로, Z는 가부번집합이 된다. ■

정리 4

집합 $N \times N$은 가부번이다.

증명 모든 $(j, k) \in N \times N$에 대하여, $f(j, k) = 2^j 3^k$로 주어지는 함수 $f : N \times N \rightarrow N$을 생각하자. 이 함수는 단사이므로

$$N \times N \sim f(N \times N) \subset N$$

이고, $N \times N$이 무한이므로 $f(N \times N)$도 무한이다. 그런데 가부번집합의 모든 무한 부분집합은 가부번이므로 $f(N \times N)$는 가부번이고, 따라서 $N \times N$은 가부번이다. ■

참고 $M = N \cup \{0\}$이라 하자. 각 양의 정수 $a \in N$는 $r,\ s \in M$일 때 $a = 2^r(2s+1)$로 유일하게 표기될 수 있다. 그러면

$$f(a) = (r, s)$$

로 정의되는 함수 $f : N \rightarrow M \times M$은 전단사이므로, $M \times M$은 가부번집합이 된다. 이때 $N \times N$이 $M \times M$의 무한부분집합이므로, 집합 $N \times N$은 가부번이다.

따름정리

두 집합 A와 B가 가부번이면, $A \times B$도 가부번집합이다.

증명 $f : A \sim N,\ g : B \sim N$이라면

$$h(x, y) = (f(x), g(x))$$

로 정의된 함수 $h : A \times B \rightarrow N \times N$은 전단사이다. 그러므로

$$A \times B \sim N \times N$$

이 된다. 따라서 정리 4에 의하여, $A \times B$는 가부번집합이다. ■

예 가산인 두 집합 A와 B가 모두 공집합이 아니고, $A,\ B$ 중 적어도 한쪽이 가부번이면, $A \times B$도 가부번집합이 된다. ■

정리 5

각 $k \in N$에 대하여, A_k가 $A_j \cap A_k = \varnothing$(단, $j \neq k$)를 만족하는 가부번집합이면

$$\bigcup_{k \in N} A_k$$

도 가부번집합이다.

증명 각 $k \in N$에 대하여, $f_k : N \to N \times \{k\}$를

$$\forall j \in N, \ f_k(j) = (j, k)$$

로 주어진 함수라 하자. 그러면 $f_k : N \to N \times \{k\}$는 일대일 대응이므로, $N \sim N \times \{k\}$이다. 그런데 각 $k \in N$에 대하여 $A_k \sim N$이므로, $N \sim N \times \{k\}$로부터

$$\bigcup_{k \in N} A_k \sim \bigcup_{k \in N} A_k \times \{k\}$$

를 얻는다. 여기서 집합 $\bigcup_{k \in N} A_k \times \{k\}$는 가부번집합 $N \times N$과 같다. 따라서 $\bigcup_{k \in N} A_k$는 가부번집합이다. ■

따름정리

각 $k \in N$에 대하여 집합 B_k가 가부번이면

$$\bigcup_{k \in N} B_k$$

도 가부번집합이다

증명 $A_1 = B_1$이고 각 $k \subset N$에 대히어

$$A_{k+1} = B_{k+1} - \bigcup_{j=k}^{k} A_j$$

라면, $\{A_k \mid k \in N\}$은 서로소인 가산집합의 가부번족이나. 너욱

$$\bigcup_{k \in N} A_k = \bigcup_{k \in N} B_k$$

이고, A_1과 B_1은 가부번집합이다. 따라서 정리 5를 이용하면, $\bigcup_{k \in N} A_k$는 가부번집합이므로, $\bigcup_{k \in N} B_k$도 가부번집합이 된다. ■

정리 6

유리수의 집합 Q는 가부번이다.

증명 모든 유리수를 서로소인 $p \in Z$, $q \in N$을 사용하여 p/q로 나타내기로 하자. 그러면

$$f(p/q) = (p, q)$$

로 정의된 함수 $f : Q \to Z \times N$은 단사이다. 이때

$$Z \times \{1\} \subset f(Q) \subset N \times N$$

이므로, $Z \times \{1\}$은 무한이고 $f(Q)$는 가부번집합 $N \times N$의 무한부분집합이므로 $f(Q)$는 가부번집합이다. 따라서 Q는 가부번집합이다. ■

예제 평면 R^2에서, 중심의 좌표와 반지름이 모두 유리수인 원 전체의 집합 Ω는 가부번이다.

증명 집합 Ω에 대하여 (x, y)는 중심이고, z가 원 $c \in \Omega$의 반지름일 때

$$f(c) = (x, y, z)$$

로 정의된 함수 $f : \Omega \to Q \times Q \times Q$는 단사이다. 그런데 $Q \sim N$이므로

$$Q \times Q \times Q \sim N \times N \times N$$

이다. 한편 $N \times N \times N \sim N$이므로, $Q \times Q \times Q \sim N$이다. 그러므로 $Q \times Q \times Q$는 가부번집합이 된다. 여기서 $f(\Omega)$가 가부번집합 $Q \times Q \times Q$의 무한부분집합이므로, $f(\Omega)$는 가부번집합이다. 따라서 Ω는 가부번집합이다. ■

다음 정리는 가부번집합이 무한집합 중에서 '크기'가 최소임을 나타낸다.

정리 7

모든 무한집합은 가부번부분집합을 포함한다.

증명 X를 임의로 주어진 무한집합이라 하자. $X \neq \varnothing$이므로 집합 X에서 하나의 원소를 택하여 x_1이라 하고, 다음에 x_2를 $X - \{x_1\}$에 속하는 원소라 한다. 이와 같은 방법으로 x_{k-1}을 정의하고 x_k를 $X - \{x_1,\ x_2,\ \cdots,\ x_{k-1}\}$의 원소라 하자. 이와 같은 x_k는 모든 $k \in N$에 대하여 존재한다. 그런데 X가 무한집합이므로, 모든 $k \in N$에 대하여

$$X - \{x_1,\ x_2,\ \cdots,\ x_{k-1}\} \neq \varnothing$$

이 된다. 따라서 집합

$$\{x_k \mid k \in N\}$$

은 X의 가부번부분집합이다. ■

예제 집합 A가 무한이고 B가 공집합이 아닌 집합이면, $A \times B$는 무한집합이다.

증명 y가 B에서 고정된 원소일 때 $f(x) = (x,\ y)$로 정의된 함수 $f : A \to A \times B$는 단사이다. 따라서 $g : N \to A$가 전단사이면, $f \circ g : N \to A \times B$는 단사이다. 그러므로 $A \times B$는 가부번부분집합을 포함한다. 따라서 $A \times B$는 무한집합이다. ■

참고 정리 7의 증명 방법은 매우 쉽고 직관적이다. 그러나 모든 자연수 1, 2, 3, ⋯에 대하여 X의 원소 $x_1,\ x_2,\ x_3,\ \cdots$를 택할 수 있는 배경에는 엄밀히 말해서 선택공리(제8장 참조)가 숨어 있다는 사실에 유의하여야 한다.

정리 8

A가 무한집합이고 A의 부분집합 B가 가산일 때, $A - B$가 무한집합이면

$$A - B \sim A$$

가 성립한다.

증명 $A - B = A_1$이라 하자. A_1이 무한집합이므로 A_1은 가산집합 C를 포함한다. 이제 $A_1 - C = A_2$라 하면 A는 A_2와 $B \cup C$와의 직합, A_1은 A_2와 C와의 직합이 된다. 그런데 $B \cup C$가 가산이므로, $B \cup C$로부터 C로의 전단사함수 f_1이 존재한다.

따라서 A로부터 A_1으로의 함수 f를

$$f(a)=\begin{cases} a & , \ a \in A_2 \\ f_1(a), & a \in B \cup C \end{cases}$$

로 정의하면, f는 A로부터 A_1으로의 전단사가 된다. ■

따름정리 1

A가 무한집합이고, B가 가산집합일 때

$$A \cup B \sim A$$

가 성립한다.

증명 $(A \cup B)-A=C$라 두면, $C \subset B$이고 C는 가산집합이다. 그런데 $(A \cup B)-C=A$이므로

$$A \cup B \sim A$$

가 성립한다. ■

유한집합은 결코 자신의 진부분집합과 대등이 될 수 없다. 따라서 따름정리 2는 무한집합을 특정 짓는 하나의 성질이다.

따름정리 2

임의의 무한집합은 자신과 대등인 진부분집합을 포함한다.

증명 A가 무한집합이고 B가 A의 유한부분집합일 때, $A-B$는 무한집합이므로 $A-B \sim A$가 된다. 즉 무한집합 A에서 유한개의 원소를 제거해서 얻어지는 집합은 A와 대등이다. ■

참고 무한집합은 다음 두 가지로 정의할 수 있다. 이들은 서로 동치이다.

(1) 집합 A가 무한일 동치조건은 A가 가부번부분집합을 포함하는 것이다.

(2) 집합 A가 무한일 동치조건은 A가 자신과 대등인 진부분집합을 포함하는 것이다.

2. 비가부번집합

> **정의 9 비가부번집합** (nondenumerable set)
>
> 무한집합 중에서 가부번이 아닌 집합을 **비가부번집합** 또는 **비가산집합** (uncountable set)이라고 한다.

참고 두 집합 A와 B가 대등일 때, A가 비가부번이면 B도 비가부번이 된다.

비가부번집합의 존재는 여러 무한집합이 존재함을 의미한다. 즉 두 무한집합에는 서로 크기가 다를 수 있다는 것이다. 칸토어는 1874년에 **구간축소법** (method of nested interval)을 이용하여, 닫힌구간 $[a, b]$가 비가부번임을 증명했다.

> **정리 10**
>
> 실수의 닫힌구간 $[a, b]$는 비가부번집합이다.

증명 실수의 닫힌구간 $[a, b]$를 가부번집합이라 가정하자. 그러면 닫힌구간 $[a, b]$의 원소에 x_1, x_2, x_3, …와 같이 번호를 붙일 수 있다. 이 최초의 두 수 x_1, x_2를 택하여 대소를 비교하고 작은 것을 a_1, 큰 것을 b_1이라 놓는다. x_3, x_4, …로 진행하여 열린구간 (a_1, b_1)의 최초의 두 수를 비교하여 그 대소를 비교해서 작은 쪽을 a_2, 큰 쪽을 b_2라 한다. 이와 같은 방법을 계속 진행해 가면, 닫힌구간열의 감소열

$$[a_1, b_1] \supset [a_2, b_2] \supset \cdots$$

가 얻어진다. 따라서 모든 닫힌구간 $[a_n, b_n]$에 포함되는 α가 존재한다. α가 닫힌구간 $[a, b]$의 원소이므로, 최초의 가정에 의하여 번호가 붙어 있을 것이다. $\alpha = x_m$이었다 하면, 위와 같은 구성에서 $2n > m$으로 되는 n에 대해서는 $x_m \not\in [a_n, b_n]$이므로 모순이 된다. ■

1891년에 칸토어는 **대각선 논법** (**대각법**; diagonal method)에 의해 실수의 단위 열린구간 $(0, 1)$이 비가부번집합임을 증명하였다.

정리 11

실수의 열린구간 $(0, 1)$은 비가부번집합이다.

증명 각 수 x (단, $0 < x < 1$)를

$$\forall n \in N,\ x_n \in \{0,\ 1,\ 2,\ \cdots,\ 9\}$$

일 때, 십진법의 무한소수의 전개 형식 $0.x_1 x_2 x_3 \cdots$로써 표현(예컨대 $0.25000\cdots$는 $0.24999\cdots$ 형태의 무한소수로 표기)하기로 한다.

이제 열린구간 $(0, 1)$을 가부번집합이라 하자. 그러면 일대일 대응 $f : N \sim (0, 1)$이 존재한다. 따라서

$$\begin{aligned} f(1) &= 0.a_{11} a_{12} a_{13} \cdots \\ f(2) &= 0.a_{21} a_{22} a_{23} \cdots \\ f(3) &= 0.a_{31} a_{32} a_{33} \cdots \\ &\vdots \end{aligned}$$

와 같이 나타나게 된다. 여기서 $a_{ij} \in \{0,\ 1,\ 2,\ \cdots,\ 9\}$이다. 이제 새로운 무한소수 $z = 0.z_1 z_2 z_3 \cdots$를

$$z_i = \begin{cases} 5, & a_{ii} \neq 5 \\ 1, & a_{ii} = 5 \end{cases}$$

로 정의하면, 소수점 이하 각 자리수가 1이거나 5이므로 분명히 $z \in (0, 1)$이다. 그러나 모든 $n \in N$에 대하여 $z_n \neq a_{nn}$이므로

$$z \neq f(n),\ \text{즉}\ z \in (0, 1) - f(N)$$

이다. 따라서 f는 일대일 대응이 아니다. 이것은 모순이므로, 열린구간 $(0, 1)$은 가부번집합이 아니다. 즉 열린구간 $(0, 1)$은 비가부번집합이다. ■

따름정리 1

실수의 집합 R은 비가부번이다.

증명 $R \sim (0, 1)$이고 열린구간 $(0, 1)$이 비가부번집합이므로, 실수의 집합 R은 비가부번이다. ■

따름정리 2

무리수의 집합 Q^c는 비가부번이다.

증명 Q^c가 가부번집합이라면

$$R = Q \cup Q^c$$

은 가부번이다. 그런데 이것은 모순이다. 따라서 Q^c은 비가부번집합이다. ■

예 0과 1 사이에 있는 모든 무리수의 집합은 비가부번이다. ■

정의 12 대수적수와 초월수

정수 계수를 가지는 대수방정식을 **정수 계수 대수방정식**이라 한다. 이때 대수방정식의 근이 되는 복소수를 **대수적수**(algebraic number)라 하고, 대수적수가 아닌 수를 **초월수**(transcendental number)라고 한다.

초월수가 존재함을 최초로 발견한 사람은 리우빌(Liouville)이고, 1874년에 칸토어는 임의의 구간 속에는 초월수가 무한히 많이 있음을 밝혔다.

1873년에 e의 초월성이 에르미트(Hermite)에 의해서, 1882년에 π의 초월성이 린데만(Lindemann)에 의해서 각각 증명되었다.

참고 모든 대수적수의 집합을 K라 하고 C를 복소수의 집합이라 하면, $Q \subset K \subset C$이고 K는 가부번집합이다. 그런데 복소수의 집합은 비가부번이고 대수적수 전체는 가부번집합이므로, 대수적수가 아닌 초월수가 존재한다는 것은 바로 알 수 있다.

5.3 연습문제

01 집합 $Q(\sqrt{3}) = \{a+b\sqrt{3} \mid a \in Q,\ b \in Q\}$는 가부번임을 보이시오.

02 유리수 계수의 다항식

$$f(x) = a_0 + a_1 x + a_2 x^2 + \cdots + a_n x^n \ (\text{단, } a_i \in Q)$$

의 집합을 $Q[x]$로 표현할 때, $Q[x]$는 가부번집합임을 보이시오.

03 A가 무한집합이고 B가 가부번집합일 때, $A \sim (A \cup B)$임을 보이시오.

04 X가 가부번집합이고 Y가 X의 유한부분집합일 때, $X - Y$는 가부번임을 보이시오.

05 모든 대수적수(또는 초월수)의 집합은 가부번(또는 비가부번)임을 보이시오.

06 자연수의 집합 N의 모든 유한부분집합의 집합은 가부번임을 보이시오.

07 무한집합 A가 가부번이기 위한 필요충분조건은 $B \subset A$인 모든 무한부분집합에 대하여 $A \approx B$임을 보이시오.

5.4 페아노 공리계

일반적으로 수학 연구를 위하여 새로운 대상을 도입하는 데는 두 가지 방법, 즉 **공리적 방법**(axiomatic approach)과 **구성적 방법**(constructive approach)이 있다.

자연수의 집합 $N=\{1, 2, 3, \cdots\}$는 수학의 가장 기본적인 대상이며 출발점이다. 19세기 말 이탈리아의 수학자인 페아노(Peano)는 다음 공리계, 즉 페아노 공리계를 자연수론의 기초로 삼았다. 이 공리계에서 자연수의 모든 성질을 유도할 수 있는데, 이것을 가장 완전하게 실행해 보인 학자는 란다우(Landau)이다. 페아노는 공리계를 형식적으로 기술하는데 있어서 집합과 논리에 관해 자기만의 독자적인 기호를 사용했다. 그 기호법 중에는 현재 사용되고 있는 것도 있으나 그렇지 않는 것도 있다. 따라서 여기서는 현대식으로 변형하여 기술하기로 한다.

먼저 자연수의 집합을 뜻하는 N, 가장 작은 자연수를 뜻하는 1, '1을 더한다.'는 뜻에서 '크기의 차례로 다음 수'를 나타내는 함수 φ를 마련한다.

정의 1 페아노 공리계(Peano axioms)

다음 다섯 조건을 만족하는, 자연수라 불리는 원소들의 집합 N이 존재한다.

(1) $1 \in N$

(2) $a \in N$이면, $\varphi(a) \in N$

(3) $a, b \in N$이고 $\varphi(a)=\varphi(b)$이면, $a=b$

(4) 임의의 $a \in N$에 대하여, $\varphi(a) \neq 1$

(5) N의 부분집합 S에 대하여

'$1 \in S$'이고 "$a \in S$이면, $\varphi(a) \in S$이다."

가 성립할 때, $N=S$이다

페아노는 자연수의 성질이 페아노 공리계에 의해서 특징지을 수 있음을 밝혔다. (1)에 의해서 '1'이 자연수임이 규정된다. 다른 자연수는 (2)에 의하여 만들어진다. (2)는 N 중에서 무한히 많은 원소를 만들 수 있음을 보이고, (3)에서는 φ가 단사임을 규정하고 있다. (4)에 따르면 N에는 무한히 많은 원소가 있음을 알 수 있으며, (5)는 수학적 귀납법의 기반이 된다.

이들의 원소를

$$1,\ 2,\ 3,\ 4,\ 5,\ \cdots$$

라 명명함으로써, 자연수 체계가 얻어지는 것이다.

함수 φ는 각 자연수에 대하여 그 수의 바로 다음 수를 대응시키는 함수이므로, 보통 φ를 **후자함수** (function of successor)라 한다. 그러나 위에서와 같은 조작을 한없이 계속할지라도 모든 자연수가 형성된다고는 할 수 없을 것이다. 따라서 임의의 귀납집합의 존재를 인정하기 위하여 무한의 공리가 필요하다 (3.4절 참조).

참고 페아노 공리계에서는 '가, 감, 승, 제'라는 기본적인 '계산'은 마련되어 있지 않다. 그러나 자연수에 관하여 이미 알려진 모든 성질들은 페아노 공리계로부터 유도될 수 있고, 자연수계는 일의적이다.

정의 2 자연수의 덧셈

자연수의 덧셈을 다음과 같이 귀납적으로 정의한다.

(1) $\varphi(y)=1+y$ (2) $\varphi(x)+y=\varphi(x+y)$

정의 2와 수학적 귀납법을 이용하여, 자연수의 덧셈에 관한 기본 성질을 증명할 수 있다.

정리 3 덧셈에 관한 기본 성질

$x,\ y,\ z\in N$일 때, 다음이 성립한다.

(1) $x+y=y+x$ (교환법칙)

(2) $x+(y+z)=(x+y)+z$ (결합법칙)

(3) $x+y=y+x\ \Rightarrow\ x=y$ (소거법칙)

정의 4 자연수의 곱셈

자연수의 곱셈을 다음과 같이 귀납적으로 정의한다.

(1) $1y=y$ (2) $\varphi(x)y=xy+y$

정의 4로부터 자연수의 곱셈에 관한 기본 성질을 증명할 수 있다.

정리 5 곱셈에 관한 기본 성질

$x,\ y,\ z \in N$일 때, 다음이 성립한다.

(1) $xy = yx$ (교환법칙)

(2) $x(yz) = (xy)z$ (결합법칙)

(3) $x(y+z) = xy + xz$ (분배법칙)

(4) $xz = yz \Rightarrow x = y$ (소거법칙)

정의 6 자연수에서의 순서

자연수의 집합 N에서 순서의 개념을 다음과 같이 정의한다.

"임의의 $x,\ y \in N$에 대하여 적당한 $z \in N$가 존재함으로써 $x = y + z$이면, 그리고 그때만 $x > y$이다."

정의 6으로부터, 자연수의 순서에 관한 기본 성질을 얻을 수 있다.

정리 7 순서에 관한 기본 성질

$x,\ y,\ z \in N$일 때, 다음이 성립한다.

(1) $x > y$이고 $y > z$이면, $x > z$이다. (추이법칙)

(2) N의 임의의 원소 $x,\ y$에 대하여, 다음 중 반드시 하나만 성립한다.

$$x > y,\ x = y,\ x < y$$ (삼분법)

5.4 연습문제

01 자연수의 덧셈에 관한 다음 성질을 증명하시오.

(1) $x+y=y+x$

(2) $x+(y+z)=(x+y)+z$

(3) $x+y=y+x$이면, $x=y$

02 자연수의 곱셈에 관한 다음 성질을 증명하시오.

(1) $xy=yx$

(2) $x(yz)=(xy)z$

(3) $x(y+z)=xy+xz$

(4) $xz=yz$이면, $x=y$이다.

제 6 장

집합의 기수와 연산

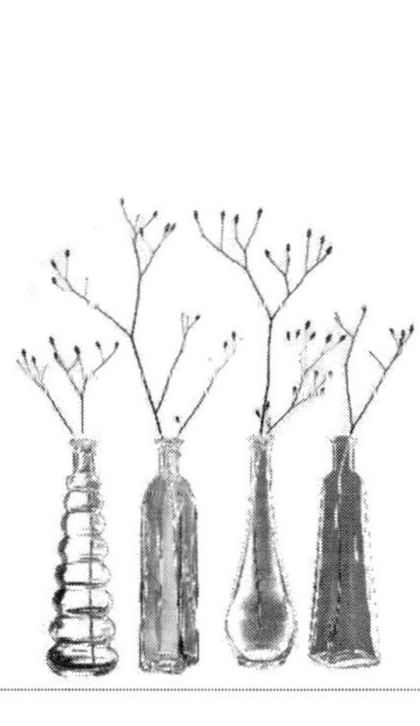

6.1 집합의 기수

개수를 세는 자연수의 개념을 확장한 것이 집합수, 즉 기수이다. 기수의 개념으로부터 "부분이 전체와 같다."라는 상식 밖의 일이 얻어진다.

1. 기수의 개념

무한집합에는 원소의 개수가 모두 무한이므로, 원소의 개수라는 개념은 의미가 없다. 그러나 여러 종류의 무한집합이 있으므로, 이를 구분하기 위한 도구가 필요하게 된다.

보통 유한집합 A에 대한 원소의 개수를 $n(A)$로 표시한다. 이제 유한집합의 원소의 개수를 일반화하여 '기수'의 개념을 도입한다.

참고 집합들 전체는 '대등'이란 관계로부터 한 동치류의 모임으로 분할된다. 이때 각 동치류로부터 선택된 대표가 바로 기수인 것이다. 간단히 말하면 집합의 기수란 그 집합과 대등한 모든 집합이 공통으로 갖는 성질이다.

정의 1 집합의 기수 (cardinal number)

집합의 기수란 다음 네 가지 성질, 즉 **기수의 공리** (axiom of cardinality)를 만족시키는 개념이다.

[C1] 모든 집합 A에는 $\mathrm{card}\, A$로써 표시되는 하나의 기수가 대응되고, 모든 기수 a에 대해서는 $\mathrm{card}\, A = a$가 되는 집합 A가 존재한다.

[C2] $A = \varnothing$일 때, 그때에 한하여 $\mathrm{card}\, A = 0$이다.

[C3] 임의의 $k \in N$에 대하여

$$A \sim \{1,\ 2,\ 3,\ \cdots,\ k\}$$

일 때, 그때에 한하여 $\mathrm{card}\, A = k$이다.

[C4] 임의의 두 집합 A와 B에 대하여

$$A \sim B$$

일 때, 그때에 한하여 $\mathrm{card}\, A = \mathrm{card}\, B$이다.

[C1]은 모든 집합이 기수를 가지고, 주어진 기수에 대응되는 집합이 존재함을 의미한다. [C2]와 [C3]는 유한집합의 기수를, [C4]는 무한집합의 기수를 각각 정의하고 있다. 기수를 **원소수** 또는 **농도** (cardinality)라고 표현하기도 한다.

예 두 집합 A, B에 대하여, $A \sim B$이면

$$\text{card}\,\wp(A) = \text{card}\,\wp(B)$$

가 성립한다. ■

정의 2 유한기수와 무한기수

유한집합의 기수를 **유한기수** (finite cardinal number)라 하고, 무한집합의 기수를 **무한기수** (infinite cardinal number) 또는 **초한기수** (transfinite cardinal number)라고 한다.

참고 [C1], [C3]는 유한기수가 분명히 음이 아닌 정수임을 보여주고 있다. 즉 자연수의 각각은 기수이다.

예 기수로써 자연수가 아닌 것은

$$0 = \text{card}\,\varnothing,\ \ \text{card}\,N,\ \ \text{card}\,R$$

등이 있다. ■

예제 다음 집합의 기수를 구하시오.

$$A = \{0\},\ \ B = \{\varnothing\},\ \ C = \{0,\ 1,\ 2\},\ \ D = \{\varnothing,\ \{\varnothing\},\ b,\ c\}$$

풀이 $\text{card}\,A = \text{card}\,B = 1$, $\text{card}\,C = 3$이고 $\text{card}\,D = 4$이다. ■

2. 기수의 비교

유한기수는 보통순서, 즉

$$0 < 1 < 2 < \cdots < k < k+1 < \cdots$$

를 갖는다.

임의의 두 무한기수에 대하여 이들이 같은 경우와 같지 않은 경우가 나타난다. 무한집합의 경우에는 A가 B의 진부분집합 B_1과 대등하면서도 또한 B 자신과 대등하다. 곧 유한기수에 관해서는 성립하지 않는 여러 가지 성질들이 무한기수에 대해서는 성립하는 것이다.

기수의 비교는 유한기수의 경우를 당연히 포함해야 하므로, 유한기수의 경우를 기초로 하지 않으면 안 된다.

참고 두 유한집합 A, B에 대한 기수의 비교는 다음 세 가지로 구분된다.

(1) $A \sim B$일 때, $\text{card}\, A = \text{card}\, B$

(2) $A \sim B_1 \subsetneq B$일 때, $\text{card}\, A < \text{card}\, B$

(3) $B \sim A_1 \subsetneq A$일 때, $\text{card}\, B < \text{card}\, A$

무한집합의 경우에는 위 (2)와 (3)이 성립하지 않으므로, 진부분집합을 부분집합으로 바꾸고 '$<$'를 '$\leq$'로 대치하여 생각한다. 그리고 무한기수에 대해서는 [C4]에 의하여 같은 것과 다른 것만을 알 수 있을 뿐이지 어느 것이 더 큰가는 알 수 없으므로, 무한기수에 대하여 크기를 정해야만 한다.

정의 3

두 집합 A, B에 대하여, A가 B의 적당한 부분집합과 대등, 즉 단사함수 $f : A \to B$가 존재할 때, $\text{card}\, A$는 $\text{card}\, B$보다 작거나 같다고 하고

$$\text{card}\, A \leq \text{card}\, B$$

로 나타낸다.

참고 두 집합 A, B에 대하여, $\text{card}\, A \leq \text{card}\, B$가 성립하는 것과 B에서 A로의 전사가 존재한다는 것과는 동치이다.

정리 4

임의의 세 집합 A, B, C에 대하여, 다음이 성립한다.

(1) $\operatorname{card} A \leqq \operatorname{card} A$

(2) $A \subset B$이면, $\operatorname{card} A \leqq \operatorname{card} B$

(3) $\operatorname{card} \mathrm{A} \leqq \operatorname{card} B$, $\operatorname{card} B \leqq \operatorname{card} C$이면

$$\operatorname{card} A \leqq \operatorname{card} C$$

예 $B \neq \varnothing$이면, $\operatorname{card} A \leqq \operatorname{card}(A \times B)$가 된다. 왜냐하면 b가 B의 하나의 원소일 때, $A \times B$의 부분집합

$$A \times \{b\} = \{(a, b) \mid a \in A\}$$

는 A와 대등이기 때문이다. ■

예제 모든 $\lambda \in \Lambda$에 대하여 A_λ가 적어도 두 개의 원소를 갖는 집합족 $(A_\lambda)_{\lambda \in \Lambda}$에 대하여

$$\operatorname{card} A \leqq \operatorname{card}\left(\prod_{\lambda \in \Lambda} A_\lambda\right)$$

가 성립한다.

증명 선택공리 (제8장 참조)에 의하여, 먼저 $\prod_{\lambda \in \Lambda} A_\lambda$에서 하나의 원소 $(a_\lambda)_{\lambda \in \Lambda}$를 선택하고, 다음에 $\prod_{\lambda \in \Lambda}(A_\lambda - \{a_\lambda\})$에서 하나의 원소 $(b_\lambda)_{\lambda \in \Lambda}$를 잡는다. 이제 Λ의 각 원소 μ에 대하여 $f(\mu)$를

$$c_\lambda = \begin{cases} a_\lambda, & \lambda = \mu \\ b_\lambda, & \lambda \neq \mu \end{cases}$$

에 의하여 정해지는 $\prod_{\lambda \in \Lambda} A_\lambda$의 원소 $(a_\lambda)_{\lambda \in \Lambda}$로써 함수

$$f : \Lambda \rightarrow \prod_{\lambda \in \Lambda} A_\lambda$$

를 정의하면, f는 명백히 단사가 된다. 따라서

$$\text{card}\, A \leqq \text{card}\left(\prod_{\lambda \in \Lambda} A_\lambda\right)$$

가 성립한다. ■

참고 A가 B의 진부분집합이라 하더라도, $\text{card}\, A < \text{card}\, B$가 성립하지 않음에 유의한다. 실제로 양의 짝수 전체의 집합 N_e는 자연수의 집합 N의 진부분집합이지만,

$$\text{card}\, N_e = \text{card}\, N$$

이 성립한다.

참고 임의의 두 기수 a, b에 대하여, $a \leqq b$이고 $a \neq b$일 때는

$$a < b$$

라 표기하고, "a는 b보다 작다." 또는 "b는 a보다 크다."라고 한다.

정의 5

집합 A가 집합 B의 부분집합과 대등이지만 B가 A의 임의의 부분집합과 대등하지 않을 때, $\text{card}\, A$는 $\text{card}\, B$보다 작다고 한다. 이때

$$\text{card}\, A < \text{card}\, B$$

로 정의한다.

이 정의는 무한기수를 비교할 수 있도록 정의되었으나, 이것은 또한 유한기수에 대해서도 그대로 적용될 수 있다.

참고 $\text{card}\, A \leqq \text{card}\, B$이지만 $\text{card}\, A \neq \text{card}\, B$일 때

$$\text{card}\, A < \text{card}\, B$$

로 나타낸다.

두 집합 A, B에 대하여 $\text{card}\, A < \text{card}\, B$가 성립하기 위한 필요충분조건은 단사

함수 $f : A \to B$가 존재하지만, 단사함수 $g : B \to A$가 존재하지 않는 것이다. 유한기수에 대하여 적용되었을 때, 그 결과는 위에서 기술한 전통적인 보통순서와 같은 것이다.

예제 임의의 무한기수 a에 대하여, $\text{card}\,N \leqq a$가 성립한다. 따라서 $\text{card}\,N$은 가장 작은 무한기수이다.

증명 집합 A에 대하여 $\text{card}\,A = a$라고 하면, 무한집합 A는 가부번부분집합 B를 포함한다(5.3 정리 7). 그러므로 $N \sim B \subset A$이다. 따라서 $\text{card}\,N \leqq a$가 성립한다. ■

지금까지 집합 A가 집합 B의 부분집합과 대등하고 집합 B가 집합 A의 부분집합과 대등할 때, $\text{card}\,A$와 $\text{card}\,B$의 두 기수를 어떻게 비교하는가에 대해서는 밝히지 않았다. 이와 같은 경우, 칸토어는 $\text{card}\,A$와 $\text{card}\,B$는 같을 것이라고 추측하였나. 이 추측은 베른슈타인(Bernstein)과 슈뢰너(Schröder)에 의하여 각사 독립적으로 증명되었는데, 이 결과는 오늘날 **슈뢰더-베른슈타인 정리**로 알려져 있다.

보조정리 6

B가 A의 부분집합일 때, 단사함수 $f : A \to B$가 존재하면 전단사함수 $h : A \to B$가 존재한다.

증명 $B = A$일 경우 항등함수 I_A가 전단사함수 h이므로 정리가 성립한다.

이제 $A_1 \subset B \subset A$이고 f를 A로부터 A_1으로의 전단사함수라 하자.

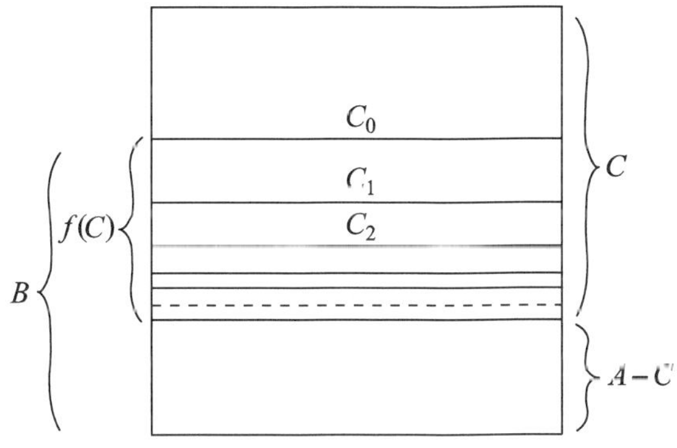

그림 6.1

$A_0 = A,\ B_0 = B,\ f(A_0) = A_1$이라 하면

$$A_1 \subset B_0 \subset A_0,\ f(A_0) = A_1$$

이다. 같은 방법으로 $A_2 \subset B_1 \subset A_1,\ f(A_1) = A_2$이다. 수학적 귀납법에 의하여

$$\cdots \subset A_2 \subset B_1 \subset A_1 \subset B \subset A$$

를 만족하는

$$A_0,\ A_1,\ \cdots,\ A_n,\ \cdots,\ B_0,\ B_1,\ \cdots,\ B_n,\ \cdots$$

인 집합열을, 모든 자연수 n에 대하여

$$A_{n+1} = f(A_n),\ B_{n+1} = f(B_n)$$

으로 정의한다. $A_1 \subset B_0 \subset A_0$이므로, 수학적 귀납법에 의하여 각 n에 대하여 $A_{n+1} \subset B_n \subset A_n$이 성립한다. 지금 각 n에 대하여 $C_n = A_n - B_n$이라 하고, 또한

$$C = \bigcup_{n=0}^{\infty} C_n,\ D = A - C$$

라 하자. 그러면 A_{n+1}, B_{n+1}의 정의에 의해 $f(C_n) = C_{n+1}$이므로, $f(C) = \bigcup_{n=1}^{\infty} C_n$이다.

이제 A로부터 B로의 전단사함수를 정의할 수 있다. A에 속하는 각 z에 대해서 $h(z)$를

$$h(z) = \begin{cases} f(z), & z \in C \\ z, & z \in A - C = D \end{cases}$$

로 정의한다. 그러면 $h|_C$와 $h|_D$는 모두 단사함수이며, 그들의 치역은 서로소이다. 그런데 h의 정의와 위 사실에 의하여

$$\begin{aligned} h(A) &= f(C) \cup D \\ &= \bigcup_{n=1}^{\infty} C_n \cup (A - C) \\ &= \bigcup_{n=1}^{\infty} C_n \cup \left(A - \bigcup_{n=0}^{\infty} C_n\right) \\ &= A - C_0 = B \end{aligned}$$

이므로, $h : A \to B$는 전단사함수이다. ■

집합 A를 실수의 집합이라 하고, 집합 B를 단위 열린구간이라 하면

$$\mathrm{card}\, A = \mathrm{card}\, B$$

이므로, 임의의 실수집합 $B \subset A$에 대하여 $h : A \to B$인 전단사가 존재함을 안다.

정리 7 슈뢰더-베른슈타인 정리 (Schröder-Bernstein theorem)
임의의 두 집합 A, B에 대하여, A가 B의 부분집합과 대등하고 B가 A의 부분집합과 대등하면, A와 B는 대등하다.

증명 $f_0 : A \sim B_0 \subset B$, $g_0 : B \sim A_0 \subset A$라 하고, 함수 $f : A \to A_0$를

$$f(x) = g_0(f_0(x))$$

로 정의하면, f는 단사함수이다. 그러므로 보조정리 6에 의하여, 전단사함수 $h : A \sim A_0$가 존재한다.

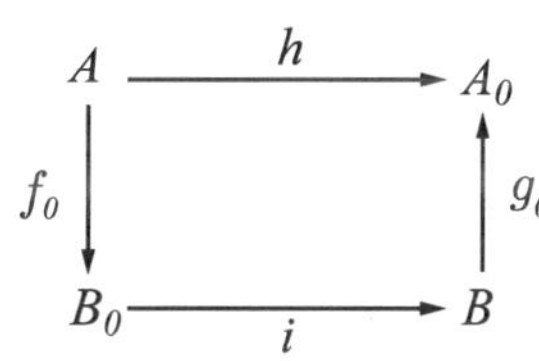

그림 6.2

따라서 두 전단사함수

$$h : A \sim A_0,\ g_0^{\ 1} : A_0 \sim B$$

의 합성함수

$$g_0^{-1} \circ h : A \sim B$$

는 전단사이다. 결국 A와 B는 대등하다. ■

따름정리 1

card $A \leqq$ card B이고 card $B \leqq$ card A 이면

$$\text{card}\,A = \text{card}\,B$$

가 성립한다.

이 결과로부터 두 기수 사이의 관계 '≦'는 반대칭임을 보였다. 또한

$$\text{card}\,A < \text{card}\,B$$

가 성립하기 위한 필요충분조건은 단사 $f : A \to B$가 존재하지만, 단사 $f : B \to A$가 존재하지 않는 것이다.

참고 실수의 임의의 닫힌구간 $[a, b]$는 실수 전체의 집합 R과 대등이다. 왜냐하면 닫힌구간 $[a, b]$는 R의 부분집합인 자기 자신과 대등이고, 또한 R은 $[a, b]$의 부분집합 (a, b)와 대등이므로, 정리 7로부터 닫힌구간 $[a, b]$와 R은 대등이 되기 때문이다.

예 A를 열린구간 $(-1, 1)$이라 하고, B를 닫힌구간 $[-1, 1]$이라 하자. 그러면 $f(x)=x$로 정의된 포함함수 $f : A \to B$와 $g(x)=\dfrac{x}{2}$로 정의된 함수 $g : B \to A$는 모두 단사이다. 이때 두 단사함수 f, g에 대하여 전단사 $F : A \to B$는

$$F(x)=\begin{cases} 2x\,, & x=\pm\dfrac{1}{2^n} \ (\text{단, } n\in N) \\ x\,, & x\neq\pm\dfrac{1}{2^n},\ x\in A \ (\text{단, } n\in N) \end{cases}$$

로 주어진다. ■

따름정리 2

기수 사이의 관계 '≦'에 대하여, 다음이 성립한다.

(1) $a \leqq a$ (반사적)

(2) $a \leqq b$이고 $b \leqq a$이면, $a=b$ (반대칭적)

(3) $a \leqq b$이고 $b \leqq c$이면, $a \leqq c$ (추이적)

증명 (1)과 (3)은 명백하므로, 여기서는 (2)만 증명한다. $\text{card}\, A = a$와 $\text{card}\, B = b$인 두 집합 X와 Y를 잡는다. 먼저 $a \leqq b$이므로 A로부터 B로의 단사함수가 존재한다. 또한 $b \leqq a$이므로 B로부터 A로의 단사함수가 존재한다. 따라서 A와 B는 대등이 된다. 그러므로 $a = b$가 성립한다. ■

기수 사이의 관계 '$\leqq$'는 반순서관계가 된다(제7장 참조).

참고 임의의 두 기수 a, b에 대하여

$$a < b,\ a = b,\ a > b$$

라는 세 관계는 어느 경우도 동시에 성립하지 않고, 어느 한 경우만 만족한다. 즉 임의의 두 기수는 반드시 '비교가능'이다.

정리 8
기수들의 임의의 집합에는 최소원이 존재한다.

위 결과로부터 모든 기수들의 집합이 기수 사이의 관계 '$\leqq$'에 관하여 정렬집합이 됨을 알 수 있다(7.3절 참조).

3. 멱집합의 기수

X가 임의의 집합일 때, 칸토어는

$$\text{card}\, X < \text{card}\, \wp(X)$$

즉 임의의 기수보다 큰 기수가 존재함을 밝혔다. 따라서 무한히 많은 새로운 무한기수가 존재한다.

정리 9 칸토어 정리 (Cantor's theorem)

임의의 집합 X에 대하여

$$\text{card}\, X < \text{card}\, \wp(X)$$

가 성립한다.

증명 $X = \varnothing$ 이면

$$\text{card}\, \varnothing = 0 < 1 = \text{card}\, \wp(\varnothing)$$

이므로, 정리가 성립한다.

이제 $X \neq \varnothing$ 일 경우에 대하여 증명한다. 먼저 $g : X \to \wp(X)$를 모든 $x \in X$에 대하여

$$g(x) = \{x\} \in \wp(X)$$

로 정의하면, 함수 g는 단사가 된다. 그러므로

$$\text{card}\, X \leqq \text{card}\, \wp(X)$$

가 얻어진다. 이제 배리법을 사용하여 $\text{card}\, X < \text{card}\, \wp(X)$, 즉 X가 $\wp(X)$와 대등하지 않음을 보인다. 즉 전단사함수 $f : X \to \wp(X)$가 존재한다고 가정하여, 모순을 유도하기로 한다. 집합

$$S = \{x \in X \mid x \notin f(x)\}$$

를 생각하자. $S \subset X$이므로 $S \in \wp(X)$이고, $f : X \sim \wp(X)$이므로 $f(e) = S$로 되는 원소 $e \in X$가 존재한다. 따라서

(1) $e \in S$ 또는 (2) $e \notin S$

중에서 어느 한 쪽이 성립한다.

(1) $e \in S$인 경우:
집합 S의 정의에 의하여 $e \notin f(e)$가 성립한다. 한편 $f(e) = S$이므로 $e \notin S$이다. 이것은 모순이다.

(2) $e \notin S$인 경우:
$f(e) = S$이므로 $e \notin f(e)$이다. 따라서 집합 S의 정의에 의하여 $e \in S$이므로 $e \in f(e)$이다. 이것은 모순이다.

따라서 $f: X \to \wp(X)$가 전단사가 아니므로

$$\text{card}\, X \neq \text{card}\, \wp(X)$$

가 된다. 그러므로 X는 $\wp(X)$와 대등하지 않다. ■

예제 임의의 가부번집합 A에 대하여, A의 멱집합 $\wp(A)$는 비가부번집합이다.

증명 멱집합 $\wp(A)$를 가부번이라고 가정하면, $\text{card}\, A = \text{card}\, \wp(A)$가 된다. 그런데 이것은 칸토어 정리에 모순이 된다. 따라서 $\wp(A)$는 비가부번집합이다. ■

칸토어 정리의 의의는 무한히 많은 새로운 무한기수를 구성할 수 있음을 보이는 데 있다. 이를테면

$$\text{card}\, R < \text{card}\, \wp(R) < \text{card}\, \wp(\wp(R)) < \cdots$$

와 같이 무한기수들을 일마든지 생각할 수 있음을 의미한다.

따름정리
임의의 기수보다 큰 기수가 반드시 존재한다. 따라서 최대의 기수는 존재하지 않는다.

6.1 연습문제

01 $A = \{a, b, c\}$, $B = \{1, 2, 3\}$일 때, $\text{card}\, B^A$를 구하시오.

02 자연수의 집합 N과 실수의 집합 R에 대하여

$$\operatorname{card} N < \operatorname{card} R$$

이 성립함을 보이시오.

03 실수의 구간 (a, b), $[a, b]$, $(a-1, b+1)$에 대하여

$$\operatorname{card}(a, b) = \operatorname{card}[a, b] = \operatorname{card}(a-1, b+1)$$

이 성립함을 보이시오.

04 기수 사이의 관계 '$\leqq$'에 대하여, 다음이 성립함을 보이시오.

(1) $a \leqq a$

(2) $a \leqq b$이고 $b \leqq c$이면, $a \leqq c$

6.2 기수의 연산

기수에 대해서도 덧셈, 곱셈과 거듭제곱을 정의할 수 있다.

1. 기수의 합

정의 1 기수의 합(cardinal sum)

서로소인 두 집합 A, B의 기수를 각각 a, b라 할 때

$$\mathrm{card}\,(A \cup B)$$

를 a와 b의 **기수의 합**, 간단히 **기수합**이라 하고, $a+b$로 나타낸다.

임의의 두 기수 a, b에 대하여, $\mathrm{card}\,X = a$와 $\mathrm{card}\,Y = b$인 집합 X와 Y가 존재하는데

$$A = X \times \{0\},\ B = Y \times \{1\}$$

로 택하면

$$A \sim X,\ B \sim Y\ (\text{단, } A \cap B = \varnothing)$$

이므로, 여기서 집합 X와 Y는 서로소가 아니더라도 이것은 문제가 되지 않는다. 따라서

$$a + b = \mathrm{card}\,(A \cup B)$$

이고 이것은 유일하게 정의된다. 그 이유는 만일 $A' \sim A$와 $B' \sim B$와 같은 다른 서로소인 집합 A'과 B'이 존재한다면

$$(A' \cup B') \sim (A \cup B),\ \text{즉 } \mathrm{card}\,(A' \cup B') = \mathrm{card}\,(A \cup B)$$

가 성립하기 때문이다. 따라서 다음 정리를 얻는다.

정리 2

임의의 두 기수 a, b에 대하여, 다음이 성립한다.

(1) $\text{card}\,A = a$와 $\text{card}\,B = b$를 만족하는 서로소인 집합 A와 B가 존재한다.

(2) $\text{card}\,A' = \text{card}\,A$, $\text{card}\,B' = \text{card}\,B$, $A \cap B = \varnothing$, $A' \cap B' = \varnothing$이면

$$\text{card}\,(A' \cup B') = \text{card}\,(A \cup B)$$

예 두 유한기수 2와 3의 합 $2+3$을 구해보자.

$$\text{card}\,N_2 = 2,\ \text{card}\,\{3,\ 4,\ 5\} = 3,\ N_5 = N_2 \cup \{3,\ 4,\ 5\}$$

이고

$$N_2 \cap \{3,\ 4,\ 5\} = \varnothing$$

이므로

$$2+3 = \text{card}\,\{1,\ 2,\ 3,\ 4,\ 5\}) = \text{card}\,N_5 = 5$$

이고, 이것은 두 자연수의 일반적인 합과 일치한다. ■

참고 위 예에서 보는 바와 같이, 유한기수의 합은 자연수의 합과 같다.

합집합에 대해서는 교환법칙과 결합법칙이 성립하므로, 기수에 대하여 다음 상응하는 기수합의 성질을 갖는다.

정리 3

임의의 기수 x, y, z에 대하여, 다음이 성립한다.

(1) $x+y = y+x$ (교환법칙)

(2) $(x+y)+z = x+(y+z)$ (결합법칙)

증명 여기서는 (1)만 증명하고, (2)는 독자에게 남긴다. 임의의 기수 x, y에 대하여

$$\text{card}\, X = x,\ \ \text{card}\, Y = y$$

로 주어지는 서로소인 두 집합 X와 Y를 잡는다. 그러면

$$x + y = \text{card}\,(X \cup Y) = \text{card}\,(Y \cup X) = y + x$$

가 성립한다. ■

예 임의의 기수 x, y, x', y'에 대하여

$$x \leqq x' \text{이고 } y \leqq y' \text{이면, } x + y \leqq x' + y'$$

이 성립한다. ■

칸토어는 기호 $\aleph_0$($\aleph$는 히브리어 자모의 첫 번째 글자로 $\aleph_0$는 aleph zero 또는 aleph null로 읽는다.)와 c(c는 독일어의 세 번째 문사로써 '제'라고 읽는다.)를 자연수의 집합 N의 기수와 실수의 집합 R의 기수로 각각 표시하였다. R의 기수 c를 **연속체의 기수**(continuum cardinality)라고도 한다.

참고 $\aleph_0$는 무한기수 중에서 최소의 기수이다. 즉 $a < \aleph_0$를 만족하는 기수 a는 유한기수가 된다.

예 기호 $\aleph_0$와 c는 각각 집합 N과 R의 기수이므로

$$Q \sim N,\ \ (0,\, 1) \sim R$$

임에 유의하면 $\aleph_0$는 유리수의 집합 Q의 기수이고, c는 열린구간 $(0,\, 1)$의 기수이다. ■

정리 4

다음이 성립한다.

(1) $\aleph_0 + \aleph_0 = \aleph_0$

(2) 임의의 기수 a에 대하여, $a + 0 = 0 + a = a$

증명 (1) N_e와 N_0를 각각 짝수의 집합과 홀수의 집합을 나타낸다고 하자. N_e와 N_0는 서로소인 가부번집합이고, 이들의 합은 N이다. 따라서

$$\begin{aligned}\aleph_0 + \aleph_0 &= \text{card}\, N_e + \text{card}\, N_0 \\ &= \text{card}\,(N_e \cup N_0) = \text{card}\, N = \aleph_0\end{aligned}$$

(2) $\text{card}\, A = a$라 하면, $\text{card}\, \varnothing = 0$이고 $A \cap \varnothing = \varnothing$이므로

$$\begin{aligned}a + 0 &= \text{card}\,(A \cup \varnothing) = \text{card}\,(\varnothing \cup A) \\ &= 0 + a = \text{card}\, A = a\end{aligned}$$

가 된다. ■

참고 $n \leqq \aleph_0$일 때, $n + \aleph_0 = \aleph_0$가 성립한다.

정리 4의 결과는 무한기수의 특별한 성질 중 하나이다. 왜냐하면 유한기수 m, n의 합 $n+m=n$은 $m=0$일 때, 그때에 한하여 성립되는 까닭이다. 따라서 기수의 합에서는 간략율이 성립하지 않음에 유의한다.

예제 기수의 합 $\aleph_0 + c = c$가 성립한다.

증명 열린구간 $(0, 1)$과 실수의 집합 R과는 대등이므로

$$\text{card}\,(0, 1) = \text{card}\, R = c$$

이다. 이제 $S = N \cup (0, 1)$이라 하면, 자연수의 집합 N과 열린구간 $(0, 1)$은 서로소이므로

$$\text{card}\, S = \aleph_0 + c$$

가 된다. 한편 $R \sim (0, 1) \subset S$이고 $S \sim S \subset R$이므로, 슈뢰더-베른슈타인 정리에 의하여 $S \sim R$이다. 따라서

$$\aleph_0 + c = c$$

가 성립한다. ■

예제 기수의 합 $c+c=c$가 성립한다.

증명 $R \sim (0,1)$, $(0,1) \sim (1,2)$이고

$$(0,1) \subset (0,1) \cup (1,2),\ (0,1) \cup (1,2) \subset R$$

이므로, 슈뢰더-베른슈타인 정리에 의하여

$$(0,1) \cup (1,2) \sim R$$

이 된다. 그런데

$$\operatorname{card}(0,1) + \operatorname{card}(1,2) = \operatorname{card} R = c$$

이므로, $c+c=c$가 성립한다. ■

참고 $n \leqq c$일 때, $n+c=c$가 성립한다. 왜냐하면

$$c \leqq n+c \leqq c+c=c$$

이기 때문이다.

정의 5

기수족 $\{a_i \mid i \in I\}$에 대하여, 임의의 a_i를 기수로 갖는 집합 A_i를 선택하여 집합족 $\{A_i \mid i \in I\}$의 어느 두 집합도 서로소이면, 집합족의 기수를 기수족의 합이라 하고

$$\operatorname{card}\left(\bigcup_{i \in I} A_i\right) = \sum_{i \in I} a_i$$

로 정의한다.

예제 가부번집합의 가부번 개의 합은 가부번집합이 된다. 즉

$$\aleph_0 + \aleph_0 + \cdots = \aleph_0$$

이 성립한다.

증명 첨자집합으로 $N=\{1,\ 2,\ 3,\ \cdots\}$을 택하고, N의 원소 i에 대하여 가부번집합으로 써 순서쌍의 집합

$$A_i = \{(i, 0), (i, 2), (i, 3), \cdots\}$$

를 택하기로 하자. 이 집합족

$$\{A_1, A_2, A_3, \cdots\}$$

는 어느 두 집합도 공통원소를 갖지 않으므로, $\bigcup_{i \in I} A_i$의 기수가 구하고자 하는 기수이다. 이 집합의 원소를 다음 순서

$$A = \{(1, 1), (1, 2), (2, 1), (1, 3), (2, 2), (3, 1), (1, 4), \cdots\}$$

로 나열해 보면 하나의 가부번집합이 얻어진다. 따라서

$$\text{card}\left(\bigcup_{i \in I} A_i\right) = \text{card}\, A_1 + \text{card}\, A_2 + \cdots = \text{card}\, A$$

이므로

$$\aleph_0 + \aleph_0 + \cdots = \aleph_0$$

가 성립한다. ■

정리 6

임의의 두 기수 a, b에 대하여 $a \leqq b$가 성립하기 위한 필요충분조건이 $b = a + c$인 c가 존재하는 것이다.

예제 임의의 기수 a, b, c, d에 대하여 $a \leqq c$이고 $b \leqq d$일 때

$$a + b \leqq c + d$$

가 성립한다.

증명 임의의 기수 a, b, c, d에 대하여 $a \leqq c$이고 $b \leqq d$이므로

$$c = a + r, \ d = b + s$$

를 만족하는 r과 s가 각각 존재한다. 이때

$$c + d = a + r + b + s = (a + b) + (r + s)$$

이므로, 정리 6에 의해 $a + b \leqq c + d$가 성립한다. ■

2. 기수의 곱

정의 7 기수의 곱(cardinal product)

임의의 두 기수 a와 b의 **기수의 곱**, 간단히 **기수곱** ab를

$$\text{card}\, A = a, \ \ \text{card}\, B = b$$

일 때, 카테시안곱 $A \times B$의 기수, 즉

$$ab = \text{card}\,(A \times B)$$

로 정의한다.

두 집합 X, Y에 대하여, $A \sim X$와 $B \sim Y$이면 $A \times B \sim X \times Y$이므로

$$\text{card}\,(A \times B) = \text{card}\,(X \times Y)$$

이다. 따라서 정의 7은 대표로 택한 A, B의 선택과는 독립적이고, a와 b가 유한기수일 때도 정의 7이 적용됨이 분명하다.

참고 유한집합의 기수의 곱은 자연수의 곱과 일치하게 된다.

예
$$\begin{aligned} 2 \cdot 3 &= \text{card}\,(N_2 \times N_3) \\ &= \text{card}\,\{(1, 1), (1, 2), (1, 3), (2, 1), (2, 2), (2, 3)\} \\ &= \text{card}\, N_6 = 6 \end{aligned}$$
■

정리 8

x, y와 z가 임의의 기수일 때, 다음이 성립한다.

(1) $xy = yx$ (교환법칙)

(2) $(xy)z = x(yz)$ (결합법칙)

(3) $x(y+z) = xy + xz$ (분배법칙)

증명 (1) 기수의 공리에 의하여 기수 x와 y에 대응하는 집합을 각각 X와 Y라 하면

$$xy = \text{card}(X \times Y), \quad yx = \text{card}(Y \times X)$$

이므로, $X \times Y \sim Y \times X$임을 밝히면 된다. 그런데

$$(x_i, y_i) \in X \times Y, \quad (y_i, x_i) \in Y \times X$$

를 대응시키는 함수는 전단사이므로 $X \times Y \sim Y \times X$이다. 따라서 $xy = yx$.

(2) $\text{card}\, X = x$, $\text{card}\, Y = y$와 $\text{card}\, Z = z$인 세 집합 X, Y와 Z를 택하면

$$xy = \text{card}(X \times Y), \quad (xy)z = \text{card}((X \times Y) \times Z)$$
$$yz = \text{card}(Y \times Z), \quad x(yz) = \text{card}(X \times (Y \times Z))$$

이다. 그런데 $(X \times Y) \times Z$의 원소 $((x_i, y_i), z_i)$에 $X \times (Y \times Z)$의 원소 $(x_i, (y_i, z_i))$를 대응시키는 함수는 전단사이므로

$$(X \times Y) \times Z \sim X \times (Y \times Z)$$

이다. 따라서

$$\begin{aligned}(xy)z &= \text{card}((X \times Y) \times Z) = \text{card}(X \times Y \times Z)\\ &= \text{card}(X \times (Y \times Z)) = x(yz)\end{aligned}$$

(3) $\text{card}\, X = x$, $\text{card}\, Y = y$와 $\text{card}\, Z = z$이고 $Y \cap Z = \varnothing$인 세 집합 X, Y와 Z를 택하면

$$X \times (Y \cup Z) = (X \times Y) \cup (X \times Z)$$

이다. 그런데 $(X \times Y) \cap (X \times Z) = \varnothing$이므로

$$\begin{aligned}x(y+z) &= \text{card}(X \times (Y \cup Z))\\ &= \text{card}((X \times Y) \cup (X \times Z))\\ &= \text{card}(X \times Y) + \text{card}(X \times Z)\\ &= xy + xz\end{aligned}$$

■

정리 9

x가 임의의 기수일 때, 다음이 성립한다.

(1) $1x = x$ (2) $0 \cdot x = x \cdot 0 = 0$ (3) $\aleph_0 \aleph_0 = \aleph_0$

증명 A를 $\text{card}\, A = x$인 집합이라 하자.

(1) 카테시안곱 $\{1\} \times A$와 집합 A는 대등이므로, $1x = x$이다.

(2) $\varnothing \times A = A \times \varnothing = \varnothing$이므로, $0 \cdot x = x \cdot 0 = 0$이다.

(3) $N \times N \sim N$이므로, $\aleph_0 \aleph_0 = \aleph_0$이다. ■

예 $n \leq \aleph_0$일 때, $n\aleph_0 = \aleph_0$가 성립한다. 또한 임의의 기수 x, y, x', y'에 대하여

$$x \leq x' \text{이고 } y \leq y' \text{이면, } xy \leq x'y'$$

이 성립한다. ■

참고 세 기수 x, y와 z에 대하여 $x < y$이지만

$$xz < yz \ (\text{단, } z > 0)$$

는 성립하지 않는다. 예를 들면 $x = 1$, $y = z = \aleph_0$에 대하여

$$x < y \text{이지만, } xz = yz = \aleph_0$$

가 성립하기 때문이다.

정리 9 (3)의 결과는 무한기수의 특별한 성질 중 하나이다. 왜냐하면 유한기수 a, b의 곱 $ab = a$는 $b = 1$일 때, 그때에 한하여 성립되는 까닭이다. 따라서 기수의 곱에서도 간략율이 성립하지 않음에 유의한다.

예제 a_1, a_2, a_3가 임의의 기수일 때

$$(a_1 + a_2)a_3 = a_1a_3 + a_1a_3$$

가 성립한다.

증명 $a_3 = 0$이면 분명하다. 이제

$$\text{card } S_1 = a_1, \ \text{card } S_2 = a_2, \text{card } S_3 = a_3$$

이고 $S_1 \cap S_2 = \varnothing$인 세 집합 S_1, S_2, S_3를 택하면

$$(S_1 \cup S_2) \times S_3 = (S_1 \times S_3) \cup (S_2 \times S_3)$$

이고

$$S_1 \cap S_2 = \varnothing \iff (S_1 \times S_3) \cap (S_2 \times S_3) = \varnothing$$

이므로

$$(a_1 + a_2) a_3 = a_1 a_3 + a_2 a_3$$

가 성립한다. ■

정리 10

c가 실수의 집합 R의 기수일 때, 기수의 곱

$$cc = c$$

가 성립한다.

증명 먼저 $cc \leqq c$임을 보이기 위해, $(0, 1)$이 단위열린구간일 때 카테시안곱 $(0, 1) \times (0, 1)$로부터 $(0, 1)$으로의 단사함수가 존재함을 증명한다. 그러기 위해서 각 $x \in (0, 1)$을 무한소수로 나타내기로 한다. 이를 테면 0.2는 0.1999…로 나타낸다. 이와 같이 단위열린구간 $(0, 1)$에 속하는 각 실수를 무한소수로 일의적으로 나타낼 때, 함수 $f : (0, 1) \times (0, 1) \to (0, 1)$를

$$f(.x_1 x_2 x_3 \cdots,\ .y_1 y_2 y_3 \cdots) = .x_1 y_1 x_2 y_2 \cdots$$

로 정의하면, f는 단사함수가 된다. 따라서

$$\text{card}((0, 1) \times (0, 1)) \leqq \text{card}(0, 1)$$

이므로, $cc \leqq c$이다. 한편 함수 $g : (0, 1) \to (0, 1) \times (0, 1)$을

$$g(x) = (x, 1/2)$$

로 정의하면, g는 단사함수가 된다. 따라서

$$c = \text{card}(0, 1) \leqq \text{card}((0, 1) \times (0, 1)) = cc$$

이다. 그러므로 슈뢰더-베른슈타인 정리에 의하여

$$cc = c$$

가 성립한다. ■

참고 실수의 집합 R의 기수 c에 대하여, $n \leqq c$일 때

$$nc = c$$

가 성립한다.

칸토어는 1877년에 $R^2 \sim R$임을 증명하였고, 다시 $R^3 \sim R$임도 증명하였다. 따라서 이차원과 삼차원이라는 구별은 없어진다. 그러나 평면기하학과 입체기하학과의 구별은 없어지지 않는다.

정리 11

임의의 무한기수 a에 대하여

$$aa = a$$

가 성립한다.

예제 무한기수 a와 임의의 기수 b (단, $b \neq 0$)에 대하여 $b \leqq a$이면

$$ab = a$$

가 성립한다.

증명 $b \geqq 1$이므로, $a = a \cdot 1 \leqq ab$이다. 그러나 $ab \leqq aa = a$이다. 따라서 $ab = a$가 성립한다. ■

예제 무한기수 a에 대하여, $a + a = a$가 성립한다.

증명 $a = 1a \leqq 2a \leqq aa = a$이며, $2a = (1+1)a = a + a$이다. 따라서 $a + a = a$가 성립한다. ■

예제 두 기수 a, b에 대하여, a가 무한기수이고 $b \leqq a$이면

$$a + b = a$$

가 성립한다.

증명 $a = a + 0 \leqq a + b$이다. 그러나 $a + b \leqq a + a = a$이다. 따라서 $a + b = a$가 성립한다. ■

참고 a, b가 무한기수일 때

$$a + b = ab = \max\{a, b\}$$

가 성립한다.

3. 기수의 지수

두 집합 A와 B에 대하여, A로부터 B로의 모든 함수의 집합을 B^A, 즉

$$B^A = \{f \mid f : A \to B\text{는 함수}\}$$

로 정의한다. 특히 $B = \{0, 1\}$일 때, $\{0, 1\}^A$을 2^A로 나타낸다.

정의 12　기수의 지수
기수 a, b(단, $a \neq 0$)가 두 집합 A와 B에 대하여 $\text{card}\, A = a, \ \text{card}\, B = b$ 로 주어질 때, **기수의 지수**(exponential) b^a를 $b^a = \text{card}\, B^A$ 로 정의한다.

예 $\text{card}\, A = \alpha$, $\text{card}(\{a\}) = 1$일 때

$$\{f \mid f : \{a\} \to A\} \sim A$$

이므로 $\alpha^1 = \alpha$이고, 마찬가지로

$$\{f \mid f : A \to \{a\}\} \sim \{a\}$$

이므로 $1^\alpha = 1$이 된다. ■

정의 12에서 기수의 거듭제곱 b^a은 a, b에 대하여 일의적으로 정의되고, 집합 A, B를 선택하는 방법에는 독립적이다.

정리 13

집합 A, B, X와 Y에 대하여, $A \sim X$, $B \sim Y$이면

$$B^A \sim Y^X$$

이 성립한다.

증명 두 함수 $g : A \sim X$와 $h : B \sim Y$를 전단사라고 하자. 그러면 모든 $f \in B^A$에 Y^X의 원소 $\psi(f) = h \circ f \circ g^{-1}$를 대응시키는 함수 $\psi : B^A \to Y^X$는 전단사이다. 따라서 $B^A \sim Y^X$이다. ■

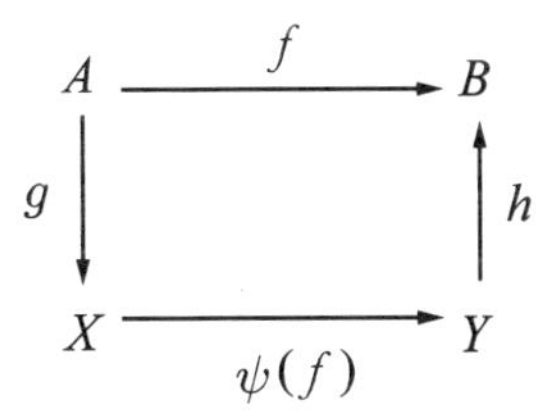

그림 6.3

예제 집합 A의 멱집합 $\wp(A)$에 대하여

$$\text{card}\ \wp(A) = 2^{\text{card}\ A}$$

이 성립한다.

증명 $B = \{0, 1\}$이라 할 때, A의 부분집합 D의 특성함수

$$\chi_D : A \to B$$

에 대하여 $D \in \wp(A)$를 χ_D로 보내는 함수 ψ, 즉

$$\psi : \wp(A) \to B^A$$

이 전단사임을 보이자. 먼저 $\chi_D = \chi_E$라 하면

$$\forall a \in A,\ \chi_D(a) = \chi_E(a)$$

이다. 그러므로

$$a \in D \iff \chi_D(a)=1 \iff \chi_E(a)=1 \iff a \in E$$

이다. 따라서 $D=E$이므로, ψ는 단사이다.

다음으로 $f \in B^A$에 대하여 $D=\{x \in A \mid f(x)=1\}$이라 하면, $D \in \wp(A)$이고

$$f=\chi_D=\psi(D)$$

이므로, 함수 ψ는 전사가 된다. 따라서 $\wp(A) \sim B^A$이므로

$$\mathrm{card}\ \wp(A)=\mathrm{card}\ B^A=2^{\mathrm{card}\ A}$$

이 성립한다. ■

정리 14

a, x와 y가 기수일 때

$$a^x a^y = a^{x+y}$$

이 성립한다.

증명 세 집합 A, X, Y가 $\mathrm{card}\ A=a$, $\mathrm{card}\ X=x$, $\mathrm{card}\ Y=y$이고, $X \cap Y=\varnothing$을 만족하면

$$\mathrm{card}(X \cup Y)=x+y$$

이므로

$$A^X \times A^Y \sim A^{X \cup Y}$$

임을 밝히면 된다.

먼저 함수 $f \in A^X$와 $g \in A^Y$의 각 순서쌍 (f, g)에 함수

$$h=f \cup g \in A^{X \cup Y}$$

를 대응시키고, 정의역 $X \cup Y$를 각각 X와 Y로 축소한 함수를 h_X, h_Y라 하면, h_X, h_Y는 각 A^X와 A^Y의 원소가 된다. 이와 같이 축소함수를 생각함으로써 각 $h \in A^{X \cup Y}$에 대하여 $A^X \times A^Y$의 원소 (h_X, h_Y)가 정해진다. 역으로 $A^X \times A^Y$의 임의의 원소 (f, g)를 생각할 때, $h_X=f$, $h_Y=g$가 되도록 하는 $A^{X \cup Y}$의 원소

h는

$$h(x)=\begin{cases} f(x), & x\in X \\ g(x), & x\in Y \end{cases}$$

로서 일의적으로 결정된다.

그러므로 $A^{X\cup Y}$의 각 원소 h에 $A^X\times A^Y$의 원소 (h_X, h_Y)를 대응시키는 함수는 $A^{X\cup Y}$으로부터 $A^X\times A^Y$으로의 전단사이다. 따라서

$$A^{X\cup Y}\sim A^X\times A^Y$$

이므로, $a^x a^y = a^{x+y}$이 성립한다. ■

정리 15

a, b와 x가 임의의 기수일 때

$$(ab)^x = a^x b^x$$

이 성립한다.

증명 기수 a, b와 x를 갖는 집합을 각각 A, B와 X라 할 때

$$(A\times B)^X\sim A^X\times B^X$$

임을 밝히면 된다.

먼저 $A\times B$로부터 A로의 사영을 p_A, $A\times B$로부터 B로의 사영을 p_B라 하고, h를 $(A\times B)^X$의 임의의 원소, 즉 X로부터 $A\times B$로의 임의의 함수라 하면

$$p_A\circ h,\ p_B\circ h$$

는 각각 A^X와 B^X의 원소가 된다. 그러면 $(A\times B)^X$의 각 원소 h에 대하여 $A^X\times A^Y$의 원소 $(p_A\circ h, p_B\circ h)$가 정해진다. 역으로 $A^X\times B^X$의 임의의 원소 (f, g), 즉 X로부터 A로의 임의의 함수 f와 X로부터 B로의 임의의 함수 g를 생각할 때

$$p_A\circ h=f,\ p_B\circ h=g$$

가 되도록 하는 $(A\times B)^X$의 원소 h는

$$h(x)=(f(x),\ g(x))\ (\text{단},\ x \in X)$$

로써 일의적으로 결정된다.

그러므로 $(A \times B)^X$의 각 원소 h에 $A^X \times B^X$의 원소 $(p_A \circ h,\ p_B \circ h)$를 대응시키는 함수

$$\psi\ :\ (A \times B)^X\ \rightarrow\ A^X \times B^X$$

는 전단사이다. 따라서

$$(A \times B)^X \sim A^X \times B^X$$

이므로, $(ab)^x = a^x b^x$이 성립한다. ■

참고 모든 $\lambda \in A$에 대하여 $B_\lambda = B$일 때, 카테시안곱 $\prod_{\lambda \in A} B_\lambda$는 B^A과 같다. 따라서 $\text{card}\,A = m$, $\text{card}\,B = n$이면

$$\text{card}\left(\prod_{\lambda \in A} B_\lambda\right) = n^m$$

이 성립한다.

정리 16

x, y와 z를 임의의 기수일 때

$$(z^y)^x = z^{yx}$$

이 성립한다.

증명 집합 X, Y, Z가 각각 기수 x, y, z를 갖는 집합일 때

$$Z^{Y \times X} \sim (Z^Y)^X$$

을 보이면 된다.

먼저 f를 $Z^{Y \times X}$의 임의의 원소라 하고 $a \in X$가 고정된 원소일 때, 함수 $f^a\ :\ Y \rightarrow Z$를

$$\forall\, b \in Y,\ f^a(b) = f(b,\ a)$$

로 정의한다. 이때 $\psi : Z^{Y \times X} \to (Z^Y)^X$을 $f \in Z^{Y \times X}$에 대하여

$$e_f(a) = f^a \text{ (단, } a \in X)$$

로 주어지는 함수 $e_f \in (Z^Y)^X$에 대응되도록 정의하면, 함수 ψ는 $Z^{Y \times X}$으로부터 $(Z^Y)^X$으로의 전단사가 된다. 따라서

$$Z^{Y \times X} \sim (Z^Y)^X$$

이므로, $(z^y)^x = z^{yx}$이 성립한다. ■

정리 17

$2^{\aleph_0} = c$가 성립한다.

증명 먼저 함수 $h : R \to \wp(Q)$를

$$\forall a \in R,\ h(a) = \{x \in Q \mid x < a\}$$

로 정의하면, h는 단사가 된다. 왜냐하면 $a < b$인 두 실수 a, b에 대하여, $a < r < b$를 만족하는 유리수가 r이 존재하기 때문에

$$r \in h(b) \text{ 이지만, } r \notin h(a)$$

이므로, h는 단사이다. 따라서

$$c \leqq \text{card}\, \wp(Q) = 2^{\aleph_0}$$

이 된다. 즉 $c \leqq 2^{\aleph_0}$이 된다.

이제 함수 $\psi : \{0,\ 1\}^N \to R$을 임의의 $f \in \{0,\ 1\}^N$에 대하여

$$\psi(f) = 0\ f(1)\, f(2)\, f(3) \cdots$$

로 정의하자. 이때 $\psi(f)$는 0과 1 사이의 소수로써 주어진다. 만일 $f,\ g \in \{0,\ 1\}^N$이고 $f \neq g$이면 $\psi(f)$와 $\psi(g)$를 정의하는 소수는 상이한 까닭에, $\psi(f) \neq \psi(g)$이므로

$$\psi : \{0,\ 1\}^N \to R$$

은 단사함수이다. 따라서 $2^{\aleph_0} \leqq c$가 된다.

그러므로 $2^{\aleph_0} = c$가 성립한다. ■

예제 $\aleph_0 < c$가 성립한다.

증명 칸토어 정리에 의하여, $\text{card}\, N < \text{card}\, \wp(N)$이므로

$$\aleph_0 < \text{card}\, \wp(N) = 2^{\text{card}\, N} = 2^{\aleph_0} = c$$

가 성립한다. ■

정리 18
m이 무한기수일 때, $2 \leqq n \leqq m$을 만족하는 임의의 기수 n에 대하여 $$n^m = 2^m$$ 이 성립한다.

증명 $2 \leqq n$이므로, $2^m \leqq n^m$ 이다. 또한 부등식 $n < 2^n$의 양변을 m 제곱하면

$$n^m \leqq (2^n)^m = 2^{mn}$$

을 만족한다. 그런데 $mn = m$이므로 $n^m \leqq 2^m$이 된다. 따라서 $n^m = 2^m$이 성립한다.

■

예제 임의의 기수 $2 \leqq n \leqq \aleph_0$에 대하여

$$n^{\aleph_0} = c = \aleph_0^{\aleph_0}$$

이 성립한다.

증명 임의의 기수 $2 \leqq n \leqq \aleph_0$에 대하여

$$\begin{aligned} c = 2^{\aleph_0} &\leqq n^{\aleph_0} \leqq \aleph_0^{\aleph_0} \leqq (2^{\aleph_0})^{\aleph_0} \\ &\leqq 2^{\aleph_0 \aleph_0} \leqq 2^{\aleph_0} = c \end{aligned}$$

가 된다. 따라서 $n^{\aleph_0} = c = \aleph_0^{\aleph_0}$이 성립한다. ■

참고 임의의 기수 $2 \leqq n \leqq c$에 대하여

$$2^c = n^c = \aleph_0{}^c = c^c$$

이 성립한다.

4. 기수의 계산

예 c가 실수의 집합 R의 기수일 때

$$cc = 2^{\aleph_0} 2^{\aleph_0} = 2^{\aleph_0 + \aleph_0} = 2^{\aleph_0} = c$$

가 성립하므로, $cc = c$가 된다. ■

참고 $1 \leqq n \leqq \aleph_0$인 자연수 n에 대하여, $c^n = c$가 성립한다. 따라서 $c \leqq \aleph_0 c \leqq cc = c$이므로, $\aleph_0 c = c$가 된다. 이것은 $N \times R$이 R과 대등이라는 사실을 보여주고 있다.

예 $\text{card}\, R^2 = \text{card}\,(R \times R) = cc = c$이므로, $R^2 \sim R$이 성립하고

$$\text{card}\, R^3 = \text{card}\, R^4 = \cdots = \text{card}\, R^n = c$$

이므로, 모든 자연수 n에 대하여

$$R^n \sim R$$

이 성립한다. ■

예제 함수의 집합 $\{f \mid f : R \to R\}$의 기수와 R의 기수 c의 크기를 비교하시오.

풀이

$$\begin{aligned}\text{card}\,\{f \mid f : R \to R\} &= \text{card}\, R^R = (\text{card}\, R)^{\text{card}\, R} = c^c \\ &= (2^{\aleph_0})^c = 2^{\aleph_0 c} = 2^c > c\end{aligned}$$

이다. 따라서

$$\text{card}\,\{f \mid f : R \to R\} > c$$

가 성립한다. ■

정의 19 함수의 기수

함수의 집합 $\{f \mid f: R \to R\}$의 기수를 f로 나타내면, f는

$$c < f$$

를 만족한다. 이때 f를 **함수의 기수**(cardinal of function)라고 한다.

예제 $2 \leqq \alpha \leqq c$에 대하여, $\alpha^c = f$가 성립한다.

증명 단조성에 의하여, $2 \leqq \alpha \leqq c$이므로 $2^c \leqq \alpha^c \leqq c^c$이 성립한다. 그런데 $c^c = 2^c = f$ 이므로, $\alpha^c = f$가 된다. ■

예제 f가 함수의 기수일 때, 다음이 성립한다.

(1) $\alpha \leqq f$이면, $\alpha + f = f$

(2) $1 \leqq \alpha \leqq f$이면, $\alpha f = f$

(3) $1 \leqq \alpha \leqq c$이면, $f^\alpha = f$

(4) $1 \leqq \alpha \leqq c$이면, $f^\alpha = f$

증명 여기서는 (1)만 증명하고, 나머지는 독자에게 남긴다. $\alpha \leqq f$이면

$$\begin{aligned} f \leqq \alpha + f \leqq f + f &= 2^c + 2^c \\ &= 2 \cdot 2^c = 2^{1+c} = 2^c = f \end{aligned}$$

이므로, $\alpha + f = f$가 성립한다. ■

참고 $2 \leqq \alpha \leqq c$에 대하여, $2^f = \alpha^f$가 성립한다.

정리 20

두 함수의 집합

$$\{f \mid f: R \to \{0,\ 1\}\},\ \{f \mid f: R^n \to \{0,\ 1\}\}$$

은 같은 기수를 가진다. 여기서 n은 임의의 자연수이다.

증명 두 함수의 집합 $\{f \mid f: R \to \{0,\ 1\}\}$과 $\{f \mid f: R^n \to \{0,\ 1\}\}$의 기수는 각각

2^c과 c^{c^n}으로 주어진다. 그런데 $c^n = c$이고, $\aleph_0 c = c$이므로

$$c^{c^n} = c^c = (2^{\aleph_0})^c = 2^{\aleph_0 c} = 2^c$$

이 성립한다. ■

예제 f가 함수의 집합 $\{f \mid f : R \to R\}$의 기수일 때, 모든 $n \in N$에 대하여

$$f^n = f^{\aleph_0} = f^c = f$$

가 성립한다.

증명 $f = 2^c$이므로

$$f \leqq f^n \leqq f^{\aleph_0} \leqq f^c = (2^c)^c = 2^{cc} = 2^c = f$$

를 얻는다. 따라서 $f^n = f^{\aleph_0} = f^c = f$가 성립한다. ■

정리 21

$C(R, R)$과 $C(Q, R)$을 각각 정의역이 R과 Q인 연속인 실함수의 집합이라 하고, $K(R, R)$을 정의역이 R인 모든 실가상수함수라 하면

$$\text{card } C(R, R) = \text{card } C(Q, R) = \text{card } K(R, R) = c$$

가 성립한다.

증명 각 $f \in C(R, R)$에 축소함수 $f \mid Q : Q \to R$을 대응시키는 함수

$$\psi : C(R, R) \to C(Q, R)$$

을 생각하자. 그러면 유리수의 조밀성으로부터 각 실수 x에 대하여 $\lim_{n \to \infty} x_n = x$를 만족하는 유리수의 수열 $\{x_n \mid n \in N\}$이 존재하므로, 임의의 두 연속함수 $f, g : R \to R$이

$$\forall x' \in Q, \ f(x') = g(x')$$

인 성질을 갖는다면, 모든 $x \in R$에 대하여 $f(x) = g(x)$가 된다. 다시 말하면 함수

$$\psi : C(R, R) \to C(Q, R)$$

은 단사이다. 따라서

$$\begin{aligned}\text{card}\, C(R,\ R) &\leqq \text{card}\, C(Q,\ R) \leqq \text{card}\, R^{Q} \\ &= c^{\aleph_0} = (2^{\aleph_0})^{\aleph_0} = 2^{\aleph_0 \aleph_0} = 2^{\aleph_0} = c\end{aligned}$$

가 성립한다.

이제 정의역이 R인 모든 실가상수함수의 집합 $K(R,\ R)$을 생각하자. 각 실수 a에 대하여 $f_a(R)=\{a\}$로 정의되는 상수함수 $f_a : R \to R$가 존재하므로

$$\text{card}\, K(R,\ R) = c$$

이다. 또한 각 상수함수 $f_a : R \to R$이 연속이므로

$$K(R,\ R) \subset C(R,\ R)$$

이 된다. 따라서

$$c = \text{card}\, K(R,\ R) \leqq \text{card}\, C(R,\ R)$$

이고, 이것을 마지막에 얻어진 부등식과 결합하면

$$c = \text{card}\, K(R,\ R) \leqq \text{card}\, C(R,\ R) \leqq \text{card}\, C(Q,\ R) \leqq c$$

가 성립하므로, $C(R,\ R)$, $C(Q,\ R)$과 $K(R,\ R)$의 기수는 모두 c가 된다. ■

따름정리

집합 $D(R,\ R)=\{f \mid f : R \to R\text{은 미분가능한 함수}\}$에 대하여

$$\text{card}\, D(R,\ R) = c$$

가 성립한다.

증명 상수함수는 미분가능하고, 미분가능한 함수는 연속이므로

$$K(R,\ R) \subset D(R,\ R) \subset C(R,\ R)$$

이다. 따라서

$$c = \text{card}\, K(R,\ R) \leqq \text{card}\, D(R,\ R) \leqq \text{card}\, C(R,\ R) = c$$

이므로

$$\text{card}\, D(R, R) = c$$

가 된다. ■

정리 22

$\mathfrak{J}$가 열린구간의 집합일 때, $\mathfrak{J}$에 속하는 임의의 두 구간이 서로소이면 집합 $\mathfrak{J}$는 가부번이다.

증명 $\aleph_0 \leq \text{card}\, \mathfrak{J}$는 명백하다. 이제 $\mathfrak{J}$에 속하는 어떤 구간에 포함되는 유리수 전체의 집합을 Q'이라 하자. 그러면 Q'의 각 원소 r에 대하여, r을 포함하는 $\mathfrak{J}$의 원소 I는 일의적으로 정해진다. r에 그 I를 대응시키는 함수를 f라 하면, $\mathfrak{J}$의 어느 원소도 반드시 유리수를 포함하므로, 함수 f는 전사가 된다. 따라서

$$\text{card}\, \mathfrak{J} \leq \text{card}\, Q' \leq \text{card}\, Q = \aleph_0$$

가 된다. 그러므로 집합 $\mathfrak{J}$는 가부번이다. ■

정리 23

A가 가부번집합일 때, A의 유한부분집합 전체의 집합 Ω는 가부번집합이 된다.

증명 $\aleph_0 \leq \text{card}\, \Omega$는 명백하다. 이제 카테시안곱 $A \times A \times \cdots \times A$를 A^n이라 하고 $B = \bigcup_{n=1}^{\infty} A^n$이라 하면, B는 가산이다. 이때 B의 원소 x는 일의적으로 어떤 A^n에 포함되므로, B로부터 Ω로의 함수 f를

$$\text{'}x = (a_1, a_2, \cdots, a_n) \in A^n \text{일 때, } f(x) = \{a_1, a_2, \cdots, a_n\}\text{'}$$

으로 정의하면, f는 전사가 된다. 따라서

$$\text{card}\, \Omega \leq \text{card}\, B = \aleph_0$$

가 된다. 그러므로 Ω는 가부번집합이다. ■

6.2 연습문제

01 임의의 기수 x, y, z에 대하여, 다음 물음에 답하시오.

(1) $x \leqq y$이면, $x+z \leqq y+z$임을 증명하시오.

(2) 위의 (1)에서 만일 '$\leqq$'를 '$<$'로 대치하면 참이 아닐 수도 있음을 예를 들어 증명하시오.

02 임의의 기수 x, y, z에 대하여, 소거법칙

$$x+y \leqq x+z \text{ 이면, } y=z$$

가 성립하지 않는 예를 들어 보시오.

03 집합 A가 가부번일 때, A의 가부번부분집합 전체의 집합 Ψ의 기수는

$$\text{card}\,\Psi = c$$

로 주어짐을 보이시오.

04 무한기수 a에 대하여, 두 기수 b, c가 $a \leqq bc$를 만족하면

$$a \leqq b \text{ 이거나 } a \leqq c$$

가 성립함을 보이시오.

05 임의의 기수 a, b, c에 대하여, 다음이 성립함을 보이시오.

(1) $a+a=a+b$이면, $b \leqq a$이다.

(2) $a+b<a+c$이면, $b<c$이다.

(3) $ab<ac$이면, $b<c$이다.

06 임의의 기수 x, y, z에 대하여, 다음 물음에 답하시오.

(1) $x \leqq y$이면, $xz \leqq yz$임을 증명하시오.

(2) 위의 (1)에서 $z \neq 0$일 때, '$\leqq$'를 '$<$'로 대치하면 참이 아닐 수도 있음을 예를 들어 증명하시오.

07 어느 두 집합도 서로소인 집합족 $\{A_i \mid i \in I\}$에 대하여, $\text{card}\, I = n$이고 $i \in I$일 때 $\text{card}\, A_i = m$이면

$$\text{card}\left(\bigcup_{i \in I} A_i\right) = mn$$

이 성립함을 보이시오.

08 임의의 기수 a, b에 대하여, $ab = 0$이기 위한 필요충분조건은 $a = 0$ 또는 $b = 0$임을 보이시오.

09 임의의 기수 a, b에 대하여, $ab = 1$이기 위한 필요충분조건은 $a = b = 1$임을 보이시오.

10 두 기수 a, b에 대하여, b가 무한기수이고 $a > 1$일 때

$$a = a^b\text{이면, } b < a$$

가 성립함을 보이시오.

11 임의의 기수 a에 대하여, 다음이 성립함을 보이시오.

(1) $a^0 = 1$ (2) $a \neq 0$이면, $0^a = a$

12 임의의 기수 a, b, c, d에 대하여 $a \leqq c$이고 $b \leqq d$일 때, 다음이 성립함을 보이시오.

(1) $ab \leqq cd$ (2) $a^b \leqq c^d$

13 $a,\ b,\ c,\ d$가 기수일 때, 다음이 성립함을 보이시오.

(1) $a^c < b^c$이면, $a < b$

(2) $a^c < a^d$이면, $c < d$

14 $a,\ b,\ c,\ r,\ s$가 기수일 때

$$a+b=c\text{이면, } r^a s^b \leqq (r+s)^c$$

이 성립함을 보이시오.

6.3 연속체 가설

칸토어 정리를 거듭해서 적용하면 주어진 무한집합보다 얼마든지 큰 집합이 존재하고 무한히 많은 초월수들이 존재한다는 것을 알 수 있다. 그러나 집합 A의 기수가 a라면 A의 멱집합의 기수가 a 바로 다음의 기수인지는 알 수 없다. **연속체 문제**(continuum problem)로 알려진

'$\aleph_0$과 $2^{\aleph_0}$ 사이에 어떤 다른 기수의 존재성?'

즉 "집합 R의 비가부번 부분집합으로써 기수가 R의 기수보다 작은 것이 존재하는가?"하는 의문이 칸토어에 의해 제기되었고, 칸토어를 비롯한 많은 수학자들이 이 문제를 해결하려고 많은 노력을 기울였으나 모두 무위로 끝났다. 실제의 집합에서 그런 기수는 찾을 수가 없었다. 1878년에 칸토어는 이 문제에 대한 답은 부정적일 것이라 예측하여 다음 연속체 가설을 제안했다.

연속체 가설(continuum hypothesis): 두 무한기수 $\aleph_0$와 $c(=2^{\aleph_0})$에 대하여, $\aleph_0 < x < c$를 만족하는 기수 x는 존재하지 않는다.

연속체 문제와 밀접하게 관계된

"무한기수 a와 2^a 사이에 놓이는 임의의 기수가 존재하느냐?"

하는 의문도 역시 해결될 수가 없어 "이와 같은 기수도 존재하지 않는다."는 추측이 곧 일반 연속체 가설이다.

일반 연속체 가설(generalized continuum hypothesis): 임의의 무한기수 a에 대해서 $a < x < 2^a$를 만족하는 기수 x는 존재하지 않는다.

참고 1900년대 독일의 수학자 힐베르트는 파리에서 개최된 국제 수학자 대회에서 23개의 중요한 미해결 문제를 제기했는데, 그 첫 번째 문제가 연속체 가설이었다.

연속체 문제를 해결하는데 어떠한 진척도 없다가, 1938년에 오스트리아의 논리학자

인 괴델(Gödel)이 연속체 가설은 집합론의 공리와 모순되지 않음을 증명하였다. 즉 연속체 가설은 집합론의 공리와 독립적이라는 것이다. 괴델은 연속체 가설 자체를 증명한 것이 아니고, 단지 집합론의 공리를 바탕으로 한 논증에 의해서는 연속체 가설이 거짓임을 증명할 수 없음을 보였을 뿐이다. 1963년에 스텐포드 대학의 코헨(Cohen)은

"일반 연속체 가설은 집합론의 공리 안에서는 증명이 불가능하다."

는 것을 증명하였다. 이들은 유클리드 기하학에서 제5공준이 1 ~ 4 공준들과 종속관계 없이 독립되어 있듯이 집합론에 있어서 연속체 가설도 공리론적 집합론의 다른 공리들과 독립적이라는 것을 밝힌 것이다. 즉 집합론의 공리계가 무모순이면 그 공리계에 연속체 가설 또는 일반 연속체 가설을 공리로 덧붙여서 확장시킨 공리계에서도 모순이 나오지 않으며, 또한 그 공리계에 연속체 가설 또는 일반 연속체 가설의 부정을 공리로 덧붙여서 확장시킨 공리계에서도 모순이 나오지 않는다는 사실을 밝힌 것이다. 다시 말하면 연속체 가설은 집합론의 하나의 공리로 받아들이거나 받아들이지 않을 수 있으며, 두 경우 모두 모순이 없는 수학적 이론의 구성이 가능하다는 것이다. 즉 연속체 가설은 다른 공리로부터 증명이나 반증을 얻지 못하고 있는 하나의 가설이다. 따라서 집합론에 있어서 연속체 가설은 기하학에 있어서 유클리드의 평행선 공리와 성질이 비슷하다.

6.3 연습문제

01 일반화된 연속체 가설을 가정하고, 모든 기수 a, b에 대하여

$$a < b \text{ 이면, } 2^a < 2^b$$

이 성립함을 보이시오.

02 연속체 가설을 이용하여, card $Q^c = c$가 성립함을 보이시오.

제 7 장

순서집합과 속

이 장에서는 순서관계와 순서집합에 관하여 서술하고, 순서집합에서 속과 정렬집합을 유도한다. 특히 불대수와 밀접한 관계를 가진 속론은 수학의 많은 분야에서 응용되고 있다.

7.1 순서집합

현대수학에서 수학적 구조는 집합주의적 구조와 카테고리 (category)주의적 구조로 크게 나누는데, 어느 경우에서나 순서구조, 대수구조, 위상구조가 기본적인 구조가 되고, 이들의 결합에 의한 복잡한 구성이 현대수학의 특징이다.

1. 순서집합

정의 1 반순서집합

집합 A에서의 관계 $\leq$가 다음 세 조건

(1) 반사적: 모든 $x \in A$에 대하여, $x \leq x$

(2) **반대칭적** (anti-symmetric): $x \leq y$이고 $y \leq x$이면, $x = y$

(3) 추이적: $x \leq y$이고 $y \leq z$이면, $x \leq z$

를 만족할 때, $\leq$를 **반순서관계** (partial order relation) 또는 간단히 **순서관계** (order relation)라 하고, 특히 집합 A에서의 관계 $\leq$가 (1)과 (3)만을 만족할 때 $\leq$를 **준순서관계** (preorder relation)라고 한다.

집합 A에 반순서 $\leq$가 정의되었을 때, $(A, \leq)$를 **반순서집합** (partially ordered set) 또는 간단히 **순서집합** (ordered set)이라 한다. 반면에 집합 A에 준순서 $\leq$가 주어졌을 때, $(A, \leq)$를 **준순서집합**이라 한다.

참고 집합 A에서 관계 $\Re$이 반순서관계이면, 역관계 $\Re^{-1}$도 반순서관계가 된다. 이때 역관계 $\Re^{-1}$을 **역순서** (inverse order)라고 한다.

예 실수의 집합 R에서, '작거나 같다'는 기호 '$\leq$'는 반사적, 반대칭적, 추이적이므로 순서관계이다. 그러나 R에서 '보다 작다'는 관계 '$<$'는 반대칭적이고 추이적이지만 반

사적이 아니므로 순서관계가 아니다. 특히 반대칭적이고 추이적이지만 반사적이 아닌 관계를 **강한 뜻에서의 순서관계**라 하기도 한다. ■

참고 $(A, \leq)$가 반순서집합일 때, 집합 A를 $(A, \leq)$의 **토대집합**(underlying set)이라고 한다. 이때 반순서 $\leq$의 의미가 확실한 경우는 $(A, \leq)$를 간단히 '반순서집합 A'로 표현한다.

예 복소수의 집합 C에 관계 $\Re$을 임의의 $z_1, z_2 \in C$에 대하여

$$|z_1| \leq |z_2| \text{일 때, 그리고 그때만 } z_1 \Re z_2$$

로 정의하면, 관계 $\Re$은 준순서이다. 왜냐하면 반사적이고 추이적이지만, 반대칭적이 아니기 때문이다. ■

예 자연수의 집합 N의 두 원소 a, b에 대하여, b가 a에 의하여 정제되는(a는 b의 약수) 것을 $\leq$로 정의(이 관계를 정수론에서는 보통 $a \mid b$로 표현)하면, **'정지관계'** $\leq$는 N의 반순서관계이다. ■

예 공집합이 아닌 X의 멱집합 $\wp(X)$에 대하여

$$\Re = \{(A, B) \in \wp(X) \times \wp(X) \mid A \subset B\}$$

로 주어진 관계 $\Re$은 $\wp(X)$에서의 반순서관계이다. ■

정의 2 부분순서집합

M이 반순서집합 $(A, \leq)$의 공집합이 아닌 부분집합일 때, M의 원소 a, b에 대하여

$$a \leq b \text{일 때, 그때에 한하여 } a \leq_M b$$

로 관계 $\leq_M$을 정의하면, $\leq_M$은 M에서 반순서가 된다. 이때 반순서집합 $(M, \leq_M)$을 $(A, \leq)$의 부분순서집합이라 한다. 그런데 $\leq_M$은 A에서 반순서 $\leq$를 M 위로 제한해서 생각한 것에 지나지 않으므로, $\leq_M$을 보통 $\leq$로 표현한다.

$(A, \leq)$가 반순서집합일 때, A의 임의의 두 원소 x와 y에 대하여

$$x \leq y \text{ 또는 } y \leq x$$

중 어느 한 쪽이 성립하면 x, y는 **비교가능**(comparable)이라 하고, 그렇지 않은 경우에는 **비교불가능**(incomparable)이라 한다.

정의 3 전순서집합

반순서집합 A에서, 임의의 두 원소가 비교가능하면 A를 **전순서집합**(totally ordered set) 또는 **선형순서집합**(linear ordered set)이라 한다.

예 실수의 집합 R에 대하여

$$\Re = \{(x, y) \in R \times R \mid x \leqq y\}$$

로 주어진 관계 $\Re$은 R에서 전순서관계이다. 이때 $\leqq$를 R에 대한 **보통순서**(또는 **자연순서**)라고 한다. ■

$(A, \leq)$가 전순서집합이면, A의 부분순서집합도 역시 전순서집합이 된다. 단, $(A, \leq)$가 전순서집합이 아니더라도 A의 적당한 부분집합이 전순서집합이 되는 경우가 있다. 예를 들면 A의 오직 한 개의 원소로 이루어진 부분집합은 항상 A의 전순서부분집합이 된다.

참고 전순서는 반순서이지만, 역은 성립하지 않는다. 또한 하나의 집합 위에 순서를 정의하는 방법에는 여러 가지가 있고, 이론에 따라서는 하나의 집합 위에 동시에 여러 가지 순서가 정의되는 경우도 있다.

예 집합 R^2에서

$$(x_1, x_2) \leq (y_1, y_2) \Leftrightarrow x_1 \leqq y_1 \wedge x_2 \leqq y_2$$

로 정의하면 반순서이지만, $(1, 2) \not\leq (2, 1)$이고 $(2, 1) \not\leq (1, 2)$이므로 전순서는 아니다. ■

예 복소수의 집합 C 위에서 관계 $\leq$를 임의의 C의 원소

$$z_1 = x_1 + i y_1,\ z_2 = x_2 + i y_2 \ (\text{단, } x_1,\ x_2,\ y_1,\ y_2\text{는 실수})$$

에 대하여

$$z_1 \leq z_2 \text{일 때, 그리고 그때만 } x_1 \leqq x_2 \wedge y_1 \leqq y_2$$

으로 정의하면 $(C, \leq)$은 반순서이지만 전순서집합은 아니다. 그러나 제한된 집합을 생각하면

$$(R, \leqq),\ (Q, \leqq),\ (Z, \leqq)$$

들은 전순서집합이다. ■

정의 4 쇄

반순서집합 $(A, \leq)$의 전순서부분집합 B를 $(A, \leq)$의 **쇄**(사슬; chain)라고 한다.

예 $X = \{a,\ b,\ c\}$일 때, 멱집합 $\wp(X)$에 대하여 집합

$$\{\varnothing,\ \{a\},\ \{a,\ b\},\ X\}$$

는 $\wp(X)$의 쇄이다. 또한 $\{\varnothing,\ \{a\}\}$도 $\wp(X)$의 쇄가 된다. ■

정의 5 사전식순서(lexicographic order)

A, B가 반순서집합일 때, $(a_1, b_1) \in A \times B$, $(a_2, b_2) \in A \times B$에 대하여 $(a_1, b_1) < (a_2, b_2)$이기 위한 필요충분조건은

(1) $a_1 < a_2$이거나, 아니면

(2) $a_1 = a_2$이고 $b_1 \leq b_2$

로 정의되는 순서관계를 $A \times B$의 **사전식순서**라고 한다. 사전식순서는 전순서관계이다. 이때 $a_1 < a_2$는 $a_1 \leq a_2$이고 $a_1 \neq a_2$인 의미로 사용한다.

사전식순서란 개념은 사전에서 단어를 나열하는 방법을 모방한데서 비롯된 것이다.

정의 6 절단 (cut)

$(A, \leq)$가 반순서집합일 때, A의 **절단**은 다음 성질을 만족하는 공집합이 아닌 부분집합의 쌍 (L, U)이다.

(1) $L \cap U = \varnothing$, $L \cup U = A$

(2) $x \in L$이고 $y \leq x$ (단, $y \in A$) $\Rightarrow y \in L$

(3) $x \in U$이고 $y \geq x$ (단, $y \in A$) $\Rightarrow y \in U$

예제 $A = \{a, b, c, d, e, f\}$가 그림 7.1에서와 같이 하세 다이어그램으로 주어진 반순서집합일 때, A의 쇄와 절단을 구하시오.

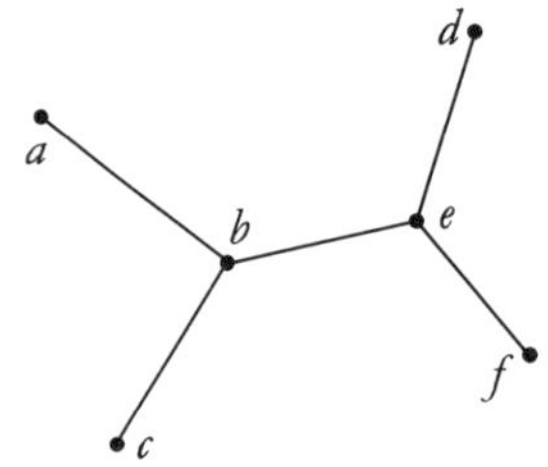

그림 7.1

풀이 세 집합 $\{a, b, c\}$, $\{d, e, b, c\}$와 $\{d, e, f\}$는 A의 쇄가 되고, $L = \{a, b, c\}$, $U = \{d, e, f\}$로 취하면 (L, U)는 A의 절단이 된다. ■

$(A, \leq)$와 $(B, \leq')$가 반순서집합일 때, 함수 $f : A \rightarrow B$가

$$\forall x, y \in A, \ x \leq y \Rightarrow f(x) \leq' f(y)$$

인 조건을 만족하면, f를 **증가** (increasing) 또는 **순서보존** (order preserving)이라 하고, 함수 f가

$$\forall x, y \in A, \ x < y \Rightarrow f(x) <' f(y)$$

인 조건을 만족하면, **좁은 뜻에서의 증가** (**순증가**; strictly increasing)라 한다.

참고 전순서집합 A와 반순서집합 B에 대하여 $f : A \to B$가 증가함수일 때, 함수 f가 단사이기 위한 필요충분조건은 f가 좁은 뜻에서의 증가함수가 되는 것이다.

정의 7 순서동형사상

$(A, \leq)$와 $(B, \leq')$이 반순서집합일 때, 전단사 $f : A \to B$가

$$\forall x,\ y \in A,\ x \leq y \ \Rightarrow\ f(x) \leq' f(y)$$

를 만족하면, f를 **순서동형사상**(order isomorphism)이라 한다. 한편 A와 B 사이에 순서동형사상이 존재하면 집합 A와 B는 **순서동형**(order isomorphic)이라 하고, $A \approx B$로 표시한다. 또한 전단사함수 $f : A \to B$가

$$\forall x,\ y \in A,\ x \leq y \ \Rightarrow\ f(y) \leq' f(x)$$

를 만족하면, f를 **쌍대순서동형사상**(dual order isomorphism)이라 한다.

순서동형관계 '$\approx$'는 대등관계 '$\sim$'와 같이 동치관계이다.

예 R과 R의 모든 열린구간 (a, b)은 순서동형이다. 왜냐하면

$$f(x) = \frac{x-c}{(x-a)(b-x)} \quad (\text{단, } c = \frac{a+b}{2})$$

로 정의되는 f가 열린구간 (a, b)로부터 R로의 순서동형사상이기 때문이다. ■

참고 보통순서가 주어진 $(R, \leq)$에서의 두 구간 $(0, 1]$과 $[0, 1]$은 순서동형이 아니다.

$(A, \leq)$로부터 $(B, \leq')$로의 순서동형사상은 A로부터 B로의 전단사이므로, $A \approx B$가 성립하기 위해서는 물론 $A \sim B$인 것이 필요하다. 그러나 $A \sim B$이더라도 $A \approx B$가 성립하지 않는다. 예를 들면 $N,\ Z,\ Q$는 서로 대등이지만, 반순서집합 $N,\ Z,\ Q$는 어느 두 개도 순서동형이 아니다.

예제 N, Z, Q, R은 어느 두 개도 서로 순서동형이 아니다.

증명 N은 최소원을 가지지만 Z, Q, R은 최소원을 갖지 않으므로, N은 Z, Q, R의 어느 것과도 순서동형이 아니다. 또한 R은 Z, Q의 어느 것 하고도 대등이 아니므로, 순서동형이 아니다. 마지막으로 Q에서는 임의의 두 원소 사이에 반드시 제3의 원소가 존재하지만 Z에는 그와 같은 성질이 없기 때문에 Z, Q는 순서동형이 아니다. ■

편의상 공집합 $\varnothing$도 하나의 반순서집합이라고 보는 경우가 있다. 이 경우는 $\varnothing$에 순서동형인 것은 $\varnothing$ 자신뿐이라고 한다.

참고 반순서집합 $(A, \leq)$와 $(B, \leq')$에 대하여, $f : A \to B$가 순서동형사상이면

$$x < y \text{ 일 때, 그때에 한하여 } f(x) <' f(y)$$

가 성립한다.

정리 8

A, B가 반순서집합일 때, 다음이 성립한다.

(1) 항등함수 $I_A : A \to A$는 순서동형이다.
(2) $f : A \to B$가 순서동형사상이면, 역함수 $f^{-1} : B \to A$도 순서동형이다.
(3) 함수 $f : A \to B$가 순서동형이고 함수 $g : B \to C$가 순서동형이면, 합성함수 $g \circ f : A \to C$도 순서동형이다.

2. 순서집합의 내부 구조

이제 순서집합의 내부 구조에 관하여 알아본다.

정의 9 극대원과 극소원

$(A, \leq)$를 반순서집합이라고 하자.

(1) $a \in A$에 대하여

$$\forall x \in A,\ x \geq a \ \Rightarrow\ x = a$$

즉 $a < x$로 되는 A의 원소 x가 존재하지 않으면, a를 A의 **극대원**(maximal element) 또는 **극대원소**라고 한다.

(2) $b \in A$에 대하여

$$\forall x \in A,\ x \leq b \ \Rightarrow\ x = b$$

즉 $b > x$로 되는 A의 원소 x가 존재하지 않으면, b를 A의 **극소원**(minimal element) 또는 **극소원소**라고 한다.

A의 극대원이나 극소원이 항상 존재하는 것은 아니다. 그러나 임의의 유한인 반순서집합은 반드시 극대원과 극소원이 존재하고, 임의의 유한인 전순서집합은 하나씩의 극대원과 극소원이 존재한다. 극대원도 되고 극소원도 되는 원소가 있다면, 그것은 다른 원소와 순서관계가 전혀 없는 고립된 원소, 즉 **고립원**이다.

예 보통순서로 주어진 열린구간 (a, b)는 극대원도 없고 극소원도 없다. 마찬가지로 R은 극대원도 극소원도 갖지 않는다. 그러나 반열린구간 $(a, b]$ 혹은 $[a, b)$의 경우는 극대원이나 극소원 중 하나만 갖게 되고, 닫힌구간 $[a, b]$는 극대원과 극소원을 모두 갖는다. ■

정의 10 최대원과 최소원

$(A, \leq)$를 반순서집합이라고 하자.

(1) $a \in A$에 대하여

$$\forall x \in A,\ a \geq x$$

이면, a를 A의 **최대원**(greatest element) 또는 **최대원소**라 하고, $\max A$로 나타낸다.

(2) $b \in A$에 대하여

$$\forall x \in A,\ b \leq x$$

이면, b를 A의 **최소원**(least element) 또는 **최소원소**라 하고, $\min A$로 나타낸다.

예 보통순서로 주어진 닫힌구간 $X=[0, 1]$에서 1은 X의 최대원이고 극대원이다. ■

반순서집합 A에서 원소 a가 다른 모든 원소보다 크면 최대원이고, a보다 큰 원소가 존재하지 않으면 극대원이다. A에 최대원이 존재하면 그것이 유일한 극대원이지만, 최대원이 존재하지 않더라도 A의 극대원이 존재하는 경우와 다수 존재하는 경우가 있다. 최소원이나 극소원의 정의도 같다. A가 전순서집합이면, A의 최대원과 극대원, 최소원과 극소원의 개념은 각각 일치한다.

예 최대원 $\max A$가 존재하면 그것은 A의 유일한 극대원이다. 실제로 $\max A=a$일 경우, a가 A의 극대원인 것은 정의로부터 명백하다. 이때 a'을 a와 다른 A의 임의의 원소라면, $a' < a$이므로 a'은 A의 극대원이 아니다. 따라서 a는 A의 유일한 극대원이다. 마찬가지로 최소원 $\min A$가 존재하는 경우에도 그것은 A의 유일한 극소원이 된다. ■

예 $\mathscr{I}$가 $b-a \leqq 1$을 만족하는 모든 닫힌구간 $[a, b]$의 집합족일 때, $\mathscr{I}$의 원소 I와 J에 대하여

$$I \subset J\text{일 때, 그때에 한하여 } I \leq J$$

로 정의하면, $(\mathscr{I}, \leq)$는 반순서집합이 된다. 이때 닫힌구간 $[0, 1]$은 $\mathscr{I}$의 극대원이지만 최대원은 아니다. ■

참고 최대원이나 최소원이 항상 존재하는 것은 아니지만, 이들이 존재하는 경우에는 어느 쪽이든 일의적으로 존재한다. 왜냐하면 a, a'이 모두 A의 최대원이라면, a가 최대원이므로 $a' \leq a$이고, 또한 a'이 최대원이므로 $a \leq a'$이 된다. 따라서 $a=a'$으로 주어지기 때문이다.

예 $A=\{a, b, c, d, e, f\}$가 그림 7.2와 같이 주어진 반순서집합일 때, 극대원은 c, f이고, 극소원은 a, d이다. 한편 c와 f가 비교불가능이기 때문에 최대원은 없고, a와 d가 비교불가능하기 때문에 최소원도 없다. ■

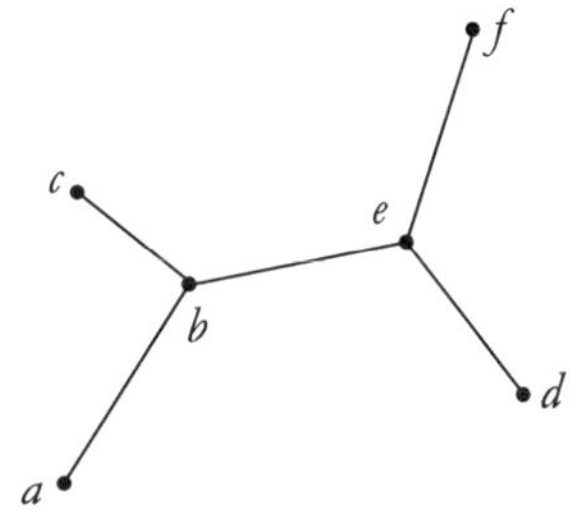

그림 7.2

참고 최대원과 최소원이 존재하는 집합이 모두 전순서집합은 아니다.

예 $A=N-\{1\}$에 '정제관계' $\leq$가 주어진 반순서집합 $(A, \leq)$는 최소원을 갖지 않는다. 왜냐하면 만일 $a \in A$가 A의 최소원이면 A의 모든 원소 x에 대하여 $a \leq x$가 되어 a(단, $a \geqq 2$)는 모든 정수 x(단, $x \geqq 2$)를 정제해야 하는데, 이 같은 일은 불가능하기 때문이다. 그러나 $(A, \leq)$의 극소원은 무수히 많이 존재하고, 그들은 소수 2, 3, 5, $\cdots$로 주어진다. 더욱 분명히 이 반순서집합 $(A, \leq)$의 최대원과 극대원은 존재하지 않는다. ■

정의 11 상계와 하계

$(A, \leq)$가 반순서집합이고, $B \subset A$라 하자.

(1) 모든 $x \in B$에 대하여 $a \geq x$가 성립하는 $a \in A$를 A에서 B의 **상계**(upper bound)라 하고, B의 상계가 적어도 하나 존재할 때 B는 A에서 위로 유계라고 한다. 이때 B의 모든 상계의 집합을 $U(B)$로서 나타낸다.

(2) 모든 $x \in B$에 대하여 $b \leq x$가 성립하는 $b \in A$를 A에서 B의 **하계**(lower bound)라 하고, B의 하계가 적어도 하나 존재할 때 B는 A에서 아래로 유계라고 한다. 이때 B의 모든 하계의 집합을 $L(B)$로서 나타낸다.

(3) B가 A에서 상계와 하계를 모두 가지면, B를 A에서 **유계**(bounded)라고 한다.

예 반순서집합 $(A, \leq)$와 $B \subset A$에 대하여, 최대원 $\max B = b$가 B에 존재하는 경우, b는 B의 하나의 상계이므로 B는 위로 유계가 된다. 그러나 B가 위로 유계라 하더라도 $\max B$가 존재한다고는 할 수 없다. 예를 들면 R의 열린구간 $(-\infty, 0)$은 R에서 유계이지만, 최대원이 존재하지 않는다. ■

정의 12 최소상계와 최대하계

$(A, \leq)$가 반순서집합이고, $B \subset A$라 하자. B의 상계의 집합 $U(B)$가 최소원을 가질 때, 최소원을 A에서 B의 **최소상계**(least upper bound) 또는 **상한**(supremum)이라 하고

$$\sup B \text{ 또는 l.u.b. } B$$

로 표기한다. 한편 B의 하계의 집합 $L(B)$가 최대원을 가질 때, 최대원을 A에서 B의 **최대하계**(greatest lower bound) 또는 **하한**(infimum)이라 하고

$$\inf B \text{ 또는 g.l.b. } B$$

로 표기한다.

예 $(A, \leq)$가 반순서집합일 때, $L(\varnothing) = A$이고 $\inf \varnothing$은 $L(\varnothing)$의 최대원이다. 따라서 a가 A의 최대원이면

$$\inf \varnothing = a$$

가 된다. ■

예 보통순서로 주어진 열린구간 $A = (0, 1)$에 대하여, 임의의 실수 $x \geqq 1$은 A의 상계이고 임의의 실수 $x \leqq 0$은 하계이다. 또한 $\sup A = 1$이고 $\inf A = 0$이 된다. ■

반순서집합 S의 상한, 하한이 반드시 존재하는 것은 아니고, 존재해도 S의 원소일 경우 그것들은 각각 S의 최대원, 최소원이 되어야 한다. 상한(또는 하한)의 개념은 최대원(또는 최소원)의 개념보다 넓은 의미를 갖는다. 최대원(또는 최소원)이 존재하

지 않더라도 상한(또는 하한)은 존재할 수가 있다. 그러나 상한과 하한이 존재한다면 오직 하나뿐이다.

예 열린구간 $B=(-\infty, 0)$에는 최대원이 존재하지 않지만, R에서 $\sup B=0$이 된다. ■

예 반순서집합 $(R, \leq)$의 부분순서집합

$$S=\{x \in Q \mid 2 < x^2 < 5,\ x > 0\}$$

에서

$$\inf S = \sqrt{2},\ \sup S = \sqrt{5}$$

이지만, $\sqrt{2}$는 S의 최소원이 아니고 $\sqrt{5}$도 S의 최대원이 아니다. 한편 $(R, \leq)$ 대신 $(Q, \leq)$으로 택하면, S는 공집합이 아니고 유계이지만 상한과 하한을 모두 갖지 않는다. ■

예 포함관계에 의하여 순서가 주어진 집합족 $\mathscr{F}$에 대하여 $\mathscr{E}=\{B_i\}_{i \in I}$가 $\mathscr{F}$의 부분집합족이고 $\bigcup_{i \in I} B_i$와 $\bigcap_{i \in I} B_i$가 $\mathscr{F}$의 원소일 때

$$\sup \mathscr{E} = \bigcup_{i \in I} B_i,\ \inf \mathscr{E} = \bigcap_{i \in I} B_i$$

로 주어진다. ■

참고 R에서, 임의의 공집합이 아닌 위로 유계(또는 아래로 유계)인 부분집합은 반드시 상한(또는 하한)을 갖는 것이 알려져 있다. 이것이 바로 '실수의 완비성'인 것이다.

> **정리 13**
>
> $(A, \leq)$가 반순서집합일 때, 다음 두 조건은 동치이다.
>
> (1) A의 모든 부분집합은 상한을 갖는다.
>
> (2) A의 모든 부분집합은 하한을 갖는다.

반순서집합에 관하여 추론할 때, 쌍대개념은 매우 뜻있는 성질을 갖는다. 반순서집합에 관한 명제에 대하여 '$\leq$'를 '$\geq$'로, '$\geq$'를 '$\leq$'로, '극대'를 '극소'로, '극소'를 '극대'로, '최대'를 '최소'로, '최소'를 '최대'로, '하계'를 '상계'로, '상계'를 '하계'로, '상한'을 '하한'으로, '하한'을 '상한'으로 각각 바꾸는 개념을 순서에 대한 **쌍대개념**이라 한다.

반순서집합에 관한 명제에 대하여, 그 명제 안에 나타나는 순서에 관한 개념을 각각 그 쌍대개념으로 바꾸어 놓음으로써 얻어지는 명제를 **쌍대명제**라고 한다. 따라서 어떤 반순서집합에 대하여 하나의 정리가 증명될 때마다 쌍대도 참임을 알 수 있다. 이와 같은 성질을 **쌍대성** (duality)이라 한다.

정리 14 쌍대성

반순서에 관한 어떤 조건 C를 만족하는 임의의 순서집합에 대하여 참이 되는 하나의 명제가 주어질 때, C 안에 포함되어 있는 개념을 각각 쌍대개념으로 바꿈으로써 얻어지는 조건 C'을 만족하는 임의의 쌍대명제는 참이 된다.

예제 반순서집합 $(A, \leq)$에 대하여, 다음이 성립한다.

(1) $B \subset A$이고 $L(B)$가 A에서 상한을 갖는다면, B는 A에서 하한을 가지고 $\inf B = \sup L(B)$이다.

(2) $B \subset A$이고 $U(B)$가 A에서 하한을 갖는다면, B는 A에서 상한을 가지고 $\sup B = \inf U(B)$이다.

증명 (2)는 (1)의 쌍대개념에 의하여 얻어질 수 있으므로, (1)만을 증명한다.

$a = \sup L(B)$라 놓고 $b \in B$라 하면, $L(B)$의 임의의 원소 c에 대하여 $c \leq b$이므로, b는 $L(B)$의 상계다. 따라서 $a \leq b$이고, 이것은 임의의 $b \in B$에 대하여 성립하므로 a는 B의 하계가 된다. 만일 d가 B의 임의의 하계라면 $d \in L(B)$이므로, $a \geq d$이다. 따라서 a는 B의 하한이다. ■

정의 15 조건부완비 (conditionally complete)

$(A, \leq)$가 반순서집합일 때, 위로 유계인 A의 공집합이 아닌 모든 부분집합에

상한이 존재하면, $(A, \leq)$를 **조건부완비** 또는 **순서관계에 관하여 완비** (complete with respect to the order)라고 한다.

참고 쌍대성에 의해, 아래로 유계인 공집합이 아닌 모든 부분집합에 상한이 존재하는 반순서집합은 조건부완비가 된다.

예 R에서 위로 유계인 모든 부분집합이 상한을 가지므로, $(R, \leq)$는 조건부완비이다. ■

예제 유리수의 집합 $(Q, \leq)$는 조건부완비가 아니다.

증명 집합 $B = \{x \in Q \mid x^2 < 2\}$를 생각하면 B는 위로 유계이지만 상한이 존재하지 않으므로, $(Q, \leq)$는 조건부완비가 아니다. ■

7.1 연습문제

01 기수 사이의 관계 '≤'에 대하여 다음 중 성립하는 것은?

(1) 반사 (2) 대칭 (3) 추이
(4) 반대칭 (5) 반순서 (6) 전순서

02 반순서집합 A, B에 대하여 $A \times B$의 **반사전식순서** (anti-lexicographic order)라 함은 $(a_1, b_1) \in A \times B$, $(a_2, b_2) \in A \times B$에 대하여 $(a_1, b_1) \leq (a_2, b_2)$이기 위한 필요충분조건

(1) $b_1 < b_2$이거나, 아니면

(2) $b_1 = b_2$이고 $a_1 \leq a_2$이다.

로 정의되는 순서관계이다. 이 순서관계 $\leq$가 전순서관계임을 밝히시오.

03 X가 평면의 공집합이 아닌 모든 부분집합의 집합족일 때, A, $B \in X$에 대하여

$$B \subset A \text{일 때, 그때에 한하여 } A \leq B$$

로 정의하면, $(X, \leq)$는 반순서집합임을 보이시오.

04 $\Re$이 집합 X에서의 반순서관계일 때

$$\Re^* = \{(x, y) \in X \times X \mid (y, x) \in \Re\}$$

로 주어진 관계 $\Re^*$도 X에서의 반순서관계임을 보이시오.

05 전순서집합 $(R, \leqq)$에 대하여 집합 R^2 위의 관계 $\leq$를

$$a_1 \leqq b_1 \text{이고 } a_2 \leqq b_2 \text{이면, 그리고 그때만 } (a_1, a_2) \leq (b_1, b_2)$$

로 정의할 때, 관계 $\leq$는 R^2 위에서 반순서이지만 전순서가 아님을 밝히시오.

06 X를 반순서집합이라고 하자. 그러면 X의 전순서부분집합이 존재하고, 이것은 X의 임의의 다른 전순서부분집합의 진부분집합이 아님을 보이시오.

07 두 반순서집합 A, B의 카테시안곱 $A \times B$에 사전식순서가 주어지면, C가 A의 쇄이고 D가 B의 쇄일 때 $C \times D$는 $A \times B$의 쇄임을 보이시오.

08 두 반순서집합 $(A, \leq)$와 $(B, \leq')$에 대하여 $f : A \rightarrow B$가 증가함수일 때, C가 A의 쇄이면 $f(C)$는 B의 쇄임을 보이시오.

09 $(A, \leq)$가 반순서집합일 때

$$L_x = \{ z \in A \mid z \leq x \}, \ U_x = \{ z \in A \mid z > x \}$$

라 하면, 임의의 $x \in A$에 대하여 (L_x, U_x)는 A의 절단이 됨을 보이시오.

10 전순서집합 $(A, \leq)$에 대하여 (L, U)가 A의 한 분할일 때, (L, U)가 A의 절단이기 위한 필요충분조건은

임의의 두 원소 $x \in L$, $y \in U$에 대하여, $x \leq y$

임을 보이시오.

11 두 반순서집합 A, B의 카테시안곱 $A \times B$에 사전식순서가 주어질 때, (L, U)가 A의 절단이면

$$(L \times B, \ U \times B)$$

는 $A \times B$의 절단임을 보이시오.

12 두 반순서집합 $(A, \leq)$, $(B, \leq')$에 대하여 $f : A \to B$가 $f(A) = B$를 만족하는 증가함수일 때, (L, U)가 B의 절단이면 $(f^{-1}(L), f^{-1}(U))$는 A의 절단임을 보이시오.

13 두 개 이상의 극대원을 가지는 반순서집합의 예를 들거나, 그러한 예가 없음을 보이시오.

14 전순서집합이 극대원(또는 극소원)을 갖는다면 그것은 유일한 극대원(또는 극소원)을 가짐을 밝히시오.

15 전순서집합으로서 극대원과 극소원이 모두 존재하지 않는 예를 하나 보이시오.

16 반순서집합에서 모든 최대원은 또한 극대원임을 보이시오.

17 두 개 이상의 최대원을 가지는 반순서집합의 예를 들거나, 그러한 예가 없음을 보이시오.

18 n차원 벡터공간 X에 대하여, X와 상이한 부분벡터공간의 집합 A에 포함관계로써 순서를 줄 때, 최대원과 최소원, 극대원과 극소원을 각각 구하시오.

19 반순서집합 $(A, \leq)$의 부분집합 B에 대하여, B의 상한(또는 하한)이 존재하면 그것은 일의적임을 보이시오.

20 반순서집합 A, B에 대하여 함수 $f : A \to B$가 순서동형이고 $C \subset A$일 때

$$b = \sup C \text{일 필요충분조건은 } f(b) = \sup f(C)$$

임을 보이시오.

7.2 속

1. 속

정의 1 속 (lattice)

반순서집합 $(A, \leq)$에서 A의 임의의 두 원소 x, y에 대하여

$$x \vee y = \sup\{x, y\}, \ x \wedge y = \inf\{x, y\}$$

가 A에 속할 때 A를 **속** 또는 **격자**라 하고, $(A, \wedge, \vee)$로 표시한다. 이때 $x \vee y$는 'x joint y'라 읽고, $x \wedge y$는 'x meet y'라 읽는다.

예 $x \leq y$일 때

$$x \vee y = y, \ x \wedge y = x$$

가 성립하기 때문에, 전순서집합은 속이다. 또한 포함관계 $\subset$를 순서로 주어진 집합 A의 멱집합 $\wp(A)$도 속이 된다. ■

참고 반순서집합 $(A, \leq)$가 속일 때, A의 원소 x, y, z에 대하여

(1) $x \leq x \vee y$, $y \leq x \vee y$, $x \wedge y \leq x$, $x \wedge y \leq y$

(2) $x \leq z$, $y \leq z$이면, $x \vee y \leq z$
　$z \leq x$, $z \leq y$이면, $z \leq x \wedge y$

(3) $x \leq y$이면, 그리고 그때만 $x \vee y = y$
　$x \leq y$이면, 그리고 그때만 $x \wedge y = x$

가 성립한다.

정리 2

반순서집합 $(A, \leq)$가 속일 때, A의 원소 x, y, z에 대하여 다음이 성립한다.

(1) $x \vee x = x$, $x \wedge x = x$ (멱등법칙)

(2) $x \vee y = y \vee x$, $x \wedge y = y \wedge x$ (교환법칙)

(3) $(x \vee y) \vee z = x \vee (y \vee z)$, $(x \wedge y) \wedge z = x \wedge (y \wedge z)$ (결합법칙)

(4) $(x \vee y) \wedge x = x$, $(x \wedge y) \vee x = x$ (흡수법칙)

정리 2에서 성질 (1) ~ (4)를 **속의 공리** (axiom of lattices)라 한다.

정리 3

집합 A에 두 연산 $\vee$과 $\wedge$을 정의하여, 두 연산이 속의 공리를 만족할 때

$$x \le y\text{이면, 그리고 그때만 } x \vee y = y$$

로 정의하면, $\le$는 반순서관계이고 $(A, \le)$는 속이 된다.

참고 속이란 반순서집합 $(A, \le)$에 두 연산 $\vee$과 $\wedge$이 정의되어 속의 공리를 만족하는 대수체계라 할 수 있다. 역으로 집합 A에 이항연산 $\vee$과 $\wedge$이 주어지고 그것에 순서를 정의하면, A는 $\vee$과 $\wedge$을 각각 상한과 하한으로 갖는 하나의 속이 된다.

정의 4 부분속 (sublattice)

반순서집합 $(A, \le)$가 속일 때, $B \subset A$이고 임의의 x, $y \in B$에 대하여

$$x \vee y \in B, \ x \wedge y \in B$$

이면, B를 A의 **부분속** 또는 **부분격자**라고 한다.

예 $(Q^+, \le)$는 $(Q, \le)$의 부분속이다. ■

예 집합 $U = \{1, 2, 4, 6, 8, 12, 24, 48\}$이 '$x$는 y의 약수'라는 관계 '$x \mid y$'에 의하여 순서관계가 주어졌을 때, U의 부분집합

$$A = \{1, 2, 4, 8, 24, 48\}, \ D = \{1, 2, 4, 8, 24\}$$

에 대하여, A는 전순서집합이므로 속이고 D는 A의 부분속이다. ■

정의 4에서 특히 $x \vee y \in B$만 성립할 때 B를 **상반속**(상반격자; upper semi-lattice), $x \wedge y \in B$만 성립할 때 B를 **하반속**(하반격자; lower semi-lattice)이라 한다. 순서집합의 부분집합은 원소의 순서집합이 됨은 분명하다. 그러나 속의 부분집합은 원소의 순서로써 반드시 속이 되지 않는다.

예 집합 $U = \{1, 2, 4, 6, 8, 12, 24, 48\}$이 '$x$는 y의 약수'라는 관계 '$x \mid y$'에 의하여 순서관계가 주어졌을 때, U의 부분집합

$$E = \{2, 6, 8, 12, 24\},\ F = \{2, 4, 6, 8\}$$

에 대하여, $(x, y) \in E \times E$일 때

$$x \vee y \in E\text{이지만, } 8 \wedge 12 = 4 \notin E$$

이므로 E는 상반속이다. 또한 $(x, y) \in F \times F$일 때

$$x \wedge y \in F\text{이지만, } 4 \vee 6 = 12 \notin F$$

이므로 F는 하반속이다. ■

예 집합 $U = \{1, 2, 4, 6, 8, 12, 24, 48\}$이 '$x$는 y의 약수'라는 관계 '$x \mid y$'에 의하여 순서관계가 주어졌을 때, U의 부분집합

$$G = \{4, 6, 8, 12\}$$

에 대하여, $4 \mid 8$, $4 \mid 12$, $6 \mid 12$는 성립하지만

$$6 \nmid 8,\ 8 \nmid 6\text{ 이고, } 6 \vee 8 = 24 \notin G,\ 4 \wedge 6 = 2 \notin G$$

이므로 G는 속도 아니고 부분속도 아니며, 또한 상반속, 하반속도 아니다. ■

정의 5 모듈러속(modular lattice)

반순서집합 $(A, \leq)$가 속일 때, A의 원소 x, y, z에 대하여 **모듈러율**(modular law)이라고 불리는 다음 조건

$$x,\ y,\ z \in A,\ x \le z \ \Rightarrow\ (x \vee y) \wedge z = x \vee (y \wedge z)$$

을 만족하는 A를 **모듈러속** 또는 **모듈러격자**라고 한다.

2. 분배속과 불속

정리 6

반순서집합 $(A, \le)$가 속일 때, 임의의 $x,\ y,\ z \in A$에 대하여 다음은 동치이다.

(1) 제1분배율: $(x \wedge y) \vee z = (x \wedge y) \vee (x \wedge z)$

(2) 제2분배율: $(x \vee y) \wedge z = (x \vee y) \wedge (x \vee z)$

증명 제1분배율에서 제2분배율을 유도하는 방법만을 증명하고, 그 역에 대해서는 독자에게 남긴다.

$$\begin{aligned}(x \vee y) \wedge (x \vee z) &= ((x \vee y) \wedge x) \vee ((x \vee y) \wedge z)\\ &= (x \wedge (x \vee y)) \vee (z \wedge (x \vee y))\\ &= ((x \wedge x) \vee (x \wedge y)) \vee ((z \wedge x) \vee (z \wedge y))\\ &= (x \vee (x \wedge y)) \vee ((z \wedge x) \vee (z \wedge y))\\ &= x \vee ((z \wedge x) \vee (z \wedge y)) = (x \vee (z \wedge x)) \vee (z \wedge y)\\ &= (x \vee (x \wedge z)) \vee (y \wedge z) = x \vee (y \wedge z)\end{aligned}$$

■

정의 7 분배속 (distributive lattice)

분배율(적어도 한쪽)이 성립하는 속을 **분배속** 또는 **분배격자**라고 한다.

예제 분배속 $(A, \le)$은 모듈러속이다. 그러나 역은 성립하지 않는다.

증명 $x \le z$라 하자. 이 경우 $x \vee z = z$이므로 분배율을 사용하여

$$x \vee (y \wedge z) = (x \vee y) \wedge (x \vee z) = (x \vee y) \wedge z$$

가 성립한다. 역이 성립하지 않음은 독자에게 남긴다. ■

정의 8 상보속 (complement lattice)

반순서집합 $(A, \leq)$가 속일 때, 임의의 $x \in A$에 대하여

$$x \vee x' = 1, \ x \wedge x' = 0$$

으로 되는 원소 x'이 존재하면 x'을 x의 **보원** (complement) 또는 **여원**이라 한다. 이때 속의 모든 원소에 보원이 존재하면 **상보속**이라 한다.

상보속이며 분배속일 때, 각 원소에 대하여 그 보원은 유일하다. 또한 상보속의 각 원소에 대하여 보원이 유일하게 존재하면, 그것은 분배속이 된다.

정의 9 불대수

반순서집합 $(A, \leq)$가 상보속이며 분배속일 때, $(A, \leq)$를 **불속** (**불격자**; Boolean lattice) 또는 **불대수**라고 한다.

예 집합 X의 멱집합 $\wp(X)$에서 연산 $\cup$, $\cap$, $-$를 생각하면, $\wp(X)$는 상보속인 동시에 분배속이므로 불대수이다. ■

예 논리식에서 논리곱과 논리합을 생각하면

$$0 = c, \ 1 = t, \ p' = \sim p$$

등으로 주어지므로, 하나의 불대수가 된다. ■

정의 10 완비속 (complete lattice)

$(A, \leq)$가 반순서집합일 때, A의 임의의 부분집합이 상한과 하한을 가지면 $(A, \leq)$를 **완비속** 또는 **완비격자**라고 한다.

예 전순서집합 $([0, 1], \leq)$는 완비속이다. 왜냐하면 임의의 부분집합에 대하여, 상한과 하한이 존재하기 때문이다. 그러나 전순서집합 $(R, \leq)$는 완비속이 아니다. 왜냐하면 부분집합 R은 상한을 갖지 않기 때문이다. ■

예 $A = [0, 1] \cap Q$일 때, $(A, \leq)$는 완비속이 아니다. 왜냐하면 부분집합 $\{x \in A \mid x^2 < 1/2\}$이 상한을 갖지 않기 때문이다. ■

참고 반순서집합 $(A, \leq)$가 완비속이면, A의 공집합이 아닌 위로 유계인 부분집합은 상한을 가지므로, $(A, \leq)$는 조건부완비가 된다.

7.2 연습문제

01 집합 A에 두 연산 $\vee$과 $\wedge$을 정의하여, 두 연산이 속의 공리를 만족할 때 '$x \leq y$이면, 그리고 그때만 $x \vee y = y$'로 정의하면, $\leq$는 반순서관계이고 $(A, \leq)$는 속이 됨을 보이시오.

02 속 $(A, \leq)$의 두 원소 a, b(단, $a < b$)에 대하여, $a \leq x \leq b$인 A의 원소 x의 집합은 A의 부분속임을 보이시오.

03 $A = \{1, 2, 6, 10, 18, 90\}$에서 '$x$는 y의 약수'라는 관계를 '$x \mid y$'로 나타낼 때, A의 부분집합으로써 $B = \{6, 10, 18\}$을 선택하여 이들 원소 사이에 분배율이 성립하지 않음을 밝히시오.

04 $\mathcal{F}$가 집합 A에서 속 B로의 단사함수 전체의 집합일 때, f, $g \in \mathcal{F}$라 하자. 모든 $a \in A$에 대하여

$$f(a) \leq g(a) \text{일 때, } f \leq g$$

로 순서를 정의하면 $\mathcal{F}$은 속이 됨을 보이시오. 또한 B가 분배속이면 $\mathcal{F}$도 역시 분배속임을 밝히시오.

05 불대수가 아닌 속의 예를 들어 보시오.

06 전순서집합 $([0, 1], \leq)$는 불대수가 아님을 보이시오.

07 조건부완비이지만 완비속이 아닌 반순서집합의 예를 들어 보시오.

7.3 정렬집합

1. 정렬집합

자연수의 집합 N은 보통순서 $\leq$에 대하여 전순서집합을 이루며, 다음 성질을 갖는다.

정리 1 N의 정렬성

N의 공집합이 아닌 부분집합 M은 최소원을 갖는다.

증명 $M \neq \varnothing$이므로, M은 적어도 하나의 자연수를 포함한다. 먼저 $1 \in M$이면 $1 = \min M$이 된다. 이제 M이 n 이하의 어떤 자연수를 포함할 때 이 정리가 성립한다고 가정하고, $n+1 \in M$인 경우에 이 정리가 성립함을 증명한다. 이 경우에 만일 M이 n 이하의 어떤 자연수를 포함하면, 수학적 귀납법의 가정에 의하여 M은 최소원을 갖는다. 또한 M이 n 이하의 어떤 자연수도 포함하지 않으면 당연히 $n+1 = \min M$이 된다. ■

N의 정렬성을 반순서집합으로 일반화한다.

정의 2 정렬집합 (well-ordered set)

반순서집합 $(A, \leq)$에서, A의 공집합이 아닌 모든 부분집합 B가 항상 최소원을 가지면 $(A, \leq)$를 **정렬집합**이라고 한다. 이때 관계 $\leq$를 **정렬관계** (well-order relation) 또는 **정렬순서** (well-order)라고 한다.

참고 정렬집합에서 특별한 순서를 언급하지 않을 경우, 보통순서를 생각하거나 원소가 나열된 순서를 생각한다.

예 자연수의 집합 N은 가장 전형적인 정렬집합이다. 또한 정렬집합의 임의의 부분집합과, 유한인 전순서집합도 정렬집합이 된다. ■

참고 (1) $(A, \leq)$가 정렬집합이면, A는 전순서집합이다. 왜냐하면 A의 임의의 두 원소 x, y에 대하여 $\{x, y\}$가 A의 부분집합이므로, 최소원 x나 y를 가진다. 따라서 $x \leq y$이거나 $y \leq x$이기 때문이다.

(2) $(A, \leq)$가 정렬집합이면, A는 조건부완비가 된다. 왜냐하면 정렬집합 A에 대하여 B가 A의 부분집합이고 B의 상계집합 $U(B)$가 공집합이 아닐 때, $U(B)$는 정의에 의하여 $\sup B$를 최소원소로 갖기 때문이다.

보통순서가 주어진 정수의 집합 Z의 임의의 유한 부분집합과 $-\infty$를 포함하지 않는 임의의 Z의 부분집합은 정렬집합이지만, Z는 정렬집합이 아니다. 또한 Z를 포함하는 유리수의 집합 Q도 정렬집합이 아니다.

예 보통순서가 주어진 실수의 집합 R은 정렬집합이 아니다. 왜냐하면

$$A = (0, 1) = \{x \in R \mid 0 < x < 1\}$$

은 최소원을 갖지 않기 때문이다. ■

예제 다음에 주어진 집합에 대하여, 정렬 여부를 조사하시오.

(1) $\{2, 4, 6, \cdots ; 1, 3, 5, \cdots\}$ (2) $A = \{\cdots, 4, 3, 2, 1\}$

풀이 (1)은 N의 정렬부분집합이다. 그러나 (2)는 자신이 공집합이 아닌 부분집합이지만, 최소원을 갖지 않으므로 정렬집합이 될 수 없다. ■

참고 정렬집합 $(A, \leq)$에 대하여, A의 각 부분집합이 위로 유계이면 $\sup A$가 존재한다.

정리 3

임의의 정렬집합 $(A, \leq)$와 순서동형인 반순서집합 $(B, \leq^*)$는 정렬집합이다.

증명 함수 $h : (A, \leq) \to (B, \leq^*)$가 순서동형일 때, B의 임의의 공집합이 아닌 부분집합 K에 대하여, $\min K$가 존재함을 밝히면 된다. $S = h^{-1}(K)$라 하면 $S \subset A$, $S \neq \varnothing$이므로, $x_S = \min S$가 존재한다. 그러므로

$$h(x_S) = \min K \in K$$

가 된다. 왜냐하면 임의의 $b \in K$에 대하여 $h^{-1}(b) \in S$이므로

$$h^{-1}(b) \geq x_S$$

가 되는데, 함수 h는 순서를 보존하는 전단사이므로 이 양변에 h를 작용하면

$$h(h^{-1}(b)) = b^* \geq h(x_S)$$

를 얻는다. 즉 $h(x_S) = \min K$이다. ■

정의 4 직후자와 직전자

반순서집합 $(A, \leq)$에 대하여 $a \in A$라 하자. $a < b$일 때 $a < c < b$와 같은 원소 c가 A에 존재하지 않으면 b를 a의 **직후자**(바로 뒤 원소; immediate successor), a를 b의 **직전자**(바로 앞 원소; immediate predecessor)라고 한다.

예 반순서집합 $(A, \leq)$가 정렬집합이면 최대원을 제외한 A의 임의 원소는 직후자를 갖는다. 왜냐하면 $x \in A$가 A의 최대원이 아니라면

$$T = \{y \in A \mid y > x\}$$

는 공집합이 아니다. 따라서 T는 최소원을 갖는다. 이 경우 최소원이 x의 직후자이기 때문이다. ■

A가 전순서집합이면, b가 a의 직후자라는 것은 b가 a보다도 큰 A의 원소의 집합 $\{x \mid x \in A,\ a < x\}$의 최소원이라는 것과 동치이다. 따라서 A가 전순서집합일 경우, A의 원소 a의 직후자가 존재하면 그것은 a에 대하여 일의적으로 결정된다. 마찬가지로 A가 전순서집합일 때, a가 b의 직전자라는 것은 a가 $\{x \mid x \in A,\ x < b\}$의 최대원이라는 것과 동치이다. 따라서 A가 전순서집합일 경우, A의 원소 b의 직전자가 존재하면 그것은 b에 대하여 일의적으로 결정된다.

참고 W가 임의의 정렬집합일 때, 다음 두 성질

(1) $\min W$가 존재한다.

(2) W의 임의의 원소 a에 대하여, a보다 뒤에 있는 W의 원소가 존재하면, a의 직후자 a'이 존재한다.

는 명백하다. 이때 (1)과 (2)는 자연수의 집합 N이 갖는 두 성질

(1)' N은 최소원 1을 갖는다.

(2)' N의 임의의 원소 n에 대하여, 그 직후자 $n+1$이 존재한다.

의 일반적인 정렬집합으로의 확장이다.

N에서 1 이외의 임의의 자연수는 반드시 직전자를 갖지만, 이 성질은 일반적인 정렬집합 W에서는 성립하지 않는다. 즉 a가 W의 원소일 때, $a \neq \min W$이더라도 a의 직전자가 반드시 존재한다고 할 수 없다. 그러나 a의 직전자가 존재할 경우에는 그것은 a에 대하여 일의적으로 결정된다.

예 정렬집합 W의 원소 a(단, $a \neq \min W$)가 직전자를 갖지 않는 경우를 생각해 보자. 지금 ω를 자연수와 다른 하나의 기호라 하고 $N \cup \{\omega\} = W$라 둔다. 이때 W에서 순서 $\leq$를 "N의 원소에 대해서는 $\leq$는 보통순서 $\leqq$ 그대로 하고, 임의의 $n \in N$과 ω에 대해서는 $n < \omega$라 한다."로 정의하면 W는 명백히 정렬집합이 되지만, 원소 ω는 직전자를 갖지 않는다. ■

참고 $(A, \leq)$가 다음 두 조건

(1) A가 최소원을 갖는다.

(2) A의 임의의 쇄는 A에서 상한을 갖는다.

를 만족하는 반순서집합이면, A에는 직후자를 갖지 않는 원소가 존재한다.

정의 5 앞절편(initial segment)

반순서집합 $(A, \leq)$에 대하여, $a \in A$일 때

$$A_a = \{x \in A \mid x < a\}$$

를 a에 의해 정의되는 A의 **앞절편**이라 한다. 특히 전순서집합 $(A, \leq)$의 앞절

편은 임의의 x, y에 대하여

$$y < x \text{이고 } x \in B \text{이면, } y \in B$$

인 임의의 부분집합 B를 의미한다.

예 $A = \{a, b, c, d, e, f\}$가 그림 7.3과 같이 주어진 반순서집합일 때, e에 의해 정의되는 A의 앞절편은 $A_e = \{b, c, f\}$이다. ■

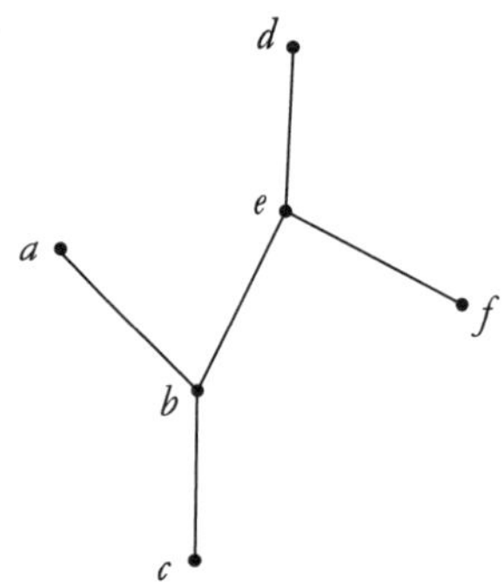

그림 7.3

예 $A = (N, \leqq)$에서 $A_3 = \{1, 2\}$이고 $A_1 = \varnothing$이다. ■

예 전순서집합 $(A, \leq)$에 대하여, a, $b \in A$일 때

$$a \leq b \Leftrightarrow A_a \subset A_b$$

가 성립한다. ■

예 전순서집합 $(A, \leq)$에 대하여, P가 A의 한 앞절편이며 Q가 P의 한 앞절편이면, Q는 A의 한 앞절편이 된다. ■

참고 $(A, \leq)$가 전순서집합일 때, A가 정렬집합이기 위한 필요충분조건은 A의 임의의 앞절편이 정렬집합이 되는 것이다.

정의 6 절편(segment)과 진절편(proper segment)

전순서집합 $(A, \leq)$의 부분집합 B가

$$x \in B,\ y \leq x \ \Rightarrow\ y \in B$$

를 만족시키면 B를 A의 **절편**이라 하고, 진부분집합이면서 절편일 경우 **진절편**이라 한다.

$(A, \leq)$가 정렬집합일 때, A의 원소 a에 대하여

$$\varnothing,\ A,\ A_a$$

는 모두 A의 절편이다.

예 전순서집합 $(A, \leq) = ([0, 2], \leqq)$에서 $B = [0, 1]$은 절편이지만

$$[0, 1] = A_a = \{x \in A \mid x < a\}$$

가 되는 a가 존재하지 않으므로, 앞절편이 아니다. ■

참고 A가 정렬집합일 때 B가 A의 진절편이면, 그리고 그때만 B는 A의 앞절편이다.

정리 7

$(A, \leq)$가 정렬집합일 때, A의 절편들의 합집합과 교집합, A의 절편의 모든 절편은 또한 A의 절편이 된다.

증명 $\mathscr{F}$가 A의 절편족일 때, $y \in \bigcup_{S \in \mathscr{F}} S$라 하자. $x \in A$이고 $x \leq y$이면 y는 A의 임의의 절편 $S_0 \in \mathscr{F}$에 속하므로

$$x \in S_0 \text{이고 } x \in \bigcup_{S \subset \mathscr{F}} S$$

로 된다. 따라서 $\bigcup_{S \in \mathscr{F}} S$는 A의 절편이다. 같은 방법으로 A의 절편족의 공통부분은

A의 절편이다.

한편 S를 A의 절편, T를 S의 절편이라 하고 $y \in T$, $x \in A$, 그리고 $x \leq y$라 하자. 그러면 y는 절편 S에 속하므로 $x \in S$이다. 또한 $y \in T$, $x \in S$, $x \leq y$와 T가 S의 절편이라는 가정으로부터 $x \in T$가 된다. 따라서 T는 A의 절편이다. ■

예 정렬집합 $(A, \leq)$에 대하여, $\mathscr{I}$가 A의 앞절편의 집합족일 때

$$\bigcup_{S \in \mathscr{I}} S$$

는 A의 앞절편이다. ■

정리 8
정렬집합 $(A, \leq)$의 각 절편 S(단, $S \neq A$)에 대하여 $$S = A_x$$ 를 만족하는 원소 $x \in A$가 존재한다.

2. 정렬집합의 순서동형

$(A, \leq)$가 정렬집합일 때, A는 자신의 임의의 앞절편과 순서동형이 될 수 없다. 또한 a, b가 A의 서로 다른 두 원소일 때, A_a와 A_b도 결코 순서동형이 아니다.

보조정리 9
두 정렬집합 $(A, \leq)$와 $(B, \leq')$이 순서동형이면, A의 임의의 앞절편 A_a에 대하여 A_a와 순서동형이 되는 B의 앞절편 $B_{a'}$이 존재한다. 이때 a'은 a에 대하여 일의적으로 결정된다.

증명 함수 f가 A로부터 B로의 순서동형이면

$$f(A_a) = B_{f(a)}$$

이므로, f의 정의역을 A_a로 축소하고 공역을 $B_{f(a)}$로 바꾸면 A_a로부터 $B_{f(a)}$로 옮기는 순서동형사상이 얻어진다. 따라서 $f(a) = a'$이라 두면

$$A_a \approx B_{a'}$$

이 성립한다. 한편 $A_a \approx B_{a'}$로 되는 a'이 a에 대하여 일의적으로 결정되는 것은 명백하다. ■

보조정리 9로부터 다음 정리를 얻는다.

정리 10 정렬집합의 순서동형

두 정렬집합 $(A, \le)$와 $(B, \le')$가 순서동형이면, A로부터 B로의 순서동형사상은 일의적으로 결정된다.

증명 $A \approx B$라 하고, 두 함수 f, g가 A로부터 B로의 순서동형이라 하자. 그러면 보조정리 9로부터 A의 임의의 원소 a에 대하여

$$A_a \approx B_{f(a)},\ A_a \approx B_{g(a)}$$

이므로, 일의성에 의하여 $f(a) = g(a)$가 된다. 따라서 $f = g$가 성립한다. ■

정리 11

함수 f가 정렬집합 $(A, \le)$로부터 $(A, \le)$의 부분집합으로의 순서동형이면

$$\forall x \in A,\ x \le f(x)$$

가 성립한다.

증명 결론을 부정하면, $P = \{x \in A \mid x > f(x)\}$는 공집합이 아니므로 최소원을 갖는다. 이 최소원을 a라 하자. 그러면 $a \in P$이므로, $f(a) < a$이다. 그러므로

$$f(f(a)) < f(a) < a$$

즉 $f(a) \in P$가 성립한다. 이것은 a가 P의 최소원이라는 가정에 모순이다. 따라서 $P = \varnothing$이다. ■

따름정리 1

$(A, \leq)$가 정렬집합일 때, A로부터 A의 어떠한 앞절편으로의 순서동형사상도 존재하지 않는다.

증명 결론을 부정하고, 함수 f를 A로부터 A의 앞절편 A_a로의 순서동형이라고 하자. 그러면 정리 11로부터 $a \leq f(a)$이므로

$$f(a) \not\in A_a$$

가 된다. 그러나 이것은 f의 치역이 A_a의 부분집합이라는 가정에 모순이다. 따라서 정렬집합 $(A, \leq)$로부터 $(A, \leq)$의 어떠한 앞절편으로의 순서동형사상도 존재하지 않는다. ■

따름정리 1로부터, 자기자신의 앞절편과 순서동형인 정렬집합은 존재하지 않는다는 사실을 얻는다.

따름정리 2

두 정렬집합 $(A, \leq)$와 $(B, \leq')$에 대하여, A가 B의 앞절편과 순서동형이면 B는 A의 어떤 부분집합과도 순서동형일 수 없다.

증명 함수 $f : A \rightarrow A_b$를 A로부터 어떤 B의 앞절편 A_b로의 순서동형이라고 하고, 어떤 $C \subset A$에 대하여 순서동형사상 $g : B \rightarrow C$가 존재한다고 하자. 그러면 두 함수 $g : B \rightarrow A$와 $f : A \rightarrow A_b$는 단사이면서 증가함수이므로, 합성함수 $f \circ g$는 B로부터 어떤 B의 앞절편 A_b의 부분집합으로의 순서동형사상이 된다. 그러나 이것은 따름정리 1에 의해 불가능하다. 따라서 B는 A의 어떤 부분집합과도 순서동형일 수 없다. ■

다음 정리는 정렬집합에 있어서 매우 중요한 성질이다. 정리의 증명은 독자에게 남긴다.

정리 12　정렬집합의 비교정리

두 정렬집합 $(A, \leq)$와 $(B, \leq')$에 대하여, 다음 세 경우 중 반드시 하나만 성립한다.

(1) $A \approx B$, 즉 A, B는 순서동형이다.

(2) $A \approx B_{a'}$을 만족하는 $a' \in B$이 존재한다. 즉 A는 B의 어떤 앞절편과 순서동형이다.

(3) $A_a \approx B$를 만족하는 $a \in A$가 존재한다. 즉 B는 A의 어떤 앞절편과 순서동형이다.

예 두 정렬집합 $N = \{1, 2, 3, \cdots\}$와 $A = \{2, 4, 6, \cdots ; 1, 3, 5, \cdots\}$를 생각할 때, N은 A의 앞절편 A_1과 순서동형이다. ■

정리 12는 임의의 두 정렬집합은 크기를 제외하면, 차이점이 없음을 보여주고 있다. 이 사실은 여러 가지로 중요한 역할을 한다. 특히 기수와 순서수에서 필연적으로 중요하다.

따름정리

$(A, \leq)$가 정렬집합이면, A의 임의의 부분집합이 A와 순서동형이거나 A의 어떤 앞절편과 순서동형이다.

증명 B가 A의 임의의 부분집합이면, B는 정렬집합이다. 그러므로 정리 12에 의해 A, B는 순서동형이거나, B는 A의 어떤 앞절편과 순서동형이거나, A는 B의 어떤 앞절편과 순서동형이다. 따라서 "A가 B의 어떤 앞절편과 순서동형이다."가 성립하지 않음을 보이면 된다.

"A가 B의 어떤 앞절편과 순서동형이다."가 성립한다고 가정하자. 그러면 따름정리 2에 의해 B는 A의 어떤 부분집합과도 순서동형이 될 수 없다. 그러나 $B \approx B$이고, B는 A의 부분집합이다. 그러므로 B는 A의 부분집합과 순서동형이다. 이것은 모순이다. 따라서 "A가 B의 어떤 앞절편과 순서동형이다."가 성립하지 않는다. ■

참고 $S(A)$를 정렬집합 A의 원소들에 대한 모든 절편족을 나타내고 $S(A)$를 집합의 포함관계에 의한 순서집합이라 하면, A는 $S(A)$와 순서동형이다. 특히 $f : x \mapsto S(x)$에 의하여 정의되는 함수 $f : A \rightarrow S(A)$는 A로부터 $S(A)$로의 전단사이다.

3. 초한귀납법

정렬집합에 대해서는 귀납법을 사용할 수 있다는 점이 두드러진 특징의 하나다. 수학적 귀납법을 한걸음 발전시킨 **초한귀납법**은 여러 가지 이론에 필요한 증명법이다.

먼저 다음 정리를 증명없이 서술한다(참고문헌 4 참조).

정리 13

정렬집합 $(A, \leq)$에 대하여, $\mathscr{I}$가 다음 조건

(1) $\mathscr{I}$의 원소들의 임의의 합집합은 $\mathscr{I}$에 속한다.

(2) $A_x \in \mathscr{I}$이면 $A_x \cup \{x\} \in \mathscr{I}$

를 만족하는 A의 절편의 집합이면, 절편족 $\mathscr{I}$는 A의 모든 절편을 포함한다.

위 정리에서 가정 (1)은 $\varnothing \in \mathscr{I}$를 뜻한다. 왜냐하면 '$\varnothing \in \mathscr{I}$'는 가정 (1)에서 추론할 수 있는 까닭이다. 즉 $\mathscr{I}$의 원소들의 임의의 합은 $\mathscr{I}$에 속하므로, $\mathscr{I}$의 원소인 $\varnothing$의 합을 택하면 된다. 따라서 $\mathscr{I}$는 공집합이 아니다.

정리 14 초한귀납법 (transfinite induction)

$(A, \leq)$가 정렬집합이고, $p(x)$가 A의 원소 x에 관한 명제일 때

"모든 $y < x$에 대하여 $p(y)$가 참이면, $p(x)$도 참이다."

가 성립하면, '$\forall x \in A,\ p(x)$가 참'이 된다.

증명 결론 '$\forall x \in A,\ p(x)$가 참'을 부정하면 집합

$$A' = \{a \in A \mid p(a)\text{가 거짓}\}$$

은 $\varnothing \neq A' \subset A$이고, A가 정렬집합이므로 A'에는 최소원 m이 존재한다. 지금 $p(x)$가 $x < m$인 모든 원소 x에 대하여 참이면, 가정으로부터 $p(m)$도 참이다. 이는 m이 A'의 최소원이라는 사실에 모순이다. 따라서 $p(x)$는 모든 $x \in A$에 대하여 참이다. ■

수학적 결과를 증명하는데 있어서 초한귀납법이 어떻게 사용되는가를 이해하기 위하여 예로써 다음 정리를 생각한다.

정리 15

두 정렬집합 $(A, \leq)$와 $(B, \leq ')$에 대하여, $f : A \to B$가 증가이고 $f(A)$가 B의 절편이며 $g : A \to B$가 좁은 뜻에서 증가이면

$$\forall x \in A, \; f(x) \leq ' g(x)$$

가 성립한다.

증명 각 $x \in A$에 대하여 $p(x)$를 명제 '$f(x) \leq ' g(x)$'라 하자. 배리법을 사용하기 위해 모든 $x < a$에 대하여 $p(x)$가 성립하지만 $p(a)$는 거짓이 되는 원소 $a \in A$가 존재한다고 가정하자. 즉 모든 $x < a$에 대하여

$$f(x) \leq ' g(x)\text{이지만, } g(a) <' f(a)$$

라고 가정하자. g는 좁은 뜻에서 증가, f는 증가이므로 모든 $x < a$와 $y \geq a$에 대하여

$$f(x) \leq ' g(x) <' g(a) <' f(a) \leq ' f(y)$$

이다. 따라서

$$g(a) \not\in f(A)$$

가 성립한다. 그런데 $g(a) <' f(a)$이므로, 이것은 $f(A)$가 B의 절편이라는 사실에 모순이 된다. 따라서 임의의 $x \in A$에 대하여

$$\text{모든 } y < x\text{에 대하여, } f(y) \leq ' g(y)\text{이면 } f(x) \leq ' g(x)$$

이다. 그러므로 초한귀납법 원리에 의하여

$$\forall x \in A,\ f(x) \le' g(x)$$

가 성립한다. ■

7.3 연습문제

01 W가 실수의 집합 R의 정렬부분집합이면, W는 가산집합임을 보이시오.

02 $(A, \le)$가 전순서집합일 때, 포함관계에 의해 순서가 주어진 A의 모든 부분집합족은 전순서집합임을 보이시오.

03 $(A, \le)$가 정렬집합일 때, $x \in A$에 대하여 x의 바로 앞의 원소와 바로 뒤의 원소가 존재하면 유일함을 보이시오.

04 반순서집합 $(A, \le)$의 모든 부분집합 B(단, $B \ne \varnothing$)가 하계를 가지면, $(A, \le)$는 정렬집합임을 보이시오.

05 a가 반순서집합 $(A, \le)$의 원소일 때, A의 원소 b가 a의 직후자가 되기 위한 필요충분조건은 b가 $\{x \in A \mid a < x\}$의 극소원이어야 하는 것임을 보이시오.

06 두 정렬집합 A, B에 대하여, A가 최대원을 갖지 않으며 B의 임의의 원소(최소원을 제외한 원소)가 직전자를 가지면 B는 A의 앞절편과 순서동형임을 보이시오.

07 반순서집합 $(A, \leq)$에 대하여, P가 A의 절편이고 Q가 P의 절편일 때 Q는 A의 절편임을 보이시오.

08 두 유한정렬집합 $(A, \leq)$와 $(B, \leq')$에 대하여, A와 B가 대등이면 $(A, \leq)$와 $(B, \leq')$은 순서동형임을 보이시오.

09 두 정렬집합 A, B에 대하여, 순서동형사상 $f : A \to B$는 많아야 하나 존재함을 보이시오.

10 두 정렬집합 A, B에 대하여, 두 함수 $f : A \to B$와 $g : A \to B$가 순서동형이면 $g = f^{-1}$임을 보이시오.

11 두 정렬집합 A, B에 대하여, A가 B의 부분집합과 순서동형이며 B가 A의 부분집합과 순서동형이면 A와 B는 순서동형임을 보이시오.

12 n개의 원소를 갖는 유한정렬집합은 보통순서에 의한 $\{1, 2, \cdots, n\}$과 순서동형임을 보이시오. 또한 임의의 무한정렬집합은 N과 순서동형이거나 또는 N과 순서동형인 절편을 포함하고 있음을 밝히시오.

13 자신의 절편과 순서동형인 정렬집합은 존재하지 않음을 보이시오.

14 $(A, \leq)$가 정렬집합일 때, 각 $x \in A$에 대하여 x는 A_x의 최소상계임을 보이시오.

제 8 장

선택공리와 그 동치

이 장에서는 수학의 원리 중에서 매우 중요하면서도 가장 논란의 대상이 되었던 원리 중의 하나인 선택공리와 세 가지 동치원리, 즉 하우스도르프의 극대원리, 조른의 보조정리와 체르멜로의 정렬원리를 기술한다.

먼저 선택공리가 어떤 형태로 수학 문제에 적용되는가를 알아보자.

예제 $(A, \leq)$가 극대원을 갖지 않는 공집합이 아닌 반순서집합이면, A의 원소들로 구성되는 좁은 뜻에서의 증가, 즉

$$x_1 < x_2 < x_3 < \cdots$$

가 되는 무한수열이 존재한다.

증명 가정에 의해 $A \neq \varnothing$이므로, A의 임의의 원소 하나를 선택하여 x_1이라 하자. 수학적 귀납법의 가정에 의해

$$x_1 < x_2 < x_3 < \cdots < x_n$$

이 주어졌다고 하고, 집합 A_n을

$$A_n = \{x \in A \mid x > x_n\}$$

으로 정의하면, $A_n \neq \varnothing$이 된다. 왜냐하면 $A_n = \varnothing$이면, x_n은 극대원이 되므로 가정에 모순이 되기 때문이다. 이제 A_n의 원소 중 임의의 한 원소를 선택하여 x_{n+1}이라 하자. 수열은

$$x_1 < x_2 < x_3 < \cdots < x_n < x_{n+1}$$

까지 확장된다. 따라서 임의의 자연수 n에 대하여 좁은 뜻에서의 증가수열

$$S_n = \{x_1, x_2, \cdots, x_n\}$$

즉

$$S_1 = \{x_1\},\ S_2 = \{x_1, x_2\},\ S_3 = \{x_1, x_2, x_3\},\ \cdots$$

가 얻어진다. 여기에서 $S = \bigcup_{n \in N} S_n$이라 두면, S가 A의 원소들로 구성되는 좁은 뜻에서의 증가인 무한수열이 된다. ■

위 예제의 증명에서 무의식중에 의심할 여지없이 '임의로 선택한 것들을 무한히 계속해서 구성할 수 있음'을 가정하고 있다. 이때 임의의 한 원소를 선택하는 것은 별로 문제가 되지 않으나, 무한히 많은 원소를 선택해서 무한수열을 구성하는 데는 인간의 경험으로나 어떠한 논리에서도 이를 정당화시키는 근거가 없음이 문제가 된다.

위 예제의 증명에서 원소 x_1, x_2, x_3, …를 선택하는 과정에서 각 선택이 앞의 선택에 의존하므로, 이 과정이 연속적이어야만 했다. 그런데 연속적으로 선택해야 한다는 사실은 전체 증명 과정에서 보면 무한히 긴 시간적인 문제가 따르기 때문에 매우 어려운 난관에 부딪치게 된다. 그러나 이와 같은 어려움은 모든 선택을 동시에, 그리고 독립적으로 시행하여 극복할 수 있다.

위 예제의 증명에서 "A_n의 원소를 선택한다."는 용어를 사용하였으나, 집합론의 새로운 개념으로 이 용어를 도입할 필요는 없다. 그 대신 이 개념을 선택의 함수를 대표하는 다른 용어, 즉 선택함수로 정의하기로 한다.

8.1 선택공리

서로소이고 공집합이 아닌 집합을 원소로 갖는 집합족을 $\mathscr{I}$라 하자. 이때 임의의 $S_\alpha \in \mathscr{I}$로부터 대표원을 선택해서 만든 집합을 $\mathscr{I}$의 선택집합이라 하면, 다음이 성립한다.

(1) 공집합이 $\mathscr{I}$의 하나의 원소일 때, $\mathscr{I}$는 선택집합을 갖지 않는다.
(2) $\mathscr{I}$가 공집합이면 $\mathscr{I}$는 오직 하나의 선택집합, 즉 공집합을 갖는다.

정의 1 선택함수 (choice function)

공집합이 아닌 집합들의 집합족을 $\mathscr{I}$(단, $\mathscr{I} \neq \varnothing$)라 할 때

$$\forall A_\alpha \in \mathscr{I},\ f(A_\alpha) \subset A_\alpha$$

를 만족하는 함수, $f : \mathscr{I} \to \bigcup_{A_\alpha \in \mathscr{I}} A_\alpha$를 **선택함수**라 하고, 이때 $f(A_\alpha) = x_\alpha$를 A_α의 **대표원**이라 한다.

예 $X=\{1,\ 2,\ 3,\ 4,\ 5\}$에 대하여, 그 부분집합이

$$A_1=\{1,\ 2,\ 3\},\ A_2=\{1,\ 5\},\ A_3=\{2,\ 4,\ 5\},\ A_4=\{3,\ 4\}$$

로 주어질 때

$$f=\{(A_1,\ 2),\ (A_2,\ 1),\ (A_3,\ 4),\ (A_4,\ 3)\}$$

은 $\{A_1,\ A_2,\ A_3,\ A_4\}$로부터 X로의 하나의 선택함수이다. ■

유한집합에서는 항상 선택함수를 찾을 수 있으나, 무한집합에 대해서는 선택함수의 존재성에 대하여 해결점을 찾지 못하다가, 체르멜로가 1904년에 새로운 공리를 제창하게 되었는데, 이 공리가 바로 선택공리인 것이다.

정의 2 선택공리 (axiom of choice)
공집합이 아닌 집합들의 집합족 $\mathscr{F}$ (단, $\mathscr{F} \neq \varnothing$)에 대하여 선택함수가 존재한다.

선택공리는 이와 동치인 다른 형태로 나타내는 방법이 존재한다. 여기서는 그 중에서 가장 중요한 두 가지만 증명없이 소개한다.

(1) 공집합이 아닌 서로소인 집합들의 집합족 $\mathscr{F}$ (단, $\mathscr{F} \neq \varnothing$)에 대하여, 임의의 $A \in \mathscr{F}$로부터 원소 하나씩을 선택하여 이루어지는 집합 C가 존재한다. 이때 집합 C를 $\mathscr{F}$의 **선택집합** (choice set)이라 한다.

(2) 집합족 $\{A_i\}_{i\in I}$에 대하여, 첨자집합 I와 모든 A_i가 모두 공집합이 아니면 $\prod_{i\in I} A_i$도 공집합이 아니다.

1938년에 괴델은 "집합론의 공리계에 모순이 없으면, 그것에 선택공리와 일반화된 연속체 가설을 부가하더라도 모순이 일어나지 않는다."라는 사실을 증명했다. 그로부터 20년이 지나서 미국의 수학자 코헨이 "Z-F 공리계에 모순이 없으면, Z-F 공리계에 선택공리의 부정을 부가할지라도 모순은 나타나지 않는다.", "Z-F 공리계에 모순이 없으면, Z-F 공리계에 선택공리에 연속체의 가설의 부정을 부가할지라도 모순이 없다." 등의 결과를 발표했다.

선택공리는 모든 집합에 대하여 선택함수가 존재한다는 사실을 주장한다. 그러나

선택함수의 존재성을 주장하는 것은 그것을 구성하거나 또는 구성할 수 있다는 것과는 전혀 별개 문제이다. 따라서 선택공리의 본질적인 중요성은 그 구조성보다는 존재성에 있는 것이다. 다시 말해서 $\mathscr{I}$ 에서 $A_\alpha \in \mathscr{I}$ 로의 모든 가능한 함수 중에서 선택함수가 적어도 하나 존재한다는 것이고, 선택함수가 만들어 질 수 있다고 주장하는 것은 아니다.

실질적으로 선택함수를 구성하지 못한다 하여도, 그것은 여러 면에서의 이용에는 아무런 어려운 문제가 되지 않는다.

참고 선택공리는 유클리드의 제5공리와도 비슷한 성격이다.

수학의 여러 분야에서 많은 문제들이 선택공리의 도움으로 손쉽게 해결될 수 있다.

예제 함수 $f : A \to B$(단, $B \neq \varnothing$)가 전사일 때, B와 대등한 A의 부분집합 C가 존재한다. 따라서 $\operatorname{card} B \leq \operatorname{card} A$가 성립한다.

증명 집합 $\{f^{-1}(y) \mid y \in B\}$는 A의 분할을 이루며, 선택공리에 의하여 대표원들의 집합 C가 존재한다. 이때 각 $y \in B$에 대하여 $C \cap f^{-1}(y)$는 단원집합이다. 그러므로 f의 C로의 축소함수 $f|_C : C \to B$는 전단사이다. 따라서

$$\operatorname{card} B = \operatorname{card} C \leq \operatorname{card} A$$

가 성립한다. ■

정리 3

$(A, \leq)$가 극대원을 갖지 않는 반순서집합이면

$$\forall x \in A, \ \varphi(x) > x$$

를 만족하는 함수 $\varphi : A \to A$가 존재한다.

증명 A의 모든 공집합이 아닌 부분집합을 원소로 하는 집합족을 $\mathfrak{I}$라 하며, 선택공리에 의하여

$$\forall M \in \mathfrak{I}, \ \varphi(M) \in M$$

을 만족하는 $\mathfrak{I}$에서 정의된 함수 Φ가 존재한다. 한편 A가 극대원을 갖지 않는다고 가정되어 있으므로

$$\forall x \in A,\ \{y \mid y \in A,\ y > x\} = M_x$$

라 놓으면, 모든 $x \in A$에 대하여 $M_x \neq \varnothing$, 즉 $M_x \in \mathfrak{I}$가 된다. 따라서 함수 $\varphi : A \to A$를

$$\forall x \in A,\ \varphi(x) = \Phi(M_x)$$

로 정의하면, $\varphi(x) \in M_x$를 만족하므로

$$\forall x \in A,\ \varphi(x) > x$$

가 성립한다. ■

참고 칸토어는 이미 여러 정리의 증명에서 본질적으로 선택공리와 동치인 이론을 사용하고 있었으나, 그는 새로운 공리를 사용했음을 인지하지 못했다. 그 후 1904년에 체르멜로가 선택공리를 제안하고 정렬원리를 증명하게 되었는데, 이것은 많은 논란을 야기했다.

그 당시에 수학자들은 형식주의자와 경험주의자들로 나뉘어져 대립하고 있었다. 그러던 중 1935년에 조른이 조른의 보조정리라는 극히 사용하기 쉬운 형태로 정렬원리를 수정하였다.

1938년에 괴델은 종래의 수학공리에 선택공리를 추가할지라도 어떠한 모순도 나타나지 않는다는 것을 증명함으로써 선택공리는 수학에서 이미 알려져 있는 공리와 양립함을 보였다. 그 후 1963년에 코헨은 선택공리가 다른 종래의 공리와 실제로 독립적임을 증명하였다.

이제 현대수학에서 선택공리는 널리 새로운 공리로써 받아들이게 되었고, 그 동치형식인 하우스도르프의 극대원리, 조른의 보조정리와 체르멜로의 정렬원리는 수학적 증명에 광범위하게 활용되고 있다.

8.1 연습문제

01 선택공리를 이용하여, 다음이 성립함을 보이시오.

(1) 공집합이 아닌 두 집합 A, B에 대하여, A로부터 B로의 단사함수 또는 B로부터 A로의 단사함수가 존재한다.

(2) 두 집합 A, B에 대하여, 함수 $f : A \to B$가 전사이기 위한 필요충분조건은 $f \circ g = I_B$를 만족하는 함수 $g : B \to A$가 존재한다.

(3) 반순서집합 $(A, \leq)$의 모든 쇄가 A에서 상한을 가질 때, A에 최대원이 존재하면 직후자를 갖지 않는 원소 $a \in A$가 존재한다.

02 함수 $f : A \to B$가 전단사이면, B와 일대일 대응이 되는 A의 부분집합 C가 존재함을 보이시오.

03 다음 명제가 선택공리와 동치임을 보이시오.

(1) 세 집합 A, B, C에 대하여 두 함수 $f : A \to B$와 $g : A \to C$가 주어질 때, $\mathrm{Im}\, f \subset \mathrm{Im}\, g$이면

$$g \circ h = f$$

를 만족하는 함수 $h : B \to A$가 존재한다.

(2) $\mathscr{F}$ (단, $\mathscr{F} \neq \varnothing$)가 공집합이 아닌 서로소인 집합들의 집합족일 때, $A \in \mathscr{F}$에 대하여 $f(A) \in A$이며 정의역이 $\mathscr{F}$인 함수 f가 존재한다.

(3) 집합 E에 대하여, $G \subset E \times E$이고 $A = \mathrm{Dom}\, G$, $B = \mathrm{Im}\, G$이면

$$f \subset G$$

를 만족하는 함수 $f : A \to B$가 존재한다.

(4) 두 집합 A, B에 대하여 함수 $f : A \to B$가 주어질 때, $g : C \to B$가 단사이며 $\mathrm{Im}\, g = \mathrm{Im}\, f$를 만족하는 $C \subset A$와 $g \subset f$가 존재한다.

8.2 선택공리의 동치

이 절에서는 선택공리의 동치형식에 대하여 서술한다. 이 정리들은 동치이기 때문에 그 중 어느 하나를 부정하면 다른 모든 정리까지도 부정하는 결과가 된다. 그런데 이들 정리의 공통성은 모두가 비구성적이라는 사실이다. 즉 명백히 만들어질 수 없는 수학적인 대상의 존재를 주장한다. 직관주의자들이 선택공리와 동치인 원리 모두를 거부하는 것도 이 같은 특성 때문이다.

1. 하우스도르프의 극대원리

대수학과 위상수학의 정리의 증명에서 선택공리를 사용하는 것보다 동치인 하우스도르프의 극대원리를 사용하는 것이 더욱 편리할 경우가 많다.

정리 1

공집합이 아닌 반순서집합 $(A, \leq)$에 대하여, A의 임의의 전순서부분집합의 최소상계가 A에 존재할 때

$$\forall a \in A,\ a \leq f(a)$$

인 함수 $f : A \to A$가 존재하면, $f(p) = p$를 만족하는 $p \in A$가 존재한다.

이제 선택공리를 사용해서 **하우스도르프의 극대원리** (Hausdorff maximality principle)를 증명한다.

정리 2 하우스도르프의 극대원리

임의의 반순서집합 $(A, \leq)$에 대하여, A의 모든 전순서부분집합의 집합을 $\mathscr{T}$라고 할 때, 포함관계 $\subset$에 의한 반순서집합 $(\mathscr{T}, \subset)$은 극대원을 갖는다. 즉 임의의 반순서집합은 **극대쇄** (maximal chain)를 갖는다.

증명 $\mathscr{T}$가 극대원을 갖지 않는다고 가정하면, 모든 $T \in \mathscr{T}$가 극대원이 아니므로, 각

$T \in \mathscr{T}$에 대하여 공집합이 아닌 집합

$$T^* = \{T' \in \mathscr{T} \mid T' \supsetneq T\}$$

가 존재한다. 선택공리에 의하여 정의역이 $\{T^* \mid T \in \mathscr{T}\}$일 때, $g(T^*) \in T^*$를 만족하는 함수 g가 존재한다. 따라서 모든 $T \in \mathscr{T}$에 대하여

$$f(T) = g(T^*) \supsetneq T$$

로 정의되는 함수 $f : \mathscr{T} \to \mathscr{T}$가 존재한다. 따라서 함수 f는 정리 1의 가정을 만족한다. 그런데

$$\cap \{T' \in \mathscr{T} \mid T' \supsetneq T\}$$

는 $\mathscr{T}$의 최소상계에 속하므로

$$\forall\, T \in \mathscr{T},\ T \subset f(T)$$

이다. 그러므로 정리 1에 의하여 $f(S) = S$가 되는 원소 S가 $\mathscr{T}$에 존재한다. 이것은

$$\forall\, T \in \mathscr{T},\ T \subsetneq f(T)$$

라는 사실에 모순된다. 따라서 $\mathscr{T}$는 극대원을 갖는다. ■

예 $A = \{a,\ b,\ c,\ d,\ e,\ f\}$가 그림 8.1로 주어진 반순서집합일 때

$$\{a,\ b,\ c\},\ \{a,\ b,\ e,\ f\},\ \{d,\ e,\ f\}$$

는 극대쇄이다. ■

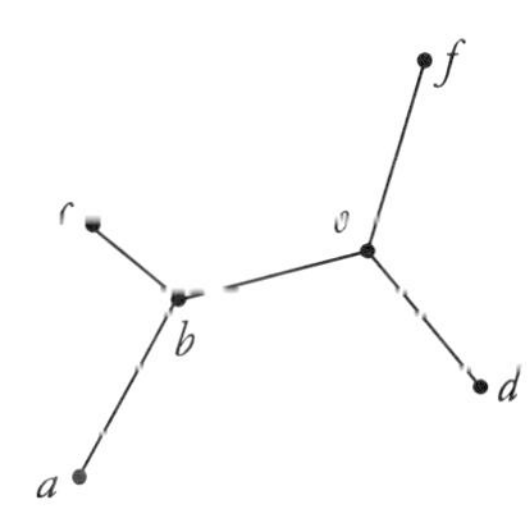

그림 8.1

예제 반순서집합 $(A, \leq)$의 전순서부분집합 B에 대하여, $B \subset C$를 만족하는 A의 극대 전순서부분집합 C가 존재한다.

증명 A의 모든 전순서부분집합의 집합 $\mathcal{I}$에 대하여 $B \in \mathcal{I}$라고 할 때, $\mathcal{I}$는 포함관계 $\subset$에 의한 반순서집합이다. 따라서 $B \subset C$를 만족하는 $\mathcal{I}$의 극대원 C가 존재한다. ■

극대원리를 사용하여, 모든 벡터공간이 **기저**(basis)를 가짐을 증명할 수 있다. 그러나 기저를 구체적으로 나열할 수는 없다.

참고 다음 두 성질

(1) B_0의 서로 다른 원소 $b_1, b_2, \cdots, b_m$과 유리수 $r_1, r_2, \cdots, r_m$에 대하여

$$r_1 b_1 + r_2 b_2 + \cdots + r_m b_m = 0 \text{이면, } r_1 = r_2 = \cdots = r_m = 0$$

이 성립한다.

(2) x가 0이 아닌 임의의 실수일 때

$$x = r_1 b_1 + r_2 b_2 + \cdots + r_k b_k$$

를 만족하는 B_0의 서로 다른 원소 $b_1, b_2, \cdots, b_k$와 0이 아닌 유리수 $r_1, r_2, \cdots, r_k$가 일의적으로 존재한다.

를 갖는 R의 부분집합 B_0가 존재한다. 이때 B_0를 R의 **하멜 기저**(Hamel basis)라고 한다.

2. 조른의 보조정리

(1) 조른의 보조정리

선택공리의 동치형식 중에 **조른의 보조정리**를 사용하여 얻어지는 결과도 극대원의 존재성뿐이다. 그러나 조른의 보조정리가 명백히 만들어 질 수 없는 비구성적이라는 사실에도 불구하고, 현대수학의 여러 가지 이론에 대한 응용에는 선택공리보다 더 효과적인 경우가 많다. 하우스도르프의 극대원리로부터 조른의 보조정리를 증명한다.

정리 3 조른의 보조정리(Zorn's lemma)

반순서집합 $(A, \leq)$의 모든 전순서부분집합이 상계를 가지면, A는 극대원을 갖는다.

증명 하우스도르프의 극대원리로부터 $(A, \leq)$는 포함관계 $\subset$에 관하여 극대인 전순서부분집합 B를 갖는다. 가정에 의하여 모든 전순서부분집합이 상계를 가지므로, μ를 B의 상계라 하자. 이제 μ가 A의 극대원임을 보인다. 만일 $x \geq \mu$인 원소 $x \in A$가 존재한다면

$$B \cup \{x\}$$

는 B를 포함하는 $(A, \leq)$의 전순서부분집합을 이룬다. 그런데 B가 극대이므로

$$B \cup \{x\} = B$$

이다. 따라서 $x \leq \mu$가 된다. 결국 $x = \mu$이다. 그러므로 μ는 $(A, \leq)$의 극대원이다. ■

참고 조른의 보조정리를 **조른의 원리**(Zorn's principle)라고 하는 것이 오히려 타당할 것이다.

예 $A = \{a, b, c, d, e, f\}$가 그림 8.2로 주어진 반순서집합이라고 하자. 이때 극대쇄 $\{a, b, c\}$는 상계 c를 가지고, 극대쇄 $\{a, b, e, f\}$는 상계 f를 가지며, 극대쇄 $\{d, e, f\}$는 상계 f를 가진다. 여기서 극대쇄의 상계 c와 f는 A의 극대원이다. ■

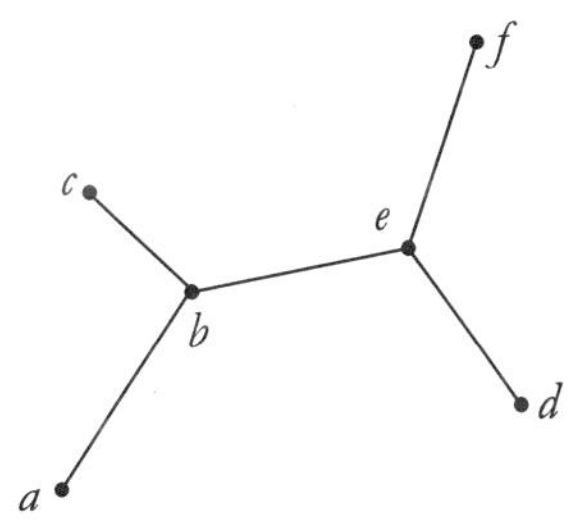

그림 8.2

예 실수의 집합 $(R, \leqq)$는 상계를 갖지 않으며, 극대원도 존재하지 않는다. ■

정리 4

조른의 보조정리는 하우스도르프의 극대원리를 함의한다.

증명 반순서부분집합 $(A, \leq)$에 대하여, A의 모든 전순서부분집합의 집합 $\mathscr{F}$를 $\subset$에 의한

반순서집합이라 하자. $(\mathscr{F}, \subset)$에 조른의 보조정리를 적용하기 위해 $\mathscr{E}$를 $(\mathscr{F}, \subset)$의 쇄라 하고, $K = \bigcup_{C \in \mathscr{E}} C$로 놓는다.

이제 $K \in \mathscr{F}$임을 보임으로써, K는 $\mathscr{E}$의 상계인 것을 밝힌다. 사실 $x, y \in K$이면 $x \in D, y \in E$를 만족하는 $D \in \mathscr{E}$, $E \in \mathscr{E}$가 존재한다. 그러나 $\mathscr{E}$가 $(\mathscr{F}, \subset)$의 쇄이므로

$$D \subset E \text{ 또는 } E \subset D$$

이다. 지금 $E \subset D$라면 $x, y \in D$이다. 한편 D가 전순서집합이므로, $x \leq y$ 또는 $y \leq x$가 된다. 따라서 K는 $(A, \leq)$의 전순서부분집합이다. 그러므로 $K \in \mathscr{F}$가 된다. 따라서 조른의 보조정리에 의하여 $(\mathscr{F}, \subset)$에는 극대원이 존재한다. ■

정의 5 귀납적 (inductive)

$(A, \leq)$가 반순서집합일 때, A의 임의의 쇄가 A에서 상계를 가지면 A를 **귀납적**이라고 한다.

귀납적인 반순서집합 $(A, \leq)$에 대하여, $x_0 \in A$일 때 A의 부분집합

$$A' = \{x \mid x \in A,\ x_0 \leq x\}$$

도 명백히 귀납적이다.

참고 $(A, \leq)$가 귀납적인 반순서집합이고, 함수 $\varphi : A \rightarrow A$가

$$\forall x \in A,\ \varphi(x) \geq x$$

를 만족하면, $\varphi(a) = a$가 되는 A의 원소 a가 존재한다.

정리 6

두 집합 A, B에 대하여, A의 어떤 부분집합에서 B로의 단사함수 전부의 집합을 $\mathscr{F}$라 할 때

(1) $f, f' \in \mathscr{F}$에 대하여

"$\text{Dom}\,(f) \subset \text{Dom}\,(f')$이고 f'의 정의역을 $\text{Dom}\,(f)$로 축소한 함수가 f일 때, $f \leq f'$"

으로 정의하면 $\leq$은 $\mathscr{F}$에서 반순서관계이고, $(\mathscr{F}, \leq)$는 귀납적인 집합이 된다. 따라서 $(\mathscr{F}, \leq)$에는 극대원이 존재한다.

(2) (1)에 의하여 주어진 극대원을 f_0라 하면

$$\text{Dom}\,(f_0) = A \text{ 또는 } \text{Im}\,(f_0) = B$$

중 어느 한쪽이 반드시 성립한다.

증명 (1) $\mathscr{F}_1$을 $\mathscr{F}$의 전순서부분집합이라 할 때

$$E = \bigcup_{f \in \mathscr{F}_1} \text{Dom}\,(f)$$

라 하고, 함수 $g : E \to B$를

"E의 임의의 원소 x에 대하여, $x \in \text{Dom}\,(f)$로 되는 $f \in \mathscr{F}_1$을 잡고 $g(x) = f(x)$라 한다."

로 정의한다. 이때 $g(x)$는 $x \in \text{Dom}\,(f)$로 되는 $f \in \mathscr{F}_1$을 잡는 방법에 독립적이다. 이와 같이 정의된 함수 g가 $\mathscr{F}$에서 $\sup \mathscr{F}_1$이 된다.

(2) $\text{Dom}\,(f_0) \neq A$, $\text{Im}\,(f_0) \neq B$이면

$$A - \text{Dom}\,(f_0), \quad B - \text{Im}\,(f_0)$$

에서 각 원소 a, b를 잡아서 $f'_0 : \text{Dom}\,(f_0) \cup \{a\} \to B$를

$$f'_0(a) = b, \; f'_0(x) = f_0(x) \; (\text{단, } x \in \text{Dom}\,(f_0))$$

로 정의한다. 그러면 $f'_0 \in \mathscr{F}$, $f_0 < f'_0$로 되는데, 이것은 f_0가 극대원이라는 것에 모순이 된다. ■

참고 정리 6은 $\text{Dom}\,(f_0) = A$이면 $\text{card}\,A \leq \text{card}\,B$이고, $\text{Im}\,(f_0) = B$이면 $\text{card}\,B \leq \text{card}\,A$가 성립함을 보여주고 있다. 따라서 임의의 두 기수는 비교가능하다. 즉 m, n이 임의의 기수일 때

$$m \leq n \text{ 또는 } n \leq m$$

중 어느 한쪽이 반드시 성립한다.

(2) 조른의 보조정리의 변형

조른의 보조정리와 그 변형은 현대수학의 여러 분야에서 '존재성'을 밝히기 위하여 유효하게 사용된다. 이때 구체적인 구성 방법까지는 주어지지 않는 것이 보통이다.

정의 7 유한적인 성질

P가 집합 X의 부분집합에 관한 하나의 성질일 때, X의 부분집합 Y가 성질 P를 갖는 것과 Y의 모든 유한부분집합이 성질 P를 갖는 것이 동치일 때, P를 **유한적인 성질**(또는 **유한적인 조건**)이라고 한다.

조른의 보조정리는 형식이 다른 동치명제로 변형된다.

정리 8

다음 명제 (1) ~ (4)는 동치이다.

(1) 임의의 귀납적 집합은 적어도 하나의 극대원을 갖는다.

(2) P가 집합 X의 부분집합에 관한 유한적인 조건일 때, P를 만족하는 X의 부분집합 Y가 적어도 하나 존재하면, (포함관계의 의미에서) X는 P를 만족하는 극대인 부분집합을 갖는다. (Tukey)

(3) 임의의 반순서집합은 (포함관계의 의미에서) 극대인 전순서부분집합을 갖는다. (Kuratowski)

(4) 반순서집합 $(A, \leq)$의 모든 전순서부분집합이 상계를 가지면, A는 극대원을 갖는다. (정리 3)

증명 (1) ⇒ (2) P를 만족하는 X의 부분집합 전체를 $\mathscr{F}$라 하면, $\mathscr{F}$는 (포함관계 $\subset$의 의미에서) 귀납적인 반순서집합이 된다. 왜냐하면 $\mathscr{E}$가 $\mathscr{F}$의 임의의 전순서부분집합일 때

$$\cup\, \mathscr{E} = \cup \{M \mid M \in \mathscr{E}\} = M^*$$

라 놓으면, $M^* \in \mathscr{F}$이고, 이때 M^*는 $\mathscr{F}$에 있어서의 $\mathscr{E}$의 상한이 되기 때문이다. $M^* \in \mathscr{F}$가 성립하는 것은 다음과 같은 방법으로 밝혀진다.

$$M' = \{x_1,\ x_2,\ \cdots,\ x_r\}$$

을 M^*의 임의의 유한부분집합이라고 하면, $x_i \in M_i$가 되는 $\mathcal{E}$의 원소 M_i(단, $i=1,\ 2,\ \cdots,\ r$)가 존재하고, 또한 $\mathcal{E}$가 포함관계에 대하여 전순서집합이므로 $M_1,\ M_2,\ \cdots,\ M_r$ 중에는 최대의 집합이 있다. 그것을 가령 M_r이라고 하면 $M' \subset M_r$이 되어, M_r은 P를 만족하므로, 조건 P의 유한성에 의하여 M'도 P를 만족한다. 따라서 M^*도 조건 P를 만족한다. 그러므로

$$M^* \in \mathcal{J}$$

가 성립한다.

결국 $\mathcal{J} = (\mathcal{J},\ \subset)$이 귀납적인 반순서집합이므로, (1)에 의하여 $\mathcal{J}$는 극대원을 갖는다.

(2) $\Rightarrow$ (3) 반순서집합 A의 부분집합이 전순서집합이라는 성질은 유한적이다. 왜냐하면 A의 부분집합 M이 전순서집합이라는 것은 M의 임의의 두 원소가 비교가능이라는 것인데 이것은 명백히 M의 임의의 두 원소가 언제든지 비교가능이라는 것과 동치이기 때문이다. 그러므로 (2)에 의하여 A는 극대인 전순서부분집합을 갖는다.

(3) $\Rightarrow$ (4) 반순서집합 A의 극대인 전순서부분집합을 B라 하자. 이때 (4)의 가정에 의하여 B의 (A에 있어서) 하나의 상계를 b라 하면, b는 A의 극대원이 된다. 왜냐하면 만약 $b < b'$을 만족하는 A의 원소 b'이 존재한다고 하면, 물론 $b' \notin B$이고 $B \cup \{b'\}$도 전순서집합이 되지만, 이것은 B의 극대성에 모순이 되기 때문이다.

(4) $\Rightarrow$ (1) 정리 6으로부터 명백하다. ■

정리 9

귀납적인 반순서집합 $(A,\ \leq)$에 대하여, $x_0 \in A$이면 $x \geq x_0$를 만족하는 A의 극대원 x가 존재한다.

이제 기수에 관한 하나의 명제를 예제로 선택하여 조른의 보조정리의 변형 (정리 8 (1))이 어떻게 적용되는지 살펴본다.

예제 m이 무한기수일 때, $n \leqq m$을 만족하는 임의의 기수 n에 대하여

$$m+n=m$$

이 성립한다.

증명 $m \leqq m+n \leqq m+m=2m$이므로

$$2m=m$$

을 밝히면 정리의 증명은 완료된다. 먼저 집합 $I=\{0, 1\}$과

$$\text{card}\, A=m$$

을 만족하는 집합 A에 대하여, A의 부분집합 B와 전단사함수 $f: I \times B \to B$와의 쌍 (B, f)를 생각한다. 이때 (B, f) 전체의 집합을 $\mathfrak{I}$라 하고, $\mathfrak{I}$의 원소 (B, f)를 간단히 P로 나타내기로 한다. 또한 $P=(B, f)$일 때, $B=B_P$, $f=f_P$로 표기하기로 한다. 이제 $\mathfrak{I}$의 두 원소 $P=(B_P, f_P)$, $Q=(B_Q, f_Q)$에 대하여

$$B_P \subset B_Q\text{이고, 함수 } f_Q\text{가 } f_P\text{의 확대일 때, } P \leq Q$$

로 반순서 $\leq$를 정의하면, $\mathfrak{I}$는 $\leq$에 대하여 귀납적인 반순서집합이 된다. 따라서 조른의 보조정리의 변형(정리 8 (1))에 의하여 $\mathfrak{I}$는 극대원 (B^*, f^*)를 갖는다. 이때 $A-B^*=C$라 두면 C는 유한집합이 된다. 그런데 C가 유한집합이고

$$A=B^* \cup C$$

이므로

$$\text{card}\, A=\text{card}\, B^*, \text{ 즉 } \text{card}\, B^*=m$$

으로 주어진다. 한편 B^*는 $I \times B^*$와 대등이고

$$\text{card}\,(I \times B^*)=2m$$

이 된다. 그러므로 $2m=m$이 성립한다. ■

참고 반순서집합 $(A, \leq)$의 임의의 정렬부분집합이 A에서 상계를 가지면 A를 **약귀납적**(weakly inductive)이라고 한다. 이 경우, 임의의 약귀납적 집합은 적어도 하나의 극대원을 갖는다.

3. 정렬원리

정렬원리는 선택공리의 귀결로 얻어지며, 비구성적 정리의 대표적인 것이다. 즉 모든 가능한 관계 $\mathfrak{R} \subset A \times A$ 중 A를 정렬화하는 순서관계가 적어도 하나 존재한다는 것을 주장하고 있을 뿐, 임의의 집합이 구체적으로 정렬될 수 있다는 것을 주장하는 것은 아니다. 정렬원리에 의하면 실수의 집합 R도 정렬가능하다. 그러나 어떤 순서를 주었을 때 정렬집합이 되는지는 알려지지 않는다.

이제 조른의 보조정리로부터 정렬원리를 증명한다.

정리 10 정렬원리(well-ordering principle)

A를 임의의 집합이라 할 때, A에 적당한 순서 $\leq$를 줌으로써 $(A, \leq)$를 정렬집합으로 만들 수 있다.

증명 $A_0 \subset A$인 모든 정렬집합 $(A_0, \leq_0)$의 집합족을 A^*라 하자. 집합 A^*에 세 조건

(1) $A_0 \subset A_1$

(2) $x, y \in A_0$이고 $x \leq_0 y$이면, $x \leq_1 y$

(3) $x \in A_1 - A_0$이면, 모든 $y \in A_0$에 대하여 $y \leq_1 x$

를 만족할 때 순서를

$$(A_0, \leq_0) \leq^* (A_1, \leq_1)$$

으로 정의하면, 순서관계 $\leq^*$는 A^*에서의 하나의 반순서관계이므로 $(A^*, \leq^*)$는 반순서집합이 된다.

먼저 조른의 보조정리를 적용하기 위해 $(A^*, \leq^*)$의 임의의 전순서부분집합 $\mathscr{I}$가 상계를 가짐을 밝히자. 이 상계에 해당하는 것은 $\left(\bigcup_{A \in \mathscr{I}} A, \leq'\right)$이다. 여기서 $x \leq' y$는 x와 y가

$$(A_0, \leq_0) \in \mathscr{I}$$

를 만족하는 어떤 A_0에 속할 때이고, $x \leq_0 y$가 되는 것이다. 실제로는 $\bigcup_{A \in \mathscr{I}} (A, \leq')$이지만, 여기서는 간단히

$$\left(\bigcup_{A \in \mathscr{I}} A, \leq'\right)$$

로 표현했다. 물론 $\left(\bigcup_{A \in \mathscr{F}} A,\ \leq'\right)$는 이것이 A^*에 속하면 $\mathscr{F}$에 대한 상계이다.

이제 $\left(\bigcup_{A \in \mathscr{F}} A,\ \leq'\right)$이 정렬집합이고, 따라서 A^*에 속함을 밝힌다. 이 증명의 일부는 $\leq'$이 $\bigcup_{A \in \mathscr{F}} A$ 위에서 전순서임을 내포하고 있다. S를 $\bigcup_{A \in \mathscr{F}} A$의 공집합이 아닌 부분집합이라 하면, S와 만나는 $(A_0,\ \leq_0) \in \mathscr{F}$가 존재한다. 그런데 $(A_0,\ \leq_0)$가 정렬집합이므로 $S \cap A_0$는 유일한 최소원, 예컨대 $x_0 \in S \cap A_0$를 포함한다. 따라서 임의의 $y \in S$에 대하여

$$(A_0,\ \leq_0) \leq^* (A_1,\ \leq_1)\text{이고, } x_0,\ y \in A_1$$

을 만족하는 $(A_1,\ \leq_1) \in \mathscr{F}$가 존재한다. 그러므로 $x_0 \leq_1 y$이고 $x_0 \leq' y$이다. 결국 x_0는 순서 $\leq'$에 관한 S의 최소원이므로, $\left(\bigcup_{A \in \mathscr{F}} A,\ \leq'\right)$은 정렬집합이 된다. 결국 조른의 보조정리의 조건을 만족한다. 따라서 조른의 보조정리에 의하여 $(A^*,\ \leq^*)$는 극대원

$$(A_1,\ \leq_1)$$

을 갖는다. 이때 $A_1 = A$이므로, $(A,\ \leq_1)$은 정렬집합이다. 왜냐하면 $A_1 \neq A$라고 가정하는 경우, 임의의 $x_1 \in A - A_1$을 택하여

$$\text{모든 } x \in A_1\text{에 대하여, } x \leq_1 x_1$$

으로 정의함으로써 $\leq_1$을 $A_1 \cup \{x_1\}$으로 확장할 수 있고, 그러면 $(A_1 \cup \{x_1\},\ \leq_1)$은 $\leq^*$에 관하여 $(A_1,\ \leq_1)$보다 크다. 이것은 $(A_1,\ \leq_1)$이 $(A^*,\ \leq^*)$의 극대원이라는 사실에 모순이다. 따라서 $A_1 = A$가 된다. ■

예 정수의 집합 Z는 정렬가능하다. 왜냐하면

$$\{0,\ 1,\ -1,\ 2,\ -2,\ 3,\ -3,\ \cdots\}$$

으로 순서를 주면, Z는 정렬집합이 되기 때문이다. ■

예 정렬원리를 사용하지 않고, 유리수의 집합 Q가 정렬가능함을 보이자. Q는 가부번이므로, 전단사함수 $f : Q \sim N$이 존재한다. 이제 임의의 $p,\ q \in Q$에 대하여

$$\text{‘}N\text{에서 } f(p) \leqq f(q)\text{이면, 그리고 그때만 } Q\text{에서 } p \leqq q\text{’}$$

인 것으로, Q 위의 관계 $\leqq$를 정의한다. 그러면 $(N, \leqq)$이 정렬집합이므로, $(Q, \leqq)$도 정렬집합이 된다. ■

예제 전순서집합 $(A, \leq)$이 순감소 무한수열을 갖지 않으면, 그리고 그때만 $(A, \leq)$는 정렬집합이 된다.

증명 $(A, \leq)$가 정렬집합이면, A는 순감소 무한수열을 갖지 않는다. 왜냐하면 그러한 수열은 A의 부분집합으로써 최소원을 지니고 있지 않기 때문이다. 역으로 전순서집합 $(A, \leq)$가 정렬집합이 아니라면, A의 부분집합으로써 최소원을 갖지 않는 B가 존재한다. 지금 임의의 $a_1 \in B$를 택할 때, a_1은 B의 최소원이 아니다. 그러므로 $a_1 > a_2$인 $a_2 \in B$를 택할 수 있다. 마찬가지로 $a_2 > a_3$인 $a_3 \in B$도 택할 수 있다. 이러한 과정을 계속함으로써 순감소 무한수열

$$a_1 > a_2 > \cdots$$

를 얻는다. ■

정렬원리와 정렬집합의 비교정리 (7.3절 정리 12)를 사용하면, 임의의 두 기수가 비교가능함을 쉽게 유도할 수 있다.

정리 11

임의의 두 기수는 비교가능하다. 즉 m, n이 임의의 기수일 때

$$m \leqq n \text{ 또는 } n \leqq m$$

중 어느 한쪽이 반드시 성립한다.

마지막으로 선택공리가 정렬원리에 의하여 유도될 수 있음을 밝힌다.

정리 12

정렬원리는 선택공리를 함의한다.

증명 $\mathscr{F}$(단, $\mathscr{F} \neq \varnothing$)를 공집합이 아닌 집합들의 집합족이라 하면, 정렬원리에 의하여 $\left(\bigcup_{A \in \mathscr{F}} A, \leq\right)$가 정렬집합이 되는 전순서관계 $\leq$가 존재한다. 그러므로 각 집합 $A \in \mathscr{F}$는 최소원을 포함한다. 따라서

$$\forall A \in \mathscr{F},\ f(A) = (\text{집합 } A\text{의 최소원})$$

으로 정의되는 함수 $f : \mathscr{F} \to \bigcup_{A \in \mathscr{F}} A$는 잘 정의된 하나의 선택함수이다. 따라서 선택공리가 성립한다. ■

이제까지 선택공리, 하우스도로프의 극대원리, 조른의 보조정리와 정렬원리가 모두 동치임을 증명하였다. 모든 과정에 있어서 선택공리와 그 동치 형식을 자유롭게 이용한다.

8.2 연습문제

01 하우스도로프의 극대원리가 다음과 동치임을 보이시오.

"A가 반순서집합일 때, B가 A의 쇄이면 A는 $B \subset C$인 극대쇄 C를 갖는다."

02 전순서집합 $(R, \leq)$의 극대쇄를 구하시오.

03 극대원리를 사용하여, 항등원을 갖는 각 환(ring)에는 진극대이데알(proper maximal ideal)이 존재함을 보이시오.

04 $X, Y \in \wp(A)$에 대하여

$$X \subset Y\text{일 때, } X \leq Y$$

로 정의하면 하나의 반순서집합이 얻어진다. 이 반순서집합은 귀납적임을 보이시오.

05 조른의 보조정리는 다음 정리와 동치임을 보이시오.

> "귀납적인 반순서집합 $(A, \leq)$에 대하여, $x_0 \in A$이면 $x \geq x_0$를 만족하는 A의 극대원 x가 존재한다."

06 집합 A가 두 개 이상의 원소를 가지면

$$\forall x \in A, \ f(x) \neq x$$

를 만족하는 전단사함수 $f : A \to A$가 존재함을 보이시오.

제 9 장

집합의 순서수와 연산

이 장에서는 보통순서를 나타내는 자연수의 개념을 확장하여 순서수의 개념을 도입하고, 순서수의 연산과 순서 절편에 의한 기수에 관하여 서술한다.

9.1 집합의 순서수

자연수는 두 가지 기능을 가지고 있다. 하나는 개수를 헤아리는데 사용하며, 다른 하나는 순서를 나타내는데 사용한다. 개수를 헤아리는 자연수의 개념을 확장한 것이 기수이다. 이제 순서를 나타내는 자연수의 개념을 확장하여 순서수의 개념을 도입한다.

1. 순서수의 개념

유한기수와 유한순서수의 차이는 매우 자명하므로 양자의 경우 모두 자연수로 사용할 수 있다. 그러나 무한기수가 무한집합에서 나타나듯이 무한정렬집합에서 나타나는 무한순서수인 경우에는 사정이 달라진다.

우리들이 집합 전체의 모임을 대등관계에 의하여 '유별'했을 때의 각 '동치류'를 기수로 정의한 바와 같이 반순서집합 전체의 모임을 순서동형관계에 의하여 '동치류'로 '유별'하여 이 각각의 동치류를 **순서형**으로 정의한다.

정의 1　순서형 (order type)
A가 주어진 하나의 반순서집합일 때, A에 속하는 동치류를 A의 순서형이라 한다. 특히 정렬집합 A의 순서형을 **순서수** 또는 간단히 **서수**라고 하고, $\operatorname{ord} A$로 표기한다.

정렬집합 X와 Y가 같은 순서형을 갖는다 함은 X로부터 Y로의 순서동형사상 $f : X \to Y$가 존재함을 뜻한다. 따라서 같은 순서형을 갖는 정렬집합은 같은 기수를 갖는다. 그러나 역은 성립하지 않는다. 하나의 같은 집합에 여러 순서형이 있을 수 있는 까닭이다.

예 자연수의 집합 N, 정수의 집합 Z, 유리수의 집합 Q에 각각 보통순서를 도입하여 생각하면, 어느 것이나 기수는 $\aleph_0$이지만, 순서형은 같지 않다. ■

n개의 원소로 이루어지는 유한정렬집합을 A라 할 때, A는 어느 것이나 보통순서에 의한 정렬집합 $\{1, 2, \cdots, n\}$과 순서동형이다. 이때 A의 순서수를 n으로 나타낸다. 또한 공집합도 편의상 한 개의 정렬집합이라 생각하여, 순서수를 0으로 정의한다.

정의 2　유한순서수와 무한순서수
자연수 n 또는 0으로 나타내는 순서수를 **유한순서수** (finite ordinal number)라 하고, 그렇지 않은 순서수, 즉 무한정렬집합의 순서수를 **무한순서수** (infinite ordinal number) 또는 **초한순서수** (transfinite ordinal number)라고 한다.

참고 보통순서 $\leqq$에 의한 정렬집합 N의 순서수 $\operatorname{ord}(N, \leqq)$을 그리스 문자 ω로 나타낸다. $\operatorname{ord}(N, \leqq)$를 간단히 $\operatorname{ord} N$으로 표기한다.

이제 순서수의 개념을 일반화하여 보자.

정의 3　집합의 순서수 (ordinal number)

집합의 **순서수**란 다음 네 가지 성질, 즉 **순서수에 관한 공리** (axiom of ordinality)를 만족시키는 개념이다.

[01] 모든 정렬집합 $(A, \leq)$에는 $\operatorname{ord}(A, \leq)$로 표시된 하나의 순서수 α가 대응되고, 모든 순서수 α에 대하여

$$\alpha = \operatorname{ord}(A, \leq)$$

인 하나의 정렬집합 $(A, \leq)$가 존재한다.

[02] 정렬집합 $(A, \leq)$, $(B, \leq')$에 대하여

$$(A, \leq) \approx (B, \leq')$$

일 때, 그때에 한하여 $\operatorname{ord}(A, \leq) = \operatorname{ord}(B, \leq')$이다.

[03] $A = \varnothing$일 때, 그때에 한하여 $\operatorname{ord}(A, \leq) = 0$이다.

[04] $(A, \leq)$가 적당한 $k \in N$에 대하여

$$A \sim \{1, 2, \cdots, k\}$$

인 정렬집합이면, $\operatorname{ord}(A, \leq) = k$이다.

하나의 집합에 대하여 기수는 오직 하나만 존재하지만, 순서수는 상이한 정렬에 따라 서로 다를 수 있다.

정의 4

보통순서 '$\leqq$'에 의하여 순서가 주어진 집합

$$(N_k, \leqq), (N, \leqq), (N, \geqq), (Q, \leqq), (R, \leqq)$$

의 순서형을 각각 k, w, $*w$, η, λ로 나타낸다.

예 자연수의 집합은

$$(N, \leqq) = \{1, 2, \cdots\}, (N, \leqq') = \{1, 3, 5, \cdots, 2, 4, 6, \cdots\}$$

로 정렬될 수 있다. 이 두 정렬집합은 순서동형이 아니고

$$\operatorname{ord}(N, \leqq) = w, \operatorname{ord}(N, \leqq') \neq w$$

가 된다. ■

반순서집합 A의 순서형을 α라 함은 A와 순서동형인 반순서집합 전체로 이루어진 동치류에 대하여 정해지는 순서형을 α로 한다는 뜻이고, 하나의 반순서집합의 순서형이 α일 때 이 집합에서 순서를 전부 역방향으로 해서 얻어지는 반순서집합의 순서형을 $*\alpha$로 표기하기로 한다. 따라서 자연수를 그 순서로 취하여 번호순으로 나열한 부분반순서집합의 순서형은 모두 w이고, 순서형 w, $*w$, η와 λ 네 가지 형 중에서 세 가지 w, $*w$, η는 어느 것이나 가부번인 반순서집합의 순서형이라는 점은 공통이다.

> **정의 5　고립순서수와 극한순서수**
>
> 순서수 α에 대하여
>
> (1) α가 직전의 순서수를 가질 때, α를 **고립순서수**(isolated ordinal number) 또는 **비극한순서수**(nonlimit ordinal number)라고 한다. 최소순서수 '0'은 고립순서수에 포함시킨다.
>
> (2) 직전의 순시수를 갖지 않는 0 이외의 순서수를 **극한순서수**(limit ordinal number)라고 한다.

참고 순서수 μ(단, $\mu > 0$)가 고립순서수라는 것은, $\text{ord}\, A = \mu$인 정렬집합 A에 최대원이 존재하는 것과 동치이다.

α가 $\{\cdots, a, \cdots, b, \cdots\}$인 정렬집합의 순서수일 때, 이 집합의 가장 미지막에 새로운 원소 x를 부가해서 $\{\cdots, a, \cdots, b, \cdots, x\}$로 되는 정렬집합을 만들면 이 순서수는 분명히 α 다음으로 큰 순서수이다. 이것을 α의 **직후자**라 하고

$$\alpha^{+} = \alpha + 1 = \alpha \cup \{\alpha\}$$

로 표현한다. 반대로 0 이외의 고립순서수에 대하여 그다음으로 작은 순서수를 **직전자**라 하고 α^{-}로써 표현한다. 예컨대

$$1,\ 2,\ \cdots,\ w,\ w+1,\ w+2,\ \cdots$$

는 고립순서수이고, w는 무한순서수 중에서 최소의 극한순서수이며, $w+1$의 직전자는 w이고 $w+1$의 직후자는 $w+2$이다. 명백히 임의의 극한순서수는 무한수서수이다

2. 순서수의 대소관계

집합론의 탄생은 수의 개념을 무한까지 확장하려는 의도에서 기인한다고 볼 수 있다. 기수에 관해서는 대소관계 등이 비교적 간단히 정해지지만, 순시수의 내소관계는 기수의 경우에서와 같이 쉽게 정해지지 않는다.

임의의 순서수 α, β에 대하여 $(A, \leq)$와 $(B, \leq')$를 각각

$$\alpha = \text{ord}\,(A, \leq) \quad \beta = \text{ord}\,(B, \leq')$$

인 정렬집합이라 하면, 정렬집합의 비교정리(7.3절 정리 9)에 의하여 다음 세 경우 중 반드시 하나만 성립한다.

(1) $A \approx B$, 즉 A, B는 순서동형이다.

(2) $A \approx B_{a'}$을 만족하는 $a' \in B$이 존재한다. 즉 A는 B의 어떤 앞절편과 순서동형이다.

(3) $A_a \approx B$를 만족하는 $a \in A$가 존재한다. 즉 B는 A의 어떤 앞절편과 순서동형이다.

이때 (1)의 경우는 $\alpha = \beta$, (2)의 경우에는 $\alpha < \beta$, (3)의 경우에는 $\beta < \alpha$로 각각 정의한다. (물론 이 경우에 대표정렬집합 $(A, \leq)$와 $(B, \leq ')$의 선택과는 무관하다.) 한편 두 순서수가 같지 않은 경우에 '보다 작다' 또는 '보다 크다'를 기수와 비교 모방하여 다음과 같이 정의한다.

정의 6 순서수의 대소관계

임의의 순서수 α, β에 대하여 $(A, \leq)$와 $(B, \leq ')$를 각각

$$\alpha = \text{ord}(A, \leq) \quad \beta = \text{ord}(B, \leq ')$$

인 정렬집합이라 하면, $(A, \leq)$가 $(B, \leq ')$의 절편과 순서동형일 때, 그때에 한하여 α는 β보다 '작거나 같다(less than or equal)'고 하며, $\alpha \preccurlyeq \beta$ 또는 $\beta \succcurlyeq \alpha$로 표현한다. 또한 $\alpha \preccurlyeq \beta$이고 $\alpha \neq \beta$일 때, $\alpha < \beta$로 표기한다.

참고 정의 6은 정렬집합 $(A, \leq)$와 $(B, \leq ')$의 선택에 독립적이다.

정리 7

$(A, \leq)$가 임의의 정렬집합일 때, $(A, \leq)$의 절편 위로의 순서동형사상은 오직 A에서 A로의 항등함수 I_A뿐이다.

증명 A의 적당한 앞절편 A_α에 대하여 순서동형사상 $f : A \to A_\alpha$가 존재한다고 가정하자. 그러면 $f(a) < a$이므로

$$B = \{x \in A \mid f(x) < x\}$$

는 공집합이 아니다. b를 B의 최소원이라 하면 $f(b) < b$이다. 그런데 순서동형사상은 좁은 뜻에서 증가함수이므로

$$f(f(b)) < f(b)$$

가 성립한다. 따라서 $f(b) \in B$이다. 이것은 b가 B의 최소원이라는데 모순이다. 그러므로 정렬집합은 자기의 어떠한 앞절편과도 순서동형이 될 수 없다.

이제 항등함수 $I_A : A \to A$가 유일한 A로부터 A로의 순서동형사상임을 밝히자. 함수 $g : A \to A$를 순서동형이라고 하면 함수 $g : A \to A$와 항등함수 $I_A : A \to A$는 모두 좁은 뜻에서 증가함수이고 $g(A) = A$와 $I_A(A) = A$는 모두 A의 절편이므로

$$\forall x \in A,\ I_A(x) \le g(x) \le I_A(x)$$

가 성립한다. 따라서

$$\forall x \in A,\ I_A(x) = g(x)$$

이다. 그러므로 $g = I_A$이다. ■

순서수의 대소관계 '$\preccurlyeq$'는 반사적이고 추이적임은 분명하다. 이제 다음 정리에서 반대칭성이 증명됨으로써 '$\preccurlyeq$'는 반순서관계가 된다.

정리 8

임의의 순서수 α, β에 대하여, $\alpha \preccurlyeq \beta$이고 $\beta \preccurlyeq \alpha$이면

$$\alpha = \beta$$

가 성립한다.

증명 $(A, \le)$와 $(B, \le')$를

$$\mathrm{ord}(A, \le) = \alpha,\ \mathrm{ord}(B, \le') = \beta$$

인 정렬집합이라고 하면, 가정 $\alpha \preccurlyeq \beta$와 $\beta \preccurlyeq \alpha$에 의하여 C와 D를 각각 A와 B의 절편이라 할 때, 두 순서동형사상

$$f : A \to D,\ g : B \to C$$

가 존재한다. 따라서

$$\forall x \in A,\ h(x) = g(f(x))$$

로써 주어지는 함수 $h : A \to C$는 A로부터 C의 적당한 절편 E로의 순서동형이다. 그런데 C가 A의 절편이므로, E도 A의 절편이다. 따라서 함수 $h : A \to E$는 A로부터 A의 절편 E 위로의 순서동형이다. 그러므로 정리 7에 의해 $g = I_A$가 성립하고, 따라서 $E = A$이다. 결국 $C = A$가 되고, 순서동형사상 $g : B \to A$에 의하여 $\alpha = \beta$가 성립한다. ■

이제 순서수에 관한 반순서관계 $\preccurlyeq$를 전순서로 확장한다.

정의 9 허용가능적 (admissible)

$a \in A$에 대하여 $b \in B$가 존재하여 '$a \in A$에 대한 A의 절편 A_a가 $b \in B$에 대한 B의 임의의 절편 B_b와 순서동형'일 때, a를 **허용가능적** 또는 **용인적**이라 정의한다.

정리 10

순서수에 관한 관계 $\preccurlyeq$는 전순서이다. 즉 임의의 순서수 α와 β에 대하여

$$\alpha \preccurlyeq \beta \text{ 또는 } \alpha \succcurlyeq \beta$$

가 성립한다.

증명 $(A, \leq)$와 $(B, \leq')$를

$$\text{ord}(A, \leq) = \alpha,\ \text{ord}(B, \leq') = \beta$$

인 정렬집합이라 할 때, A가 B의 절편과 순서동형이거나 B가 A의 절편과 순서동형임을 증명하면 된다. A의 모든 허용가능한 원소의 집합을 M이라 하면, 각 허용가능한 원소 a에 대하여 $A_a \approx B_b$를 만족하는 원소 $b \in B$가 유일하게 존재한다. 그러므로 $A_a \approx B_b$이면 $f(a) = b$에 의하여 정의되는 단사함수 $f : M \to B$가 존재한다. 또한 f는 좁은 뜻에서 증가함수이고, $f(M) = N$은 B의 절편이다.

이제 A가 B의 절편과 순서동형이 아니고 B도 A의 절편과도 순서동형이 아니라고 가정하자. 그러면 $A-M$과 $B-N$은 모두 공집합이 아니다. 그러므로 $A-M$과 $B-N$의 최소원을 각각 p와 q라 하면 $A_p = M \approx N = B_q$이어야 하고, 따라서 p는 허용가능이다. 즉 $p \in M$이다. 그런데 $p \in A-M$이므로 모순이다. 따라서 A가 B의 절편과 순서동형이거나 B가 A의 절편과 순서동형이다. 그러므로

$$\alpha \preccurlyeq \beta \text{ 또는 } \alpha \succcurlyeq \beta$$

가 성립한다. ■

따름정리

두 정렬집합 $(A, \leq)$와 $(B, \leq')$에 대하여

$$\text{ord}(A, \leq) < \text{ord}(B, \leq')$$

일 필요충분조건은 $(A, \leq)$가 $(B, \leq')$의 진절편과 순서동형인 것이다.

이제까지 기술한 정리의 결과들을 요약하면 **삼분법**을 얻는다. 따라서 순서수에 관한 관계 $\preccurlyeq$는 전순서관계이다.

정리 11 삼분법 (trichotomy)

임의의 두 순서수 α와 β에 대하여, 다음 중 어느 하나만이 성립한다.

(1) $\alpha < \beta$ (2) $\alpha = \beta$ (3) $\alpha > \beta$

예제 ω는 최소의 무한순서수이다.

증명 임의의 무한정렬집합은 N과 순서동형이거나 N과 순서동형인 절편을 포함하므로, 임의의 무한순서수 α에 대하여 $\omega \preccurlyeq \alpha$가 성립한다. 따라서 ω는 최소의 무한순서수이다. ■

참고 순서수를 원소로 하는 공집합이 아닌 집합을 A라 하고 α를 하나의 순서수라 할 때, α가 다음 두 조건

(1) $\xi \in A$이면 $\xi \preccurlyeq \alpha$이다.

(2) α보다 작은 임의의 β에 대하여, $\beta < \xi$로 되는 $\xi \in A$가 존재한다.

를 만족하면 α를 A의 **상한**(supremun)이라 하고, 이때

$$\alpha = \sup_{\xi \in A} \xi$$

로 정의한다.

9.1 연습문제

01 최소원과 최대원을 갖지 않는 조밀한 가산순서집합은 모두 순서동형이고, 순서형 η를 가짐을 보이시오.

02 다음 순서수를 구하시오.

(1) $\{1, 3, 5, \cdots\} \cup \{\cdots, 6, 4, 2\}$ (2) $\{\cdots, 5, 3, 1, 2, 4, 6, \cdots\}$

(3) $\{\cdots, 5, 3, 1, \cdots, 6, 4, 2\}$

03 k가 임의의 자연수일 때, 다음이 성립함을 보이시오.

(1) $\text{ord}\{k, k+1, k+2, \cdots\} = \omega$

(2) $\text{ord}\{k, k+1, k+2, \cdots, 0, 1, 2, \cdots, k-1\} > \omega$

9.2 순서수의 연산

6.2절에서 기수의 합, 곱, 거듭제곱을 정의하였는데, 순서수에 대해서도 이들의 연산을 생각할 수 있다. 그러나 이 절에서는 순서수의 합과 곱에 관해서만 자세히 기술하고, 거듭제곱에 관해서는 참고로만 간략히 언급하기로 한다.

1. 순서수의 합

정의 1

$(A, \leq)$, $(B, \leq')$이 서로소인 정렬집합일 때, $A \cup B$ 위에 전순서 $\leq^*$를 다음과 같이 정의한다.

(1) $x, y \in A$일 때 $x \leq y$이면, 그리고 그때만 $x \leq^* y$

(2) $x, y \in B$일 때, $x \leq' y$이면, 그리고 그때만 $x \leq^* y$

(3) $x \in A$이고 $y \in B$이면, $x \leq^* y$

위 정의에서 관계 $\leq^*$는 A, B 위에서는 원래 A, B에 주어져 있는 순서와 각각 일치하지만, B의 모든 원소는 A의 모든 원소보다 크다는 것을 나타낸다. 이와 같이 $A \cup B$에 순서 $\leq^*$를 정하면, $\leq^*$에 대하여 $A \cup B$는 정렬집합이 된다. 이 정렬집합은 'A 뒤에 B를 늘어놓은 정렬집합'이다. 따라서

$$(A \cup B, \leq^*)\text{와 } (B \cup A, \leq'^*)$$

는 서로 다른 정렬집합이다. 만일 A와 B가 서로소가 아닌 경우는 $(A, \leq)$와 $(B, \leq')$ 대신에 서로소인 집합

$$(A \times \{0\}, \leq_0), \ (B \times \{1\}, \leq'_1)$$

을 각각 이용하면 된다. 이때 순서수의 합

$$\operatorname{ord}(A, \leq) + \operatorname{ord}(B, \leq')$$

을 $\operatorname{ord}(A \cup B, \leq^*)$로 정의한다.

정의 2　순서수의 합(ordinal sum)

α와 β가 임의의 순서수일 때, α와 β의 **순서수의 합**, 간단히 **순서합**을 $\alpha+\beta$로 표현하고 $\mathrm{ord}(A \cup B, \le^*)$로 정의한다. 여기서 $(A, \le)$와 $(B, \le')$는

$$\mathrm{ord}(A, \le)=\alpha,\ \mathrm{ord}(B, \le')=\beta$$

인 서로소인 정렬집합이다.

참고 순서수의 합 $\alpha+\beta$는 오직 α, β에 종속일 뿐, 정렬집합 A, B를 선택하는 방법에는 독립적이다.

α, β가 유한순서수이면, 순서수의 합 $\alpha+\beta$는 두 정수의 합과 일치한다.

예 $5=\mathrm{ord}\{0, 1, 2, 3, 4\}$이고 $4=\mathrm{ord}\{5, 6, 7, 8\}$이므로, 두 유한순서수 5와 4의 순서수의 합은

$$5+4=\mathrm{ord}\{0, 1, 2, \cdots, 4, 5, \cdots, 8\}=9$$

이다. ■

참고 순서수 α에 대하여, $1+\alpha=\alpha$이기 위한 필요충분조건은 α가 무한순서수인 것이다.

정리 3

두 순서수 μ, ν에 대하여

(1) $\nu>0$이면, $\mu+\nu$는 ν가 고립순서수일 때, 그때에 한하여 고립순서수이다.

(2) $\mu>0$, $\nu>0$이면, $\mu\nu$는 μ와 ν가 모두 고립순서수일 때, 그때에 한하여 고립순서수이다.

증명 여기서는 (2)만 증명하고, (1)은 독자에게 남긴다. $\mathrm{ord}(A, \le)=\mu$, $\mathrm{ord}(B, \le')=\nu$라 하고, $(A \times B, \le^*)$를 정렬집합이라고 하자(정의 10 참조). 만일

$$\max A = a_1,\ \max B = b_1$$

이 존재하면

$$(a_1,\ b_1) = \max\,(A \times B) \tag{*}$$

는 명백하다. 역으로 (*)가 성립하면, 임의의 $(a, b) \in A \times B$에 대하여 $(a, b) \le^* (a_1, b_1)$이므로, 우선 임의의 $b \in B$에 대하여 $b \le' b_1$이 된다. 따라서 $b_1 = \max B$이다. 또한 임의의 $a \in A$에 대하여 $a \le a_1$이 성립한다. 따라서 $a_1 = \max A$이다. 즉 $\max\,(A \times B)$가 존재하는 것과 $\max A$와 $\max B$가 모두 존재하는 것과는 동치이다. 그러므로 (1)에 의하여 증명이 완료된다. ■

무한순서수인 경우에 순서수의 합의 성질은 유한의 경우와는 다르다. 예컨대 교환율 $\alpha + \beta = \beta + \alpha$는 일반적으로 성립하지 않는다. 그러나 α가 임의의 순서수일 때

$$\alpha + 0 = 0 + \alpha = \alpha$$

가 성립함에 유의한다.

예제 순서수에 관한 합의 연산은 교환법칙을 만족하지 못한다.

증명 0이 아닌 임의의 유한순서수 k에 대하여, $k + \omega = \omega$이지만 $\omega + k \ne \omega$가 된다. 왜냐하면

$$k = \mathrm{ord}\,\{0,\ 1,\ 2,\ \cdots,\ k-1\},\ \omega = \mathrm{ord}\,\{k,\ k+1,\ \cdots\}$$

이므로

$$k + \omega = \mathrm{ord}\,\{0,\ 1,\ 2,\ \cdots,\ k-1,\ k,\ k+1,\ \cdots\} = \omega$$

이지만

$$\omega + k = \mathrm{ord}\,\{k,\ k+1,\ \cdots,\ 0,\ 1,\ 2,\ \cdots,\ k-1\} > \omega$$

이다. 따라서 $\omega + k \ne \omega$이다. ■

정리 4

임의의 순서수 α, β, γ에 대하여, 다음이 성립한다.

(1) $(\alpha+\beta)+\gamma=\alpha+(\beta+\gamma)$ (결합법칙)

(2) $\beta < \gamma$이면, $\alpha+\beta < \alpha+\gamma$

(3) $\alpha+\beta=\alpha+\gamma$이면, $\beta=\gamma$ (좌소거법칙 (left cancellation law))

증명 (1) 세 집합 A, B, C가 서로소이고

$$\alpha=\operatorname{ord} A,\ \beta=\operatorname{ord} B,\ \gamma=\operatorname{ord} C$$

인 정렬집합일 때

$$A\cup(B\cup C)\approx(A\cup B)\cup C$$

를 증명한다. 순서합의 정의로부터

$$A\cup(B\cup C)\text{와 }(A\cup B)\cup C$$

는 순서

"x와 y가 모두 A(또는 B, 또는 C)에 있으면 A(또는 B, 또는 C)에 있는 순서에 따라 순서를 정하고

$$x\in A,\ y\in B,\ z\in C\text{이면, } x<y<z$$

로 순서를 준다."

를 갖는 정렬집합 $A\cup B\cup C$로 표시된다는 사실로부터 $\approx$가 성립한다.

(2) $(A, \leq)$, $(B, \leq')$와 $(C, \leq'')$를

$$\operatorname{ord}(A, \leq)=\alpha,\ \operatorname{ord}(B, \leq')=\beta,\ \operatorname{ord}(B, \leq'')=\gamma$$

이고 $A\cap B=\varnothing$, $A\cap C=\varnothing$인 정렬집합이라 하면, $\beta<\gamma$이므로 B는 C의 임의의 진절편 C_z와 순서동형이다. 이 순서동형사상을 $g: B\to C_z$로 표시하고, 서로소인 집합의 합집합 $A\cup B$와 $A\cup C$에는 앞에서 정의된 정렬관계 $\leq^*$로 주어졌다고 하자. 이들 정렬관계에 의하여

$$f(x)=\begin{cases} x &, x\in A \\ g(x) &, x\in B\end{cases}$$

로 정의되는 함수

$$f : A \cup B \to A \cup C_z$$

는 $A \cup B$로부터 $A \cup C$의 진절편 $A \cup C_z$ 위로의 순서동형사상이므로, $\alpha + \beta < \alpha + \gamma$이다.

(3) 결론을 부정하여, $\alpha + \beta = \alpha + \gamma$이지만 $\beta \neq \gamma$인 순서수 α, β, γ가 존재한다고 가정하자. 그러면 삼분법에 의하여

$$\beta < \gamma \text{ 또는 } \beta > \gamma$$

중 하나만 성립한다. 먼저 $\beta < \gamma$라 하자. 그러면 위 (2)에 의하여

$$\alpha + \beta < \alpha + \gamma$$

가 성립한다. 이것은 가정 $\alpha + \beta = \alpha + \gamma$에 모순이다. 따라서 $\beta = \gamma$가 성립한다. $\beta > \gamma$일 경우도 같은 방법으로 증명한다. ■

순서수의 합에 관한 연산은 좌측소거는 가능하지만, **우측소거**(right cancellation)는 가능하지 않다. 즉 $\beta + \alpha = \gamma + \alpha$는 반드시 $\beta = \gamma$를 뜻하지 않는다.

예 $3 + \omega = \omega = 4 + \omega$이지만, $3 \neq 4$가 된다. ■

α, β와 γ가 임의의 순서수일 때, $\beta < \gamma$는 $\beta + \alpha < \gamma + \alpha$를 반드시 의미하지 않는다.

예 $1 < 2$이지만, $1 + \omega = \omega = 2 + \omega$가 된다. ■

정리 5

α, β와 γ가 임의의 순서수일 때

$$\beta \leqslant \gamma \text{이면, } \beta + \alpha \leqslant \gamma + \alpha$$

가 성립한다.

참고 α를 임의의 순서수라 할 때, $\alpha+1$은 분명히 α보다 큰 순서수 중에서 최소의 것이다. 즉 $\alpha+1$은 '직후의 순서수'이다. 이와 같이 임의의 순서수에는 언제든지 그 직후의 순서수가 존재한다. 따라서 모든 다른 순서수보다 큰 순서수는 존재하지 않는다. 즉 최대순서수는 존재하지 않는다.

정리 6

순서수 α, β에 대하여

$$\alpha < \beta \text{이면, } \alpha+\gamma=\beta$$

인 순서수 γ (단, $\gamma > 0$)가 유일하게 존재한다.

2. 순서수의 곱

두 기수 card A와 card B의 곱을 card $(A \times B)$로 정의하였다. 여기서는 두 순서수 ord $(A, \le)$와 ord $(B, \le')$의 곱을 정의한다.

정의 7 사전식순서

두 정렬집합 $(A, \le)$, $(B, \le')$에 대하여, $A \times B$ 위의 **사전식순서** $\le^*$를 다음과 같이 정의한다.

(1) $a < x$이면, B의 임의의 원소 b와 y에 대하여

$$(a, b) \le^* (x, y)$$

(2) $a = x$이고 $b \le' y$이면, $(a, b) \le^* (x, y)$

두 정렬집합 $(A, \le)$, $(B, \le')$에 대하여, $A \times B$ 위의 사전식순서 $\le^*$는 전순서 관계이다.

정리 8

두 정렬집합 $(A, \leq)$와 $(B, \leq')$에 대하여, $A \times B$ 위의 사전식순서 $\leq^*$는 $A \times B$ 위의 정렬관계이다.

증명 $A \times B$ 위의 전순서관계 $\leq^*$가 정렬순서임을 밝히기 위하여 S를 $A \times B$의 임의의 공집합이 아닌 부분집합이라 하고, S가 최소원을 갖는 것을 밝히자.

먼저 $A \times B$로부터 B로의 사영

$$B' = p_B(S) = \{b \in B \mid \exists a \in A,\ (a, b) \in S\}$$

는 정렬집합 B의 공집합이 아닌 부분집합이므로 최소원, 예컨대 b_0가 존재한다. 다음에

$$A' = \{a \in A \mid (a, b_0) \in S\}$$

는 정렬집합 A의 공집합이 아닌 부분집합이므로 최소원, 예컨대 a_0가 존재한다. 실제로 (a, b)를 S의 임의의 원소라 하면 $b \in B'$이므로 $b_0 \leq' b$가 성립한다. 이때 만일 $b_0 <' b$이면 정의에 의하여 $(a_0, b_0) <^* (a, b)$가 된다. 또한 $b_0 = b$이면 $a \in A'$이므로 $a_0 \leq a$, 즉 $(a_0, b_0) \leq^* (a, b)$가 된다. 따라서 (a_0, b_0)는 S의 최소원이다. 그러므로

$$(A \times B, \leq^*)$$

는 정렬집합이 된다. ■

정리 9

정렬집합 $(A_1, \leq_1)$, $(A_2, \leq_2)$, $(B_1, \leq'_1)$, $(B_2, \leq'_2)$에 대하여, $A_1 \approx A_2$, $B_1 \approx B_2$이면

$$(A_1 \times B_1, \leq^*_1) \approx (A_2 \times B_2, \leq^*_2)$$

가 성립한다.

증명 함수 $f : A_1 \to A_2$, $g : B_1 \to B_2$를 각각 순서동형사상이라 할 때

$$\forall (x, y) \in A_1 \times B_1,\ (f \times g)(x, y) = (f(x), g(y))$$

로 정의된 함수 $f \times g : A_1 \times B_1 \to A_2 \times B_2$는 순서동형이다. 그러므로

$$(A_1 \times B_1, \leq^*{}_1) \approx (A_2 \times B_2, \leq^*{}_2)$$

이다. ■

이제 정리 8과 정리 9를 이용하여, 순서수의 곱을 정의한다.

정의 10 순서수의 곱(ordinal product)

α와 β가 임의의 순서수일 때, α와 β의 **순서수의 곱**, 간단히 **순서곱** $\beta\alpha$를

$$\beta\alpha = \text{ord}(A \times B, \leq^*)$$

로 정의한다. 여기서 $(A, \leq)$와 $(B, \leq')$는

$$\text{ord}(A, \leq) = \alpha, \ \text{ord}(B, \leq') = \beta$$

인 정렬집합이고, $\leq^*$는 $A \times B$ 위의 사전식순서이다.

참고 순서수의 곱 $\beta\alpha$는 오직 α, β에 종속일 뿐, 정렬집합 $(A, \leq)$와 $(B, \leq')$를 선택하는 것에는 독립적이고, $(A, \leq)$와 $(B, \leq')$는 서로소가 아니라도 좋다.

α, β가 유한순서수이면, 순서수의 곱 $\alpha\beta$는 정수의 곱과 일치한다. 분명히 α가 임의의 순서수일 때

$$\alpha 0 = 0\alpha = 0, \ \alpha 1 = 1\alpha = \alpha$$

가 성립한다.

무한순서수인 경우에 순서수의 곱의 성질은 유한의 경우와는 다르다. 예컨대 교환법칙 $\alpha\beta = \beta\alpha$는 성립하지 않는다. 왜냐하면

$$A \times B \neq B \times A$$

이기 때문이다.

예제 순서수의 곱 2ω와 $\omega 2$를 비교하시오.

풀이 $(A, \leq) = \{1, 2, 3, \cdots\}$, $(B, \leq') = \{1, 2\}$로 놓으면

$$\text{ord}(A, \leq) = \omega, \ \text{ord}(B, \leq') = 2$$

이다. $A \times B$ 위의 사전식순서 $\leq^*$를 부여함으로써

$$\begin{aligned} 2\omega &= \text{ord}(\{1, 2, 3, \cdots\} \times \{1, 2\}, \leq^*) \\ &= \text{ord}(\{(1, 1), (1, 2), (2, 1), (2, 2), \cdots\}, \leq^*) \\ &= \omega \end{aligned}$$

이다. 마찬가지로 $B \times A$ 위에 사전식순서 $\leq'^*$를 부여함으로써

$$\begin{aligned} \omega 2 &= \text{ord}(\{1, 2\} \times \{1, 2, 3, \cdots\}, \leq'^*) \\ &= \text{ord}(\{(1, 1), (1, 2), \cdots, (2, 1), (2, 2), \cdots\}, \leq'^*) \\ &= \omega + \omega \end{aligned}$$

이다. 그런데 $w < w + w$이므로, $2w \neq w2$가 된다. ■

참고 순서수 α, β의 곱 $\alpha\beta$는 'α를 β번 더한 것'을 의미하지만, 'β를 α번 더한 것'을 의미하지 않음에 주의하여야 한다.

> **정리 11**
>
> 임의의 순서수 α, β, γ에 대하여, 다음이 성립한다.
>
> (1) $(\gamma\beta)\alpha = \gamma(\beta\alpha)$ (결합법칙)
>
> (2) $\gamma(\alpha + \beta) = \gamma\alpha + \gamma\beta$ (좌분배법칙 (left distributive law))

증명 여기서는 (1)만 증명하고, (2)의 증명은 독자에게 남긴다.

$A \times (B \times C) \sim (A \times B) \times C$임을 밝히면 된다. 함수 f를

$$f(x, (y, z)) = ((x, y), z)$$

로 정의하면 f는 $A \times (B \times C)$로부터 $(A \times B) \times C$로의 전단사이므로, f가 순서동형임을 밝히기 위해서는 f가 순서를 보존하는 함수임을 보이면 된다. 이를 위하여

$$x_1 = (x, (y, z)), \ x_2 = (x', (y', z'))$$

이라 놓고, $A\times(B\times C)$에 있어서 $x_1 < x_2$라 가정하자. 여기서 $y_i = f(x_i)$라 하면 $y_i = ((x', y'), z')$이다.

이제 $y_i = f(x_i)$일 때 $(A\times B)\times C$에서 $y_1 < y_2$임을 밝히면 된다. $x_1 < x_2$로 되는 경우를 순서수의 곱에 있어서 순서를 정하는 방법에 따라 생각하면

(i) A에 있어서 $x < x'$이고, $y \in B$, $z \in C$는 임의

(ii) $x = x'$이고, B에 있어서 $y < y'$, $z \in C$는 임의

(iii) $x = x'$, $y = y'$이고, C에 있어서 $z < z'$

일 경우뿐이고, y_1, y_2의 순서를 생각하면 어느 경우에서나 $y_1 < y_2$이다. 따라서 함수 f가 순서동형이므로

$$A\times(B\times C) \approx (A\times B)\times C$$

이고

$$\gamma(\beta\alpha) = (\gamma\beta)\alpha$$

가 성립한다. ■

정리 12

α, β와 γ (단, $\gamma > 0$)가 임의의 순서수일 때, 다음이 성립한다.

(1) $\alpha < \beta$이면, $\gamma\alpha < \gamma\beta$

(2) $\gamma\alpha = \gamma\beta$이면, $\alpha = \beta$ (좌소거법칙)

증명 (1) 정렬집합 $(A, \leq)$, $(B, \leq')$와 $(C, \leq'')$에 대하여

$$\mathrm{ord}(A, \leq) = \alpha,\ \mathrm{ord}(B, \leq') = \beta,\ \mathrm{ord}(C, \leq'') = \gamma$$

라고 놓자. $\alpha < \beta$이므로 $A \approx B_p$인 원소 $p \in B$가 존재한다. $A\times C$와 $B\times C$에 사전식순서를 부여하면, $A\times C$는 $B\times C$의 순서를 준 $B_p\times C$와 순서동형이다. 이때 q를 C의 최소원이라 하면, $B_p\times C$는 $B\times C$의 절편

$$(B\times C)_{(p,\,q)} = \{(x, y) \in B\times C \mid (x, y) <'^{*} (p, q)\}$$

와 같다. 따라서 $\gamma\alpha < \gamma\beta$가 성립한다.

(2) 결론을 부정하여, $\gamma\alpha = \gamma\beta$이고 $\alpha \neq \beta$인 순서수 α, β와 γ (단, $\gamma > 0$)가 존재한다고 가정하자. 먼저 $\alpha < \beta$라고 가정하면 위 (1)에 의하여 $\gamma\alpha > \gamma\beta$가 된다.

이것은 가정 $\gamma\alpha = \gamma\beta$에 모순이다. 따라서 $\alpha = \beta$이다. $\beta < \alpha$일 경우도 같은 방법으로 증명한다. ■

정리 13
α, β와 γ (단, $\gamma > 0$)가 임의의 순서수일 때 $$\alpha < \beta \text{이면, } \alpha\gamma \leqslant \beta\gamma$$ 가 성립한다.

예제 순서수 α, β와 γ에 대하여, $\alpha < \beta$, $\gamma > 0$은 $\alpha\gamma < \beta\gamma$를 반드시 함의하지 않는다.

증명 $\alpha = 1$, $\beta = 2$, $\gamma = \omega$라 하면, $\alpha < \beta$, $\gamma > 0$이 된다. 그러나

$$\alpha\gamma - 1\omega - \omega - 2\omega = \beta\gamma$$

즉 $\alpha\gamma = \beta\gamma$가 성립한다. ■

순서수의 곱에 있어서 좌분배법칙과 좌소거법칙이 성립하였으나, 우분배법칙과 우소거법칙은 성립되지 않는다.

예제 임의의 순서수 α, β와 γ에 대하여, 우분배법칙

$$(\beta + \gamma)\alpha = \beta\alpha + \gamma\alpha$$

가 성립하지 않는다.

증명 $\alpha = \omega$, $\beta = \gamma = 1$에 대하여, $(\beta + \gamma)\alpha = 2\omega = \omega$가 된다. 그러나

$$\beta\alpha + \gamma\alpha = \omega + \omega = \omega 2$$

이다. 그런데 $2\omega \neq \omega 2$이므로

$$(\beta + \gamma)\alpha \neq \beta\alpha + \gamma\alpha$$

가 성립한다. ■

예제 α, β와 γ가 임의의 순서수일 때, 우소거법칙

$$\alpha\gamma = \beta\gamma \text{이면, } \alpha = \beta$$

가 성립하지 않는다.

증명 $2w = 3w$이지만 $2 < 3$이다. 이 예는

$$\alpha < \beta \nRightarrow \alpha\gamma < \beta\gamma$$

라는 사실도 보여준다. ■

참고 $2w = 3w$이지만, $2 < 3$이므로

$$\alpha < \beta \nRightarrow \alpha\gamma < \beta\gamma$$

가 성립한다.

3. 순서수의 거듭제곱

순서수 α의 거듭제곱은 지수가 유한이면

$$\alpha \cdot \alpha = \alpha^2,\ \alpha^2 \cdot \alpha = \alpha^3,\ \cdots,\ \alpha^{n-1} \cdot \alpha = \alpha^n$$

으로 정의되지만, 임의의 순서수 β에 대해서도 α^β이 정의될 수 있다. 순서수 α의 거듭제곱은 귀납적으로

(1) $\alpha^0 = 1$

(2) 모든 $\xi < \beta$에 대하여 α^β가 정의되었을 때, β가 직전원소 γ를 가지면

$$\alpha^\beta = \alpha^\gamma \cdot \alpha$$

로 정의하고, β가 극한순서수이면

$$\alpha^\beta = \sup_{\xi < \beta} \alpha^\xi$$

으로 정의한다. 이와 같이 해서 임의의 순서수 β에 대하여 α^β을 정의한다. 순서수의 거듭제곱에 대해서는

$$\alpha^{\beta+\gamma} = \alpha^\beta \cdot \alpha^\gamma,\ (\alpha^\beta)^\gamma = \alpha^{\beta\gamma}$$

가 성립하지만, $(\alpha \cdot \beta)^{\gamma} = \alpha^{\gamma} \cdot \beta^{\gamma}$는 성립하지 않는다.

예 $\alpha = \omega$, $\beta = 2$에 대하여

$$(\omega 2)^2 = \omega 2 \omega 2 = \omega^2 2 \neq \omega^2 4 = \omega^2 2^2$$

으로 주어진다. ■

9.2 연습문제

01 순서수 α, β, γ에 대하여 $\alpha + 1 \leqslant \beta$일 때, 그때에 한하여

$$\alpha < \beta$$

가 성립함을 보이시오.

02 임의의 순서수 α, β에 대하여, 다음이 성립함을 보이시오.

(1) $\beta \geqslant 0$이면, $\alpha < \alpha + \beta$　　(2) $\beta \leqslant \alpha + \beta$

03 순서수 β, γ가 $\beta \leqslant \gamma$를 만족하면, 임의의 순서수 α에 대하여

$$\beta + \alpha \leqslant \gamma + \alpha$$

가 성립함을 보이시오.

04 임의의 순서수 α, β, γ에 대하여, 다음이 성립함을 보이시오.

(1) $\gamma + \alpha < \gamma + \beta$이면, $\alpha < \beta$　　(2) $\alpha + \gamma < \beta + \gamma$이면, $\alpha < \beta$

05 순서수 α, β에 대하여, $\alpha < \beta$인 것은 $\beta = \alpha + \gamma$인 순서수 $\gamma > 0$이 존재하는 것과 동치임을 보이시오.

06 순서수 α가 극한순서수일 필요충분조건이

$$\beta < \alpha \text{이면, } \beta + 1 < \alpha$$

임을 보이시오.

07 α, β가 0이 아닌 순서수일 때, $\alpha + \beta = \omega$이면 α는 유한이며 $\beta = \omega$임을 보이시오. 또한 $\beta \neq 1$일 경우, $\alpha\beta = \omega$이면 α는 유한순서수이며 $\beta = \omega$임을 보이시오.

08 μ가 유한순서수일 때, 다음이 성립함을 보이시오.

(1) $\mu + \omega = \omega$　　　(2) $\mu\omega = \omega$(단, $\mu \neq 0$)

09 α, β가 0이 아닌 순서수일 때, $\alpha\beta$가 극한순서수일 필요충분조건은 α가 극한순서수이거나 또는 β가 극한순서수임을 보이시오.

10 임의의 순서수 α, β, γ에 대하여, 다음이 성립함을 보이시오.

(1) $\gamma\alpha < \gamma\beta$이면, $\alpha < \beta$　　　(2) $\alpha\gamma < \beta\gamma$이면, $\alpha < \beta$

11 γ(단, $\gamma \neq 0$)가 고립순서수일 때, 다음이 성립함을 보이시오.

(1) $\alpha < \beta$이면, $\alpha\gamma < \beta\gamma$　　　(2) $\alpha\gamma = \beta\gamma$이면 $\alpha = \beta$

12 α가 0이 아닌 순서수일 때, α가 극한순서수일 필요충분조건은 0이 아닌 모든 유한순서수 n에 대하여

$$n\alpha = \alpha$$

임을 보이시오.

13 α가 무한순서수이고, β(단, $\beta \neq 0$)가 고립순서수일 때

$$(\alpha+1)\beta = \alpha\beta+1$$

이 성립함을 보이시오.

14 α가 고립순서수이면, $\alpha = \omega\xi + n$을 만족하는 유일한 순서수 ξ와 유한순순서수 $n \neq 0$이 존재함을 보이시오.

15 α(단, $\alpha \neq 0$)가 고립순서수일 때

$$\forall \gamma > 0,\ (\gamma+1)\alpha > \gamma\alpha$$

가 성립함을 보이시오.

16 순서수의 거듭제곱에 대하여, 다음이 성립함을 보이시오.

(1) $\alpha^{\beta+\gamma} = \alpha^{\beta} \cdot \alpha^{\gamma}$ (2) $(\alpha^{\beta})^{\gamma} = \alpha^{\beta\gamma}$

9.3 순서수의 기수

순서수의 개념은 기수를 포함하는 광범위한 개념이다. 따라서 기수도 순서수의 특수한 경우로 생각할 수 있다.

α가 하나의 순서수일 때

$$\text{ord}\, A = \text{ord}\, A' = \alpha$$

를 만족하는 두 정렬집합 A, A'에 대하여, 두 집합은 순서동형이므로 당연히 대등이다. 따라서

$$\text{card}\, A = \text{card}\, A'$$

이 성립한다.

> **정의 1　순서수 α의 기수**
>
> 순서수 α에 대하여, $\text{ord}\, A$를 만족하는 정렬집합 A의 기수 $\text{card}\, A$는 일의적으로 정해진다. 이 기수를 '**순서수 α의 기수**'라 한다. 이때 순서수 α의 기수를 $\text{c}(\alpha)$로 정의한다.

예 α가 유한순서수 n이면, $\text{c}(\alpha) = n$이 된다. 일반적으로

(1) $\alpha < \beta \Rightarrow \text{c}(\alpha) \leqq \text{c}(\beta)$

(2) $\text{c}(\alpha + \beta) = \text{c}(\alpha) + \text{c}(\beta)$

(3) $\text{c}(\alpha\beta) = \text{c}(\alpha)\text{c}(\beta)$

가 성립하는 것도 $\text{c}(\alpha)$의 정의에서 명백하다. ■

역으로 임의의 기수 m에 대하여 $\text{card}\, A = m$을 만족하는 집합을 A라 할 때, 정렬원리 (8.2절 정리 10)에 의하여 A에 적당한 순서 $\leq$를 도입하여 $(A, \leq)$를 정렬집합으로 만들 수 있다. 이 정렬집합 $(A, \leq)$의 순서수를 α라 하면 명백히 $\text{c}(\alpha) = m$, 즉 임의의 기수 m은 어떤 순서수 α의 기수로써 나타낼 수 있다.

정의 2

주어진 기수 m에 대하여 $\mathrm{c}(\alpha)=m$을 만족하는 순서수 α를 '기수 m에 속하는 순서수'라고 한다.

예 m이 유한기수이면 m에 속하는 순서수는 일의적으로 정해지지만, m이 무한기수일 경우에는 m에 속하는 순서수는 무한히 많이 존재한다. 실제로 α가 m에 속하는 하나의 순서수일 때

$$m=\mathrm{c}(\alpha)=\mathrm{c}(\alpha+1)=\mathrm{c}(\alpha+2)=\cdots$$

로 되기 때문이다. ■

정의 3 초기순서수(initial ordinal)

기수 m에 속하는 최소의 순서수를 m의 **초기순서수** 또는 **시수**라 한다.

참고 m이 무한기수일 경우, 초기순서수는 언제든지 극한순서수가 된다.

예 자연수의 집합 N과 대등인 모든 순서수 α의 집합 U에 대하여, 집합 U는 정렬이므로 N과 대등인 최소의 순서수가 유일하게 존재한다. 이때 N에 관한 초기순서수, 즉 기수 $\aleph_0$에 속하는 초기순서수를 ω라 한다. ■

참고 일반적으로 모든 집합 X는 유일한 초기순서수를 갖는다. 초기순서수는 기수에 관한 규칙 [C1]에서 [C4]를 만족한다. 이러한 사실은 기수를 순서수의 관점에서 다룰 수 있음을 암시한다. 실제로 먼저 순서수를 도입하고, 순서수의 집합에 관한 초기순서수로서 집합의 기수를 정의하는 경우도 있다. 그러나 순서수보다 먼저 기수를 기술하는 것이 실질적 관점에서 의미가 있다.

보조정리 4

α가 임의의 순서수일 때 $\beta < \alpha$ 인 순서수 β 전체의 집합을 $S(\alpha)$, 즉

$$S(\alpha) = \{\beta \mid \beta < \alpha,\ \beta\text{는 순서수}\}$$

라 하면 $S(\alpha)$는 정렬집합이고, 더욱이

$$\operatorname{ord} S(\alpha) = \alpha$$

가 된다.

증명 순서수가 α인 임의의 정렬집합을 $(A, \leq)$라 하면, 순서수 β가 α보다 작은 것은 β가 A의 어떤 절편의 순서형이라는 것과 동등이다. 즉 a를 A의 임의의 원소라 하고 $\operatorname{ord} A_a = \beta$라 하면 $\beta \in S(\alpha)$가 된다.

역으로 $\beta \in S(\alpha)$라 하면 $\operatorname{ord} A_a = \beta$로 되는 $a \in A$가 존재하고, a는 β에 대하여 일의적으로 정해진다. 따라서 A의 각 원소 a에 $\operatorname{ord} A_a = \beta$를 대응시키는 함수는 A로부터 $S(\alpha)$로의 전단사이다. 또한 이 전단사가 순서를 보존하고 있는 것은 명백하다. 따라서 $A \approx S(\alpha)$가 성립한다. 그러므로 $S(\alpha)$는 정렬집합이고, $\operatorname{ord} S(\alpha) = \alpha$가 된다. ■

예 $\operatorname{ord}(\{\beta \mid \beta < 2\} = \operatorname{ord}\{0, 1\} = 2$. ■

참고 $S(\alpha)$의 최대원이 존재하면, 그것은 α의 '직전의 순서수'가 된다.

정리 5

순서수로 이루어진 임의의 집합은 정렬집합이다.

증명 순서수로 이루어진 임의의 집합을 A라 하고, B를 A의 공집합이 아닌 임의의 부분집합이라고 하자. 이때 B의 한 개의 원소 α를 잡을 때, 만일 α보다 작은 B의 원소가 존재하지 않으면 물론 $\alpha = \min B$이다. 한편 α보다 작은 B의 원소가 존재하는 경우

$$B' = \{\beta \in B \mid \beta < \alpha\}$$

는 $S(\alpha)$의 공집합이 아닌 부분집합이고, $S(\alpha)$가 정렬집합이므로 $\min B'$이 존재한다. 그것은 명백히 B의 최소원이다. ■

참고 순서수를 집합으로 간주할 경우, 자연수의 집합 N과 대등한 모든 순서수의 집합 U에는 다음과 같은 원소들이 있다.

$$\omega,\ \omega+1,\ \cdots,\ \omega+\omega=\omega 2,\ \omega 2+1,\ \cdots,\ \omega 3,\ \cdots,\ \omega 3+\omega=\omega 4,\ \cdots,$$
$$\omega\omega=\omega^2,\ \omega^2+1,\ \cdots,\ \omega^3,\ \cdots,\ \omega^\omega,\ \cdots,\ \omega^{\omega^\omega},\ \cdots$$

정리 6
모든 집합은 유일한 순서수를 가진다.

증명 X가 임의의 집합일 때, 정렬원리에 의하여 정렬집합 $(X, \leq)$를 얻는다. 여기서 $\leq$는 X 위의 정렬이다. 지금

$$\mathfrak{I}=\{\mathrm{ord}(X, \leq)\}$$

라면, 정리 5에 의하여 $\mathfrak{I}$는 정렬집합이다. 그러므로 $\mathfrak{I}$에는 최소원, 즉 X의 순서수가 일의적으로 존재한다. ■

참고 앞에서 순서수의 개념의 응용으로써 기수의 개념이 수학적으로 정의됨을 보았다. 이것은 순서수의 집합이 정렬집합이므로 같은 기수를 갖는 순서수 중에 최소원이 있고, 이것을 기수 그 자신으로 정의한 것이다. 즉 집합 X와 대등한 모든 순서수 중에서 최소의 순서수를 X의 기수라 하고, $\mathrm{card}\, X$로 나타낸다는 것이다.

이것은 X가 유한인 경우, $\mathrm{card}\, X$의 정의와 모순되지 않는다. X가 유한일 때는 X와 대등인 순서수는 단지 하나밖에 없기 때문이다. 하여튼 이와 같이 하여 순서수는 특수한 집합으로서, 기수는 특수한 순서수로서 엄밀히 수학적인 정의가 주어진 것이다. 그러나 기수간의 합, 곱, 거듭제곱 등의 연산은 이들을 순서수로 보았을 때의 합, 곱, 거듭제곱과는 별개의 것이다.

정리 7

X를 임의의 순서수들의 집합이라 할 때, X 안에 있는 어느 순서수보다도 큰 순서수가 반드시 존재한다.

증명 임의의 원소 $x \in X$에 대하여, $S_x = \{a$는 순서수 $\mid a < x\}$는 정렬집합이고 $\mathrm{ord}(S_x)$는 x이다. 그러므로

$$S_X = \bigcup_{x \in X} \{a \mid a < x\} = \bigcup_{x \in X} S_x$$

는 정렬집합이고, 임의의 x에 대하여 S_x를 포함한다. 그러므로 임의의 $x \in X$에 대하여 $\mathrm{ord}(S_X) \geqslant x$이다. 따라서 $\mathrm{ord}(S_X)$의 직후자 $\mathrm{ord}(S_X)^+$을 생각하면, 이 순서수는 X의 임의의 순서수보다 반드시 크다. ■

정리 5에 있어서 '모든 순서수의 집합'이란 표현을 사용하지 않았는데 그 이유는 '모든 순서수의 집합'의 존재성을 가정하면, 브랄리-포르티의 역리로 알려진 모순이 발생하기 때문이다.

정리 8 브랄리-포르티의 역리(Burali-Forti paradox)

모든 순서수의 집합은 존재하지 않는다.

증명 모든 순서수의 집합 S가 존재한다고 가정하자. 정리 5에 의하여 S는 정렬집합이다. S의 순서수를 σ로 표현하면 σ는 S의 원소임에 틀림없다. 따라서

$$\sigma = \mathrm{ord}\{\beta \in S \mid \beta < \sigma\} = \mathrm{ord}\, S_\sigma < \mathrm{ord}\, S = \sigma$$

즉 $\sigma < \sigma$가 된다. 이것은 모순이다. 따라서 모든 순서수의 집합은 존재하지 않는다. ■

순서수의 임의의 집합 S에 대하여 S에 속하는 어떤 순서수보다 큰 순서수가 존재하므로, '모든 순서수의 집합 S'의 존재성을 가정하면 S에 속하는 모든 순서수보다 큰 순서수가 존재하는 것이 되어 모순이 나타난다.

참고 기수가 순서수의 일종이므로, 기수의 임의의 집합은 정렬집합이다. '모든 기수의 집합'을 생각하면 쉽게 역리가 나타나지만 주어진 기수를 초과하지 않는 기수의 전체는 하나의 집합을 이룬다. 기수를 작은 것부터 나열하면 첫째

$$0,\ 1,\ 2,\ 3,\ \cdots$$

로 유한기수가 나열되고, 다음에 ω에서 무한기수의 열이 시작된다. 칸토어는 무한기수를 작은 것부터

$$\aleph_0,\ \aleph_1,\ \aleph_2,\ \cdots$$

로 명명했다. 이때 $\aleph_1$이 연속의 기수 c와 같다는 것이 연속체의 가설이다.

정리 9

임의의 두 정렬집합의 기수는 항상 비교가능하다.

증명 임의의 두 정렬집합 S_1, S_2의 순서수를 각각 σ_1, σ_2라 하고 그것들의 기수를 각각 α_1, α_2라 하면 '정렬집합의 비교정리 (7.3절 정리 14)'로부터 S_1과 S_2는 순서동형이거나, S_1은 S_2의 어떤 앞절편과 순서동형이거나, S_2는 S_1의 어떤 앞절편과 순서동형이 되고 이 세 경우 중에 반드시 한 가지만 성립한다. 그런데 순서동형사상은 전단사이므로, $\alpha_1 = \alpha_2$이거나 아니면 $\alpha_1 < \alpha_2$ 또는 $\alpha_1 > \alpha_2$이 성립하지 않으면 안 된다. ■

체르멜로의 정렬원리로부터 임의의 두 기수는 항상 비교가능하다는 결론을 얻는다.

9.3 연습문제

01 다음이 성립함을 보이시오.

(1) $\omega 2 = \omega + \omega$

(2) 임의의 유한순서수 k(단, $k \neq 0$)에 대하여, $k\omega = \omega$

02 모든 집합의 초기순서수가 유일함을 보이시오.

03 두 집합 X, Y에 대하여, X의 초기순서수가 Y의 초기순서수보다 작을 때, 그때에 한하여

$$\text{card}\, X < \text{card}\, Y$$

임을 보이시오.

04 극한순서수 α에 대하여

$$\alpha = \sup \{\beta \mid \beta < \alpha\}$$

가 성립함을 보이시오.

05 모든 순서수 α에 관하여

$$2^{\aleph_\alpha} = \aleph_{\alpha+1}$$

이 성립한다는 것과 일반 연속체 가설이 동치임을 보이시오.

참고문헌

1. 이병무, 논리와 집합의 세상, 경문사, 서울, 2005.
2. 이석종, 집합과 논리, 교우사, 서울, 2000.
3. 이장우, 현대 집합론의 원리, 경문사, 서울, 1993.
4. 이흥천, 집합론(개정판), 경문사, 서울, 2005.
5. 임정대, 집합론의 기초, 청문각, 서울, 1992.
6. 임정대, 현대집합론, 경문사, 서울, 1987.
7. Charles C. Pinter, *Set theory*, Addison-Wesley pub. com., 1971.
8. Frank Ayres, *Modern algebra*, Schaum's outline series, McGraw-Hill Book Co., 1965.
9. G.F. Simmons, *Topology and modern analysis*, McGraw-Hill, 1968.
10. Herbert B. Enderton, *Elementary of set theory*, Academic press, 1977.
11. Herbert B. Enderton, *A mathematical introduction to logic*, Academic Press, 1972.
12. K.G. Binmore, *Logic, sets and numbers*, Cambridge university press, 1980 .
13. K. Hrbacek and T. Jech, *Introduction to set theory*, 2nd ed., Marcel Dekker, Inc., New York, 1978.
14. Marvin L. Bittinger, *Logic, Proof, and Sets*, 2nd ed., Addison-Wesley Pub. com., 1982.
15. P.R. Halmos, *Naive set theory*, Van Nostrand Princeton, 1960.
16. Patrick Suppes, *Axiomatic set theory*, D. Van Nostrand Company, Inc., 1960.
17. Robert L. Vaught, *Set theory*, Birkhäuser Boston, Inc., 1985.
18. S. Lipschutz, *Set theory and related topics*, Schaum's outline series, McGraw-Hill Book Co., 1963.
19. You-Feng Lin and Shwu-Yeng T.Lin, *Set theory an intuitive approach*, Houghton Mifflin Co., Boston, 1974.

찾아보기

쉬운 설명, 다양한 예제

집합론의 이해

지은이 이병무
펴낸이 조경희
펴낸곳 경문사
펴낸날 2009년 9월 1일 1판 1쇄
2022년 2월 28일 1판 3쇄
등 록 1979년 11월 9일 제1979–000023호
주 소 04057, 서울특별시 마포구 와우산로 174
전 화 (02)332–2004 팩스 (02)336–5193
이메일 kyungmoon@kyungmoon.com

값 20,000원

ISBN 978–89–6105–234–4